수학이 사랑하는 삼각형

LOVE TRIANGLE

Copyright © 2024 Matt Parker

All Rights reserved including the rights of reproduction in whole or in part in any form.

Korean Translation Copyright © 2025 by Bookhouse Publishers Co., Ltd.
Korean edition is published by arrangement with Janklow & Nesbit (UK) Ltd.
through Imprima Korea Agency

이 책의 한국어판 저작권은 Imprima Korea Agency를 통해
Janklow & Nesbit (UK) Ltd.와의 독점 계약으로 북하우스에 있습니다.
저작권법에 의해 한국 내에서 보호를 받는 저작물이므로
무단 전재와 무단 복제를 금합니다.

삼각형에 대한 사랑을 가르쳐준 부모님,
브래드 파커와 주디 파커에게 이 책을 바친다.

차 례

	머리말	9
1 ▸	거리 측정	19
2 ▸	새로운 각도	57
3 ▸	법칙과 질서	93
4 ▸	삼각형 메시	127
5 ▸	빈틈없이 공간 채우기	171
6 ▸	형태는 어디서 나오는가	211
7 ▸	삼각법의 마술	257
8 ▸	우리가 있는 곳은 어디?	299
9 ▸	하지만 그것은 예술인가	337
10 ▸	파동 만들기	377
	맺음말	415
	감사의 말	421
	그림과 사진 출처	423
	찾아보기	425

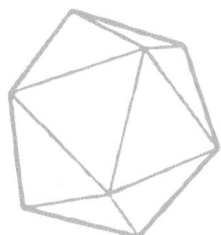

머리말

2021년 2월, 한 운전자가 사우스오스트레일리아주 대법원에 출석해 속도위반 혐의를 벗으려고 애썼다. 2019년 3월에 그는 미쓰비시 마그나를 몰고 시속 60km 속도 제한 구간에서 시속 68km로 달리다가 붙잡혔다. 그리고 하급심에서 속도위반 혐의를 놓고 다투다가 패소한 뒤에 곧장 주 대법원에 상고했다. 어떻게 항변했을까? 그는 자동차 바퀴에 더 큰 테를 두르는 바람에 바퀴 지름이 늘어나 속도계가 부정확해졌다는 주장을 펼쳤다. 실로 감탄할 만한 주장이었다.

"이건 피타고라스와 물리학입니다. 당연히 작은 원이 큰 원보다 더 빨리 회전하지요. 무슨 증거가 더 필요하겠습니까? 이건 수학이에요." 그들은 법정에서 이렇게 진술했다. 왜 전문가 증인에게 계산을 의뢰하지 않았느냐고 묻자, 그들은 "전문가를 법정에 부르느라고 8000달러를 쓰고 싶지 않아서요."라고 대답했다. 그 말을 듣고 수학 전문가로서 자문을 제공하던 나는 그 대가를 너무 적게 받고 있다는 생각이 들었다.(나는 무료로, 심지어 요청이 없더라도, 자주 자문에 응하곤 한다).

그들의 항변은 일리가 있어 보였다. 다만, 일리만 있어 보일 뿐이었다. 바퀴가 구를 때에는 분명히 "작은 원이 큰 원보다 더 빨리 회전한다." 작은 바퀴는 큰 바퀴보다 둘레가 작으므로, 같은 거리를 굴러가려면 더 많은 횟수를 굴러야 한다. 만약 미쓰비시 마그나의 속도계가 차축의 회전 횟수를 기준으로 속도를 측정한다면, 바퀴의 둘레 차이를 감안해 보정한 결과와 다른 값이 나올 것이다. 어쨌든 이 모든 주장은 그것을 뒷받침하는 계산이 필요하다. 피고 측은 그런 계산을 내놓지 않았다. 피고는 변론을 제대로 하지 못한 것으로 보인다. 게다가 피고는 상습 속도위반자였는데, 그전 5년 동안 저지른 12건의 속도위반에 대해 다양한 이유로 이의를 제기했다. 피고 측은 이 사건에서 패소했다.

하지만 나는 항변에서 '피타고라스'라는 단어가 쓰였다는 점이 흥미로웠다. 사실, 그 상황은 피타고라스와 아무 관련이 없었다. 피타고라스는 고대 그리스의 철학자이자 수학자로, 원이 아니라 삼각형에 대한 연구로 유명하다. 이 기회주의자 피고는 속도위반 벌금을 모면하려고 신비스러운 인물인 '피타고라스'를 마치 전지전능한 수학의 신처럼 들먹이며 수학에 상당한 식견이 있는 것처럼 보이려고 했다.

나는 피타고라스의 정리가 거의 모든 사람이 학교에서 강제로 배우는 수학 중에서 상당히 수준 높은 내용이라고 생각한다. 그 결과, 피타고라스는 복잡하기만 하고 별로 쓸모없는 수학을 상징하는 일종의 마스코트가 되었다. 〈모스 경감 Inspector Morse〉과 〈패밀리 가이 Family Guy〉 두 프로그램에서 모두 언급되었다면, 그것은 대중의 심리에 깊이 각인되었다고 보아야 한다.

나는 대다수 사람들이 피타고라스 때문에 삼각형을 지루한 것으로 기억한다는 사실이 참 안타깝다. 나는 삼각형을 사랑한다! 현대 세계가 제대로 굴러가는 것도 다 삼각형에 크게 의존하기 때문이다. 나는 인류가 지금까지 매우 중요한 지식 중 일부를 밝혀낸 주역이 삼각형이라고 본다.(그리고 지금까지 줄곧 그렇게 주장해왔는데, 여러분이 들고 있는 이 책이 바로 그 결과물이다). 삼각형은 기하학과 삼각법의 세계로 들어가는 관문이다. 또한, 우리의 일상생활에 도움을 주며, 주변의 문명을 가능하게 한다. 게다가 나는 삼각형이 아주 깔끔하다고 생각한다.

많은 사람은 피타고라스와 기하학과 삼각법을 의무적으로 배우는 수업이 끝나자마자 삼각형과 이별하지만, 사회에서 경력을 시작하면서 돌연히 다시 친해지는 경우가 많다. 인생의 어떤 선택들은 분명히 삼각형과 가까이 지내게 만든다. 수학 교사 겸 수학 저자로 살아가는 나 자신의 경험이 한 예이다. 다른 예들은 그보다 덜 분명하다. "수학은 아무짝에도 쓸모없지 않나요?" 같은 글이 소셜 미디어에 올라올 때마다 자신의 삶에 꼭 필요했던 수학 이야기로 그 주장을 반박하는 사람이 줄줄이 나타난다. 내가 좋아하는 이야기 중에는 유전에서 시추 작업을 하는 사람이 "나의 하루는 기하학에서 시작해 기하학으로 끝난다."라고 한 말이 있다. 한 기계 제작자는 "나는 문자 그대로 매일 삼각법을 사용한다."라고 거들었다. 유전에서 일하는 작업자는 심지어 예상 밖으로 수학 지식이 자신의 경력에 얼마나 중요한지 자세히 설명했다. "내가 일찍 깨달은 교훈 중 하나는 수학 실력, 혹은 수학적 소질이 이 업계에서 어디까지 올라갈 수 있는지를 결정한다는 것이다." 기하학을 배워야만 시추탑 운전자(다음 구간의 시추 파이프를 내려보내는 일을 하는)에서 전체 작업을 총괄 지휘하는 책임자로 승진할 수 있다.

또한 사람들은 아주 오래전부터 우리 주변의 세계를 만드는 데 삼각형을 사용해왔다. 나는 런던 외곽에 사는데, 먼 옛날에 런던은 론디니움이라는 고대 로마 도시였다. 기원전 1세기 무렵에 로마인은 론디니움과 잉글랜드 남해안에 있는 노비오마구스(오늘날의 치체스터)를 연결하는 도로를 건설하기로 했다. 로마인은 직선 도로 건설로 명성이 높았는데, 그러려면 상당한 수준의 측량과 기하학 지식이 필요했다. 그런데 이 구간은 직선 도로로 건설할 수 없었다. 런던과 치체스터 사이에는 서리힐스가 있는데, 그중에서도 노스다운스라는 인상적인 구간은 고지대가 별로 없는 잉글랜드에서는 웅장한 산맥이라고 부를 만한 지형이다. 노스다운스는 내가 사는 곳이기도 한데, 걷거나 자전거를 탈 때에는 멋진 풍경이 기분을 돋우지만, 체력 소모가 심하다는 단점이 있다. 로마인은 먼 미래에 내가 그곳에 살 줄은 꿈에도 몰랐겠지만, 노스다운스와 그다음 구간의 사우스다운스는 언덕이 너무 많아 도로를 쉽게 건설할 수 없는 지역이라는 사실은 분명히 알았다. 설령 언덕들을 가로지르며 직선 도로를 놓더라도, 경사가 너무 가팔라서 어떤 교통수단으로도 그곳을 지나갈 수 없었을 것이다. 그래서 런던과 치체스터 사이를 직선으로 연결하는 대신에 공학과 삼각법 지식을 동원해 다수의 직선 구간으로 빙 둘러 가는 길을 만들었는데, 이것이 스테인 스트리트이다.

이 구간을 직선 도로로 건설했더라면 어디로 지나갔을지 알아보기 위해, 나는 구글 지도에서 오늘날의 런던교(로마인이 템스강에 건설한 최초의 영구적인 다리)와 노비오마구스 동문이 있었던 치체스터 지점 사이를 직선으로 연결해보았다. 지도상에서는 그 거리가 88.6km였는데, 그 직선을 따라 시선을 옮기던 나는 그 경로가 오늘날의 A3 도로와 정확하게 일치한다는 사실을 알아챘다. A3는 방향을 틀어 사우스런던으로 지나가지만, 내가 그은 가상의 직선은 A24 도로의 직선 구간 바로 위로 지나가는 것처럼 보였다. 현대 런던의 지도에서 주요 도로들은 런던교와 치체스터를 잇는 직선 방향과 일치하는 방향으로 줄줄이 늘어서 있었다.

현재의 잉글랜드 도로와 고속도로가 고대의 길이 지나간 경로와 일치하는 일은 흔하며, 의심스러울 정도로 직선으로 뻗어 있는 도로는 그 경로를 로마인이 정했다는 사실을 알려주는 확실한 징표이다. 고대 로마 공학의 지문이 현대 도로망에 남아 있는 것이다. A3와 A24의 이 조각들은 로마인이 건설한 스테인 스트리트의 화석이다. 그들은 처음 20km 구간은 치체스터를 향해 직선으로 건설하다가 노스다운스를 비켜 가기 위해 동쪽으로 방향을 틀었다. 그런데 나는 그 도로가 원래의 직선 경로로 되돌아가지 않았다는 사실에 놀랐다. 직선 구간들은 빙 돌아서 오늘날의 도킹 지역을 지나가다가 치체스터 동쪽에 도달하지만, 도로가 다시 원래의 직선 경로와 일치하진 않았다.

믿을 수가 없었다. 로마인은 88km 떨어진 목적지까지 도로를 직선으로 건설하는 데 필요한 기하학을 완성하고서도 처음 20km 구간만 직선으로 건설했다. 이것은 그저 도로의 첫 4분의 1만 일직선과 일치하도록 하려고 전체 직선거리(산등성이 두 개를 지나가는)를 측량했다는 뜻이다. 만약 처음부터 노스다운스를 통과하는 고개를 목표로 삼았더라면, 더 짧고 더 직선에 가까운 도로를 건설했을 것이다. 하지만 그들은 그렇게 하지 않았다. 먼저 치체스터를 목표로 삼았고, 험난한 지형을 가로지르며 삼각형들을 측량하는 데 엄청난 시간과 노력, 계산을 쏟아부었다. 단지 그런 능력이 있다는 것을 과시하기 위해서 말이다. 혹은 삼각형을 사용해 측량하고 거리와 각도를 측정하는 경이로운 업적을 기념하기 위해서 그랬다고 나는 믿고 싶다.

어디를 봐야 하는지만 안다면, 거의 모든 곳에서 우리의 생활을 가능케 하는 삼각형(그리고 일반적인 기하학)의 흔적을 발견할 수 있다. 대개는 수학에 능통한 전문가들 덕분에 삼각형은 무대 뒤에서 보이지 않게 작용하지만, 가끔 우리 같은 보통 사람의 눈에도 삼각형의 비밀스러운 세계를 드러내는 증거가 보인다. 우리가 그런 증거를 볼 수 있는 것은 가끔 로마인처럼 자신의 능력을 과시하고 싶어 하는 사람이 있기 때문이다.

나는 이제 더 많은 사람이 삼각형의 경이로움(삼각형이 가능하게 하는 기하학과 삼각법까지 포함해)을 알아야 할 때가 되었다고 믿는다. 형태에 아무 관심도 보이지 않는 이 무심한 세태가 지속되어서는 안 된다! 이 비스킷 포장지를 보라. 명백히 팔각형 모양의 비스킷 그림에 버젓이 'hexagonal(육각형의)'이라는 수식어가 붙어 있다. 변이 8개인 도형은 팔각형$_{octagon}$이다! 이 포장지를 만든 사람들은 이와 비슷하게 심각한 실수, 예컨대 철자 오류나 잘못 표시된 재료 성분 같은 것도 아무렇지 않게 허용할까?

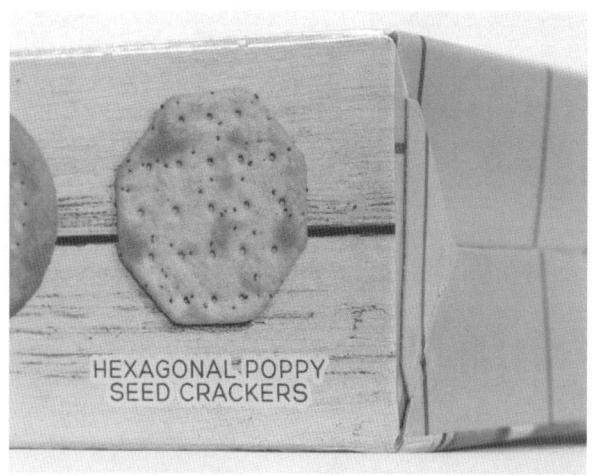

이건 정말 허용하기 어렵다.

옥타곤 팀버 플로링Octagon Timber Flooring(팔각형 나무 바닥재)이라는 회사는 또 어떤가? 정작 이 회사의 로고는 팔각형이 아니라 3차원 도형인 정이십면체이다. 나는 정이십면체(정이십면체는 삼각형 20개로 이루어져 있다)를 아주 좋아하지만, 정이십면체는 절대로 팔각형이 아니다. 이런 식이라면 아이코서헤드런Icosahedron(정이십면체)이라는 이름을 내걸고 실제 형태는 육각형인 제품이나 회사 로고가 등장해서 이 혼돈의 고리를 완성해야 할 판이다.

이렇게 다른 형태들도 삼각형만큼이나 중요하다. 내 주장의 요지는, 모든 형태가 결국 삼각형의 집합으로 귀결되지만, 그보다 이러한 상황이 우리 사회가 기하학적 정확성에 대해 얼마나 느슨한 태도를 보이는지 드러낸다는 것이다. 나는 사람들이 기하학을 별로 중요하지 않은데도 학교에서 어쩔 수 없이 배워야 했던 단원 중 하나이

당신은 이 사람들에게 바닥재를 깔기 위해 방을 측정하는 일을 믿고 맡기겠는가?

고, 이제 그 자세한 내용은 잊어도 된다고 생각하는 태도가 그 한 가지 증상이라고 본다. 이 책을 통해 그런 시대가 빨리 끝나길 바란다.

　삼각형을 즐기는 사람들과 삼각형을 직업적으로 사용하는 사람들을 포함해 이미 이 흐름에 동참한 사람이 많다. 삼각형을 사랑하는 사람들 중에는 정말로 삼각형을 사랑하는 사람들이 있다. 내 친구 중에는 삼각형 문신을 한 사람이 적어도 두 명 있다. 실용적인 삼각형 외에 우리 주변에는 재미있는 삼각형도 많다. 어디서나 볼 수 있는 '재생 버튼play button' 기호도 삼각형이고, 오케스트라에서 최고의 악기도 트라이앵글이며, 샌드위치를 자르는 최고의 형태도 삼각형이다. 삼각형은 정말 멋지다!

내가 'Love Triangle'이라는 제목으로 이 책을 쓰고 있을 때, 훌륭한 스탠드업 코미디언 제임스 에이캐스터James Acaster가 넷플릭스 스페셜 〈레퍼토리: 잠입 수사Repertoire: Recognise〉를 공개했는데, "삼각형을 사랑할 때 모든 삼각형은 삼각관계가 된다(Every triangle is a love triangle when you love triangles)."라는 농담이 나왔다.(love triangle은 '사랑의 삼각관계'를 뜻하지만, 직역하면 '사랑의 삼각형'도 될 수 있다. ─ 옮긴이) 나도 전적으로 동의한다. 나는 모든 사람이 삼각형을 사랑하길 바란다. 그런데 에이캐스터는 이 허구의 수학적 구절을 누가 한 말이라고 했을까? 그야 당연히 피타고라스였다.

자, 그러니 삼각형에 관한 모든 것을 기리기 위해 기하학과 삼각법의 세계를 탐험하는 길을 구상해보자. 그 길은 직선 경로는 아니지만 더 편리하며, 노스다운스의 고갯길과 온갖 괴짜들이 도사리는 장소들을 지나갈 것이다. 기하학을 다시는 쳐다보지 않게 되어 기뻐하는 지점에서부터 삼각형을 사랑하는 지점까지 그 넓은 스펙트럼에서 당신이 어느 지점에 있건, 나는 삼각형의 유용한 면과 필수적인 면, 그리고 쓸모없는 면을 모두 보여줄 수 있길 바란다.

삼각형은 모든 것이고, 모든 것은 삼각형이다.

1

거리 측정

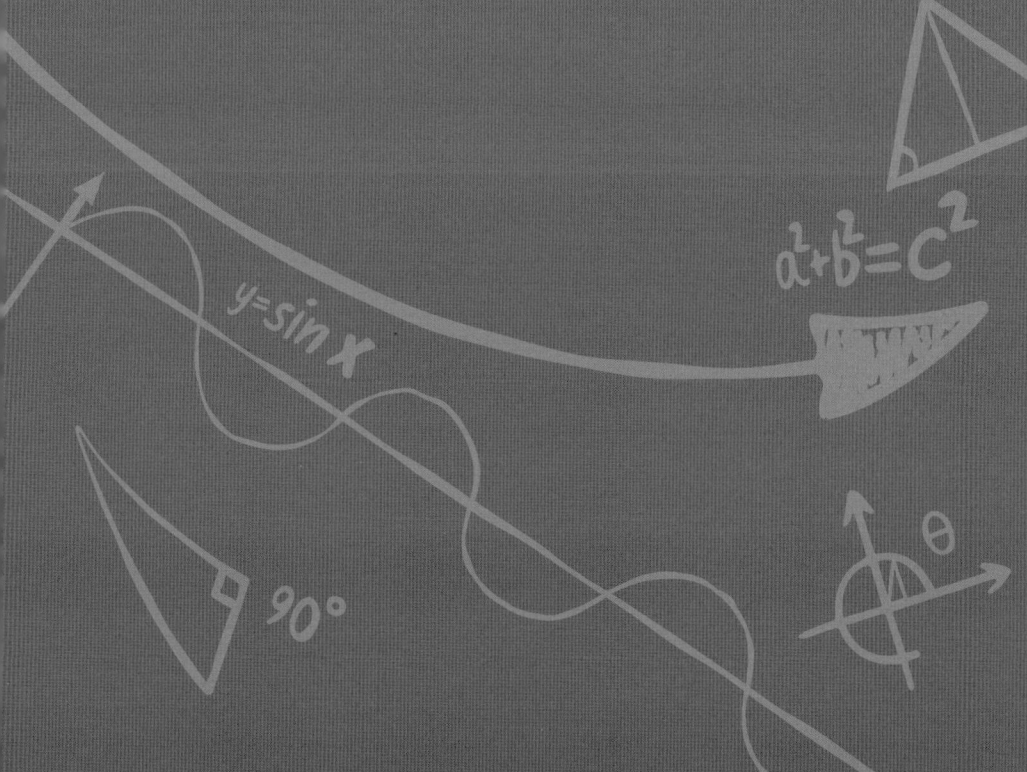

20여 년간 변호사로 일해오면서 수학 전문가를 고용한 것은 이번이 처음인데, 아마 이번이 마지막이 아닐 겁니다.

— 돼지들 측 변호사

멀리서 보면 열기구는 평화로운 항공 교통 수단이다. 천천히 그리고 조용히 하늘을 떠다니며, 화려한 색채를 뽐내기까지 한다. 하지만 가까이에서 보면, 열기구는 잔뜩 화난 통제 불능 상태의 가스 바비큐이며, 거기에 수천 m^2의 천과 생사를 좌우하는 소풍 바구니가 붙어 있다. 열기구 비행을 즐기기에 가장 안전한 방법은 열기구에서 멀찌감치 떨어진 지상에서 바라보는 것이다. 특히 500m쯤 떨어진 곳에서 보는 것이 좋다.

열기구에서 점화한 버너의 소음이 너무 시끄럽고 끔찍해 영국 민간항공청은 동물들이 하늘에서 괴성을 지르는 구체에 겁을 먹지 않도록, 열기구가 농장 지역 위를 날지 못하게 비행 가능 지역을 제한한다. 이러한 비행 금지 지역 설정에 반항해 2012년 4월에 고 벌루닝 Go Ballooning(열기구 비행 체험을 제공하는 회사)는 열기구를 띄웠는데, 열기구가 노스요크셔주 노무어팜 농장 위로 지나가면서 버너를 점화하자 돼지들이 놀라 달아났다.

끔찍한 세부 내용은 생략하겠지만, 어쨌든 그날 그 농장에서 새끼를 밴 암돼지를 포함해 많은 돼지가 죽었다. 농부들은 이 사건으로 그해에 새끼 돼지가 약 800마리나 감소할 것으로 추정해 기구 비행을 한 사람들을 상대로 손해 배상을 청구했다. 고 벌루닝 측은 자신들의 GPS 데이터에 따르면 열기구가 고도 750m 아래로 내려간 적이 한 번도 없었다고 주장했다. 하지만 돼지 사체 무더기는 열기구가 750m보다 훨씬 더 아래로 내려왔음을 시사했다. 농부들에게는 증거가 없었지만, 그 대신에 교수가 있었다.

돼지 외에 농부들이 내놓을 수 있는 최선의 증거는 한 이웃이 찍은 사진이었는데, 사진을 찍을 당시에 그 사람은 열기구가 '평온한' 영역에 떠 있는 것처럼 보일 정도로 충분히 멀리 떨어져 있었다. 그 위치에서는 열기구가 아주 즐거워 보였고(돼지 사체들은 나무들에 가려 보이지 않았다), 그래서 그 이웃은 재빨리 사진을 찍었다. 그 사진과 함께 농부들에게는 수학의 힘이 있었다. 그것도 그냥 수학이 아니라 삼각형에 관한 수학이었다.

농부들의 변호사는 요크대학교 수학과에 도움을 청했고, 크리스 퓨스터Chris Fewster 교수가 그 사건의 자문을 맡았다. 퓨스터가 실제로 연구하는 분야는 기구의 고도 계산이 아니라, 양자장론과 시공간의 곡률이었다. 그래서 논란의 여지는 있지만, 그는 최대 수 광년 크기의 열기구까지도 측정할 수 있는 적임자라고 말할 수 있었다. 적어도 삼각형을 다룰 능력은 충분히 있었다. 내가 크리스에게 그 점에 관해 물었을 때, 그는 열기구의 고도는 "그저 삼각법과 카메라의 작동 원리를 조금만 알면" 계산할 수 있다고 대답했다.

퓨스터가 단 한 장의 사진만으로 열기구의 고도를 계산할 수 있었던 것은 삼각형이 풀어주기만을 기다리고 있는 '자연의 스도쿠'이기 때문이다. 사실, 삼각형은 각자 다음번 스도쿠에 일부 단서를 제공하면서 서로 연결돼 있는 일련의 스도쿠에 더 가깝다고 할 수 있다. 퓨스터는 그저 사진에서 일련의 삼각형들을 발견해 풀기만 하면 되었다. 실용적 목적을 위한 기하학과 재미를 위한 기하학 사이의 유일한 차이점은 삼각형들이 등장하는 맥락일 뿐일 경우가 종종 있다.

열기구와 돼지 사이의 거리는?

퓨스터는 사진에 대한 정보를 일부 갖고 있었다. 그는 사진을 찍은 지점과 열기구의 크기를 알았다. 사진에는 식별할 수 있는 나무도 몇 있었는데, 그 위치를 파악한 그는 현장으로 가, 골프 레이저거리계(골프는 내가 생각했던 것보다 더 첨단 기술 스포츠가 된 것처럼 보인다)를 사용해 나무의 높이를 쟀다. 이 측정치들은 스도쿠에서 이미 제시된 단서들과 같았고, 이제 퓨스터는 삼각형을 사용해 비어 있는 나머지 칸들의 숫자를 모두 채울 수 있었다.

삼각형의 강력한 힘—여기뿐만 아니라 그 밖의 많은 실용적 응용에서 유용한 이유—은 해독하기가 아주 쉽다는 데 있다. 모든 삼각형은 세 변과 세 각으로 이루어져 있다. 이 값 중 적어도 절반만 안다면, 나머지 값들을 금방 계산할 수 있다. 아는 것이 세 변의 길이밖에 없다고? 아무 문제 없다. 삼각법을 사용해 세 각의 정확한 크기를 금방 알아낼 수 있다. 한 변과 두 각만 안다고? 손가락 하나 까딱하지 않고도(계산기를 두드릴 때를 빼고는) 나머지 변들의 길이와 각의 크기를 구할 수 있다. 사실, 앞에서 쓴 스도쿠 비유를 수정하고 싶다. 삼각형은 극도로 쉬운 십자말풀이와 같은데, 예컨대 전체 철자 중 절반이 채워져 있고, 그 답은 항상 'triangle(삼각형)'인 경우와 같다.

2015년에 NASA가 지구 앞을 지나가는 이 달 사진을 공개했을 때, 나도 정확하게 똑같은 종류의 삼각형 마법을 사용했다. 이 사진은 심우주 기후 관측 위성Deep Space Climate Observatory이 찍은 것으로, 그때 태양을 등지고 있던 이 위성은 지구 앞을 지나가는 달을 정면으로 바라보고 있었다. 이 사진의 아주 흥미로운 점은 우리에게 낯선 '달의 어두운 뒷면dark side of the Moon'이 지구를 배경으로 햇빛을 받아 완전히 밝게 빛나는 모습을 보여주기 때문이다. 대다수 사람은 이 사진을 보고서 달의 뒷면을 '어두운dark' 면이라고 부르는 이유가 지구에 있는 우리의 관점에서 뒷면을 볼 수 없기 때문이지, 그곳에 햇빛이 절대로 비치지 않아서가 아니라는 사실을 다시 한 번 확인했을 것이다. 이 사진을 보고서 내게 맨 먼저 떠오른 생각은 "저 우주선은 지구에서 얼마나 멀리 떨어져 있을까?"였다. 실은 단순히 그것을 계산해볼 핑계가 필요했다.

    이 사진에 나온 지구와 달의 상대 크기를 재보면, 달의 지름은 지구의 36.6%로 나온다. 이 값은 너무 크다! 실제로는 달의 지름은 지구의 27.2%에 불과하다. 이 사진에서 달이 실제 크기보다 더 커 보이는 이유는 지구보다 달이 카메라에 더 가깝기 때문이다. 평소에 달은 평균적으로 지구에서 약 38만 4400km 떨어져 있다.

    계산을 통해 달이 그 정도 크기로 보이려면, 우주선과 지구 사이 거리의 74.3% 지점에 있어야 한다는 결론을 얻었다. 달과 지구 사이의 거리가 38만 4400km이므로, 약간의 대수학 계산을 통해 우주선과 지구 사이의 거리를 알아낼 수 있다. 내가 어떻게 했는지는 모두가 잘 알리라고 생각한다. 내 계산을 확인하고 싶다면, 아래에 세부 내용이 있으니 참고하라.

    대략 계산한 결과, 우주선과 지구 사이의 거리는 약 150만 km였다. 사진과 함께 발표된 NASA의 보도 자료에는 우주선이 이 사진을

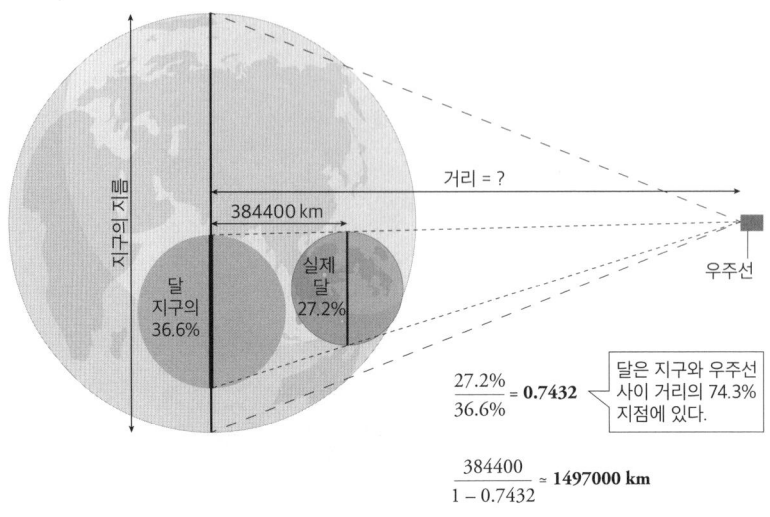

약 "100만 마일(160만 km) 떨어진" 지점에서 찍었다고 적혀 있었다. 나는 물론이고 NASA도 대략적인 수치를 제시한 듯하다. 내 계산은 우주 카메라의 실제 광학적 세부 사항을 모두 무시하고 간략하게 그린 삼각형 몇 개에 의존하긴 했지만, 내가 얻은 결과는 정답에 아주 가깝다고 자신 있게 말할 수 있다.

크리스 퓨스터는 열기구 사진을 찍은 카메라의 광학적 세부 사항을 무시할 만한 느긋함이 없었다. 그는 심지어 사진을 찍을 때 카메라가 향했던 각도까지도 고려했다. 퓨스터는 모든 삼각형을 동원해 계산했고, 열기구가 카메라로부터 750~760m 거리에 있었다는 사실을 알아냈다. 그렇다면 돼지들과는 약 300m 떨어져 있었던 셈이다. 열기구는 조종사의 주장보다 훨씬 가까이 있었다. 즉, 조종사들은 거짓말을 했다. 퓨스터의 수학 지식 덕분에 농부들은 유리한 합의를 이

끌어낼 수 있었다. 내가 이 사건에 관해 물었을 때, 퓨스터는 "기본적인 수학으로도 큰 차이를 빚어낼 수 있다는 좋은 예"를 보여줄 수 있어 매우 기뻤다고 말했다.

성가신 한 걸음

삼각형 문제를 풀 때 유일한 문제점은 적어도 한 변의 길이를 알아야 한다는 것이다. 앞에서 전체 값 중 '적어도' 절반만 알면 삼각형의 모든 값(세 변의 길이와 세 각)을 알 수 있다고 한 말은 다소 과장된 표현이었는데, 적어도 그중 하나는 한 변의 길이여야 하기 때문이다. 이것은 당연해 보이는데, 삼각형의 크기를 정확하게 모른다면 그 삼각형은 어떤 크기라도 될 수 있기 때문이다.

두 삼각형이 세 각은 모두 같더라도, 크기는 매우 큰 차이가 날 수 있다. 당신을 위해 다가오는 삼각형을 바라보고 있다고 상상해보라. 부디 호의적인 삼각형이었으면 좋을 텐데……. 삼각형의 주의를 끌려면 어떻게 해야 할지 고민하다가 삼각형이 다가올수록 크기가 점점 더 커지긴 하지만 세 각은 항상 똑같다는 사실을 알아챈다. 이것은 시계탑에서 멀어질수록 시곗바늘들은 점점 작아지지만, 시곗바늘들이 가리키는 시각 자체는 변하지 않는 것과 비슷하다. 요점은 만약 삼각형을 사용해 거리를 계산하려고 한다면, 적어도 한 변의 길이를 측정하지 않는 한 이 세상의 모든 각도를 다 가져오더라도 아무 도움이 되지 않는다는 것이다.

내가 친구 해나 프라이Hannah Fry와 함께 더 샤드The Shard(런던에서 가장 높은 건물)의 높이를 재려고 나섰을 때, 우리는 삼각형을 사용해 그것을 계산했다. 물론 검색을 통해 알아낼 수도 있었겠지만, 그런 행동은 우리의 목적에 어긋났다. 우리는 역사 초기에 지구의 크기를 측정한 방법 중 하나를 재현하고 싶었는데, 그 방법은 산의 높이를 이용하는 것이었다. 애석하게도 런던에는 산이 없으므로, 우리는 산 대신에 초고층 건물을 사용하기로 했고, 이 노력의 취지에 맞게 그 높이를 직접 계산했다. 수학은 종이 위에서 매우 고된 계산을 하는 작업이 될 수도 있지만, 우리는 직접 발로 뛰며 체험하기를 원했다.

나는 거대한 각도기를 손수 제작했고, 이를 사용해 두 지점에서 바라본 지면과 건물 꼭대기 사이의 각도를 측정했다. 하지만 거리를 모른다면, 이 모든 것은 아무 쓸모가 없다. 다행히도 나는 내 신발에 길이가 50cm인 물체를 붙이고 걸음으로써 두 지점 사이의 거리를 100m로 만들었다. 두 지점에서 측정한 각도는 22.9°와 20°였다. 재빠른 계산을 통해 건물의 높이가 263m라는 결과를 얻었는데, 전망대의 공식적인 높이 244m에 비교적 가까운 값이다. 손수 제작한 각도기와 신발에 붙인 자를 사용해 얻은 결과치고는 그다지 나쁘지 않은 셈이다.

하지만 친구한테 모르는 사람 취급을 받으면서 한 번에 50cm씩 거북한 발걸음을 떼어가며 거리를 재는 방법만 있는 것은 아니다. 일본에 갔을 때, 나는 도쿄에 세상에서 가장 높은 타워인 도쿄 스카이트리가 있다는 사실을 알았다. 도쿄는 도쿄 스카이트리가 '타워'라는 점을 강조하느라 유독 신경을 쓰는데, 왜냐하면 세상에는 이보다

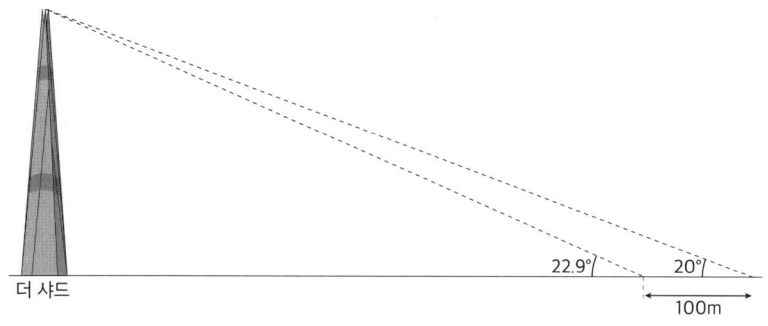

100m = 자를 붙인 신발로 200걸음

더 높은 건물이 두 개 있기 때문이다. 아랍에미리트의 부르즈 할리파와 말레이시아의 메르데카 118이 그것이다. 건물은 주거용이나 상업용으로 사용할 수 있지만, 타워는 높이만 높을 뿐 홀쭉해서 실용성이 떨어진다. 도쿄 스카이트리는 순수한 타워 중에서는 가장 높다. 그렇다면 과연 얼마나 높은지 궁금하지 않은가? 나 역시 그랬다. 그래서 자로 그 높이를 재기로 했다.

    세 각이 똑같은 두 삼각형을 '닮은꼴'이라고 한다. 이것은 두 삼각형이 각 변의 비율만 확대 또는 축소되었을 뿐, 동일한 모양의 삼각형이라는 뜻이다. 따라서 그중 한 변의 길이와 두 삼각형의 크기 비율만 안다면, 나머지 모든 길이를 구할 수 있다. 그래서 나는 도쿄 지도를 집어 들었다. 지도는 바로 그 도시의 축소 모형이다. 내가 구할 수 있었던 최선의 물리적 지도는 축척이 2만분의 1이었다. 이것은 한 쌍의 비슷한 삼각형 — 하나는 지도에 있는 것, 또 하나는 실제 세계에 있는 것 — 을 발견한다면, 지도에 있는 삼각형을 자로 잴 때 지도의 1mm가 실제 세계의 20m에 해당한다는 뜻이다.

나는 도쿄 거리로 나섰다. 혼잡한 군중을 피해 뒷골목을 이리저리 돌아다니며 스카이트리가 드리운 그림자 끝자락을 찾아갔다. 마침내 그림자 끝자락이 선로 옆 전망대 위로 뻗어 있는 지점에 이르렀고, 나는 그 정확한 끝 지점에 지도를 내려놓았다. 자를 꺼내 지도 위에서 정확하게 현실 세계의 타워가 있는 바로 그 지점에 똑바로 세웠다. 여기서 나는 '정확'이란 단어를 두 번이나 썼는데, 나의 정확성을 과장하는 것으로 비칠까 봐 조금 염려스럽다. 날씨는 약간 흐렸지만, 아주 잘 건설된 도시에서 나는 내 나름대로 최선을 다하고 있었다.

이제 나는 두 그림자를 보고 있었다. 하나는 실제 타워가 도쿄 거리 위로 드리운 그림자였고, 다른 하나는 자가 같은 도시의 2만분의 1 축척 지도 위에 드리운 그림자였다. 여기서 중요한 사실은 두 그림자 모두 동일한 태양 때문에 생겨났다는 것이다. 그리고 내 자는 지면에 대해 수직으로 서 있었다. 고질라가 등장하지 않는 시간이라면 타워도 항상 그런 것처럼. 이것은 타워와 그 그림자가 만드는 삼각형이 내 자와 (지도 위의 같은 점에서 끝나는) 그 그림자가 만드는 삼각형과 닮은꼴이라는 뜻이다.

자는 투명했기 때문에, 그 눈금들이 지도 위에 투영되었다. 실제 그림자가 끝나는 점 위의 눈금이 무엇인지 살펴보았다. 28mm였다. 이제 나는 높이 28mm의 미니 타워가 2만분의 1 지도 위에서 드리우는 그림자는, 스카이트리가 도쿄 위에 드리우는 그림자를 정확하게 똑같은 축척으로 축소한 것이란 사실을 알았다. 28mm에 2만을 곱하면, 그 높이는 560m가 나온다. 0.5km가 조금 넘으니 실로 높은 타워이다! 타워의 실제 높이는 634m여서 내가 계산한 결과보다 74m 더 높지만, 고르지 않은 지면 위에서 정밀도가 떨어지는 관광 지도를 가지고 눈대중으로 측정해 12%밖에 차이가 나지 않는 결과를 얻었다는 사실에 나는 충분히 만족했다. 만약 자의 그림자가 3.7mm만 더 길게 나왔더라면, 나는 정확하게 답을 맞혔을 것이다!

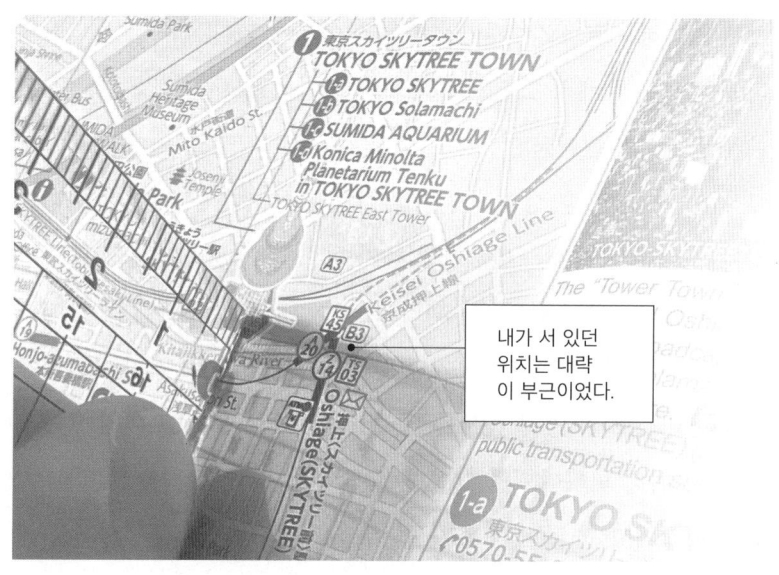

휴가 때에도 나는 수학자의 천성을 억누르기가 어렵다.

그림자를 사용해 물체의 높이를 재려고 시도한 사람은 내가 처음이 아니다. 나는 그림자를 사용해 세상에서 가장 높은 타워의 높이를 재려고 한 사람조차도 아니다. 기원전 6세기에 밀레토스의 탈레스Thales라는 그리스인이 그 당시 세상에서 가장 높은 타워의 높이를 쟀다(아마도 휴가 중에 그랬을 것이다). 이집트 여행 중이었던 그는 기자의 대피라미드를 보러 갔다.

탈레스가 그 높이를 어떻게 측정했는지를 놓고 서로 엇갈리는 이야기가 여러 가지 전한다. 한 이야기는 탈레스가 낮에 자신의 그림자가 자신의 키와 똑같아질 때까지 기다렸다고 한다. 이때는 햇빛이 지면에 대해 정확하게 45° 각도로 비스듬하게 비치는 순간인데, 이때 똑바로 서 있는 물체는 무엇이건 그림자 길이가 물체의 높이와 정확하게 일치하므로 직각이등변삼각형을 이루게 된다. 하루 중 이 마법의 순간에는 물체의 그림자를 재기만 하면, 그 그림자 길이가 곧 그 물체의 높이가 된다.

문제는 하루 중 정확하게 바로 그 순간에 현장에 있어야 한다는 것이다. 다른 작가들은 탈레스가 내가 한 것과 정확하게 똑같은 방법을 사용했다고 기술한다. 즉, 피라미드의 그림자 끝부분에 세운 막대의 그림자를 쟀다고 한다. 하지만 탈레스는 내가 그런 것처럼 가까운 관광 안내소로 가 공짜 지도를 달라고 할 수 없었다. 그 대신에 축척을 알기 위해 피라미드의 그림자 길이도 재야 했다. 하지만 이 추가 단계를 거치고 난 뒤에는 그가 한 계산은 내가 한 것과 동일했을 것이다.

여기서 중요한 사실은, 내가 자와 지도를 들고 도시를 돌아다니며 시간을 보내는 건, 수학자들이 휴가를 보내는 오랜 전통을 이어가는 행동일 뿐, 친구와 가족 들의 말처럼 "휴가 시간을 낭비"하는 것도 아니고, "현지인들을 어리둥절하게" 만드는 것도 아니라는 점이다.

고대인의 삼각형

피라미드는 아주 오래되었다. 그 돌들이 제 위치로 운반되고 있을 무렵에 털매머드들은 여전히 이 성가신 인간들이 제발 문제를 일으키지 않길 바라며 돌아다니고 있었다. 밀레토스의 탈레스가 그 높이를 재려고 했을 때, 피라미드는 이미 2000년도 더 전부터 건설돼오고 있었다. 피라미드를 짓는 데에는 상당한 수학 지식이 필요했을 것이다. 인류는 아주 오래전부터 기하학을 사용해왔다.

아주 이른 시기에 기록된 수학 텍스트가 이집트의 파피루스에 남아 있는데, 거기에는 삼각형이 아주 많이 포함돼 있다. 기원전 1550년 무렵에 아메스Ahmes라는 서기가 수백 년 전의 오래된 문서를 베껴 적었다. 그 원본은 이미 오래전에 사라졌다. 더 오래된 몇몇 문서가 오늘날까지 전해지긴 하지만, 모두 그 저자를 알 수 없으므로 이름이 전하는 최초의 수학 저자는 아메스가 되었다. 여기서 나는 깊은 동질감을 느꼈다. 몇 년에 한 번씩 책을 출판할 때마다 아주 잠깐 나는 가장 최근에 책을 낸 수학 저자가 되기 때문이다.

아메스 파피루스는 현재 대영박물관에 보관돼 있다. 이 파피루스는 원래는 라마세움(흔히 람세스 2세로 알려진 라메세스 2세의 신전. 내가 내 집을 마테세움Mattesseum이라고 부르는 것과 비슷하다) 근처의 한 폐건물에서 훔친 것으로 보이지만, 진실은 확인하기 어렵다. 파피루스를 훔친 사람들은 어느 시점에 그것을 3m와 2m 길이의 두 조각으로 잘랐는데, 아마도 여러 조각으로 나누어 팔면 돈을 더 많이 벌수 있지 않을까 생각해서 그랬을 것이다. 이 파피루스는 1858년에

 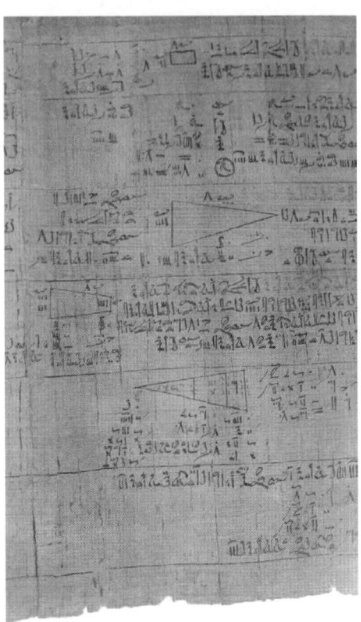

누가 봐도 명백한 삼각형들.

팔렸다가* 결국 대영박물관에 기증되었다.

이 책의 출간은 저자가 알려진 인류의 모든 수학 문헌에서 또 한 번 아메스와 내가 시작과 끝을 장식하는 의미가 있으므로, 나는 대영박물관 측에 이 파피루스를 보여줄 수 없겠느냐고 물었다. 빛이 파피루스를 훼손하기 때문에, 아메스 파피루스는 공개 전시되는 경우가 드물지만, 박물관 측은 친절하게도 어두운 보관실에서 파피루스를

---

* 그것을 산 사람은 린드A. H. Rhind라는 스코틀랜드 변호사였고, 그래서 이 파피루스는 린드 파피루스라고도 부른다. 18cm 길이의 가운데 조각은 따로 팔려나갔고, 그중 일부는 1922년에 뉴욕역사협회박물관에 나타났지만, 나머지는 실종되었다.

꺼내 와 내게 보여주었다. 맨 먼저 그 문헌이 수학 텍스트가 분명하다는 생각이 내 머리를 스쳐 지나갔다. 삼각형이 도처에 널려 있었다.

아메스 파피루스는 기본적으로 수학 문제를 제시하고 그것을 푸는 계산 기술을 보여주는 고대의 수학 교과서이다. 맨 먼저 눈길을 끈 삼각형들은 다양한 피라미드의 경사면 길이를 계산하는 문제들이었는데, 너무 전형적이라 오히려 진짜일까 싶은 느낌이 든다. 하지만 교과서에 실릴 만큼 중요한 것으로 간주된 문제들은 그 사회를 들여다보는 통찰력을 제공한다. 물론 거기에는 그 나름의 한계가 있다. 수천 년 후의 역사학자들이 오늘날 우리가 흔히 사용하는 "메리가 수박 17개와 모자 2개를 샀다."와 같은 유형의 문제들을 어떻게 생각할지 상상해보라. 21세기의 교과서들은 우리가 쇼핑을 많이 하고 우스꽝스러운 물건을 자주 샀구나 하는 인상을 줄 것이다.

아메스 파피루스에는 약 88개의 문제와 풀이 과정이 실려 있다. 문제들을 통해 빵과 곡물에 옛날 사람들이 얼마나 집착했는지 드러난다. 그중 열 문제는 여러 개의 빵 덩어리를 여러 사람에게 나누는 방법을 다룬다. 여섯 문제는 다양한 모양의 창고에 저장한 곡물의 부피를 계산하는 방법을 보여준다. 그러다가 더 기하학적인 문제를 다루는 방향으로 흘러간다. 피라미드 계산 외에 농경지 면적을 계산하는 문제도 6개가 있다. 그 당시에는 토지 구획을 다시 정하는 문제가 상당한 논란이 되었을 텐데, 아마도 나일강이 범람하여 이전의 경계를 알려주는 표지가 모두 사라지고 나면 특히 그랬을 것이다.

주기적으로 일어나는 나일강의 범람에 실려온 흙이 토양을 비옥하게 했기 때문에, 고대 이집트인은 비교적 풍족하게 살아갈 수 있었다. 이 때문에 매년 범람이 언제 일어날지 예측하기 위해 천문학과 역법(현대적인 달력의 직접적 조상에 해당하는)에 필요한 수학이 발달해야 할 동기가 충분히 있었고, 또 한편으로는 물이 빠져나간 뒤에 농경지 구획을 다시 정하는 방법도 알아야 했다. 그래서 농경지의 정확한 크기를 계산하는 데 필요한 기하학이 탄생하게 되었다.

이것은 그저 나의 추측에 불과한 것이 아니다. 고대 그리스 역사학자 헤로도토스Herodotos도 기원전 430년에 『역사』를 저술하면서 동일한 주장을 펼쳤다. 그는 또한 매년 나일강이 범람했기 때문에 이집트가 세계에 기하학을 선물했다고 덧붙였고, 한편 바빌로니아 문명은 (이전의 수메르 문명과 협력해) 나머지 모든 수학을 만들었다고 말했다.

> 강 때문에 농경지 일부를 잃은 사람은 누구든 세소스트리스Sesostris 왕을 찾아가 보고할 수 있었다. 그러면 왕이 조사관을 파견해 조사를 통해 상실된 농경지 면적을 계산하게 했고, 그에 따라 원래 부과한 세금에서 상실한 비율만큼 감해주었다. 그래서 나는 그리스인이 이집트인에게서 토지 측량술을 배웠다고 생각한다. 해시계와 해시계 바늘과 하루를 12등분하는 지식은 이집트가 아니라 바빌로니아에서 헬라스(고대 그리스인이 자기 나라를 이르던 이름 — 옮긴이)로 전해졌다.
>
> — 헤로도토스, 『역사』 제2권, 109절.

그러니까 수천 년 전부터 이미 사람들은 수학을 사용해 논쟁을 해결하는 관행에 관한 기록을 남겼다. 그리고 세금 문제를 해결하기 위해서도 그런 것처럼 보인다. 이 상황에서 농부는 세금을 되도록 적게 내길 원하고, 왕은 세금을 되도록 많이 거두길 원한다. 따라서 모두가 수학을 정확하게 해야 할 동기를 충분히 느꼈을 것이다.

나는 아메스 파피루스를 보면서 그것이 4000년 전의 유물이며, 그 당시에 땅을 공정하게 나누어야 할 필요 때문에 기하학이 인간 지식의 한 분야로 탄생하는 계기가 되었다는 사실을 깨닫고 절로 겸허한 마음이 들었다. 나는 특히 원형 농경지 면적을 계산하는 문제를 보고 경이로움을 느꼈는데, 그것을 계산하려면 π의 근삿값을 알아야 하기 때문이다. 그 계산을 살펴보면서 고대 이집트인이 π의 값으로 $4 \times (\frac{8}{9})^2 = 3.16$과 비슷한 값을 사용했다는 사실을 발견했는데, 이

파피루스를 가리키고 있는 나이 많은 수학자.

사각형 안에 원형 농경지가 그려져 있다. 그 밑에 있는 것은 모두 숫자이다.

것은 실제 값에 아주 가깝다. 하지만 더 중요한 것은, 이 상형 문자들이 그 후 인류가 발견하게 될, 원주율 π를 포함한 그 모든 경이로운 추상 수학으로 이어지는 관문이었다는 점이다. 나는 그 수학 문제와 함께 재빨리 셀카를 찍었고, 이 모습을 곁에서 지켜본 역사학자들은 재미있어했다.

프랑스에서 은하까지

넓은 농경지와 가장 높은 타워는 싹 잊어버려라. 곧장 끝으로 가 우리가 삼각형으로 측정할 수 있는 가장 큰 것을 살펴보자. 우리는 본능적으로 큰 것을 바라보려 하고 그것이 얼마나 큰지 알고 싶어 할 뿐만 아니라, 밤하늘을 올려다보는 것도 좋아한다. 수천 년 전부터 우리는 별들이 얼마나 멀리 있는지 궁금해했지만, 지상에서는 그 거리를 정확하게 측정할 수 없었다. 이제 우리는 별까지의 거리를 측정하려고 한다. 삼각형을 사용해 우리가 우주 속에서 정확하게 어느 지점에 있는지 계산하려고 한다. 우리는 천문학적으로 거대한 무언가를 측정할 것이다. '우주에서 큰 것들'의 계층에서 꼭대기 부근에는 다음과 같은 것들이 있다.

- 우리는 한 별*과 여러 행성, 그리고 그 밖의 많은 암석과 먼지로 이루어진 태양계에 살고 있다.
- 많은 별이 모여 은하를 이룬다.
- 은하가 많이 모인 집단이 은하단이다.
- 은하단이 많이 모인 집단을 초은하단이라 한다.
- 초은하단이 모여 우주 그물 cosmic web (우주망이라고도 함)이라는 구조를 이룬다.

우주 그물 구조의 각 부분을 확인하고 이름을 붙일 수 있다면, 그것들은 현재의 과학 지식으로 측정할 수 있는 가장 큰 물체가 될 것이다. 우주 그물은 높고 낮은 온갖 지역이 있는 지구의 지형과 비슷한 것으로 생각할 수 있다. 혼란스러운 이 지형 속에는 분명히 모두

---

* 질량으로 따지면, 태양계의 99% 이상은 태양이다. 따라서 솔직하게 말해서, 우리는 태양에 비하면 무시할 만한 수준의 반올림 오차에 불과하다.

'같은 것'에 속한 측면들이 있어 거기에 어떤 이름을 붙일 수 있다. '그랜드캐니언'이나 '에베레스트산' 또는 '내가 자전거를 타고 올라간 것을 후회하는 언덕'처럼 말이다. 지구 표면은 연속적으로 이어져 있지만, 우리는 이러한 부분들을 하나의 응집된 실체로 간주하여 이름을 붙이고 측정할 수 있다.

우주 그물은 지구 표면보다 훨씬 복잡하며, 우리가 이해할 수 있는 것보다 훨씬 큰 초은하단들로 이루어진 3차원 거품이다. 그것은 저 멀리 우주 밖에 있다. 혹은 우리 주위를 둘러싸고 있다. 밤하늘(혹은 낮 하늘)을 올려다볼 때, 그것은 바로 저 밖에 있으며, 사방으로 뻗어 있다. 게다가 그것의 크기는 우리의 상식을 초월할 정도로 커서 즉각 눈에 띄는 국지적 구조가 없다. 평생 널라버 평원을 걸어 다니더라도 오스트레일리아의 실제 모양은 알 수가 없다. 그 모양을 알려면 뒤로 상당히 멀리 물러나서 보아야 한다.

우주 그물 내의 구조들은 너무나도 커서 초라한 인간 망원경의 시야에는 아주 멀리 떨어진 일부분만 잡힌다. 그리고 그것은 어마어마...... 하게('어마'가 26번 반복될 정도로) 먼 거리에 있다. 아주 멀리 있는 물체의 문제점은 그러한 초은하단에서 나오는 빛 중에서 지구에 도달하는 비율이 너무 적어 사실상 우리가 그 빛을 감지할 수 없다는 점이다. 그렇게 먼 거리에 있는 빛 중에서 우리가 볼 수 있는 것이라곤 감마선 버스트$_{\text{gamma-ray burst}}$뿐이다. 빅뱅 다음으로 큰 폭발 현상인 감마선 버스트는 현재 우주에서 가장 큰 에너지를 뿜어내는 사건이다. 이 현상은 거대한 별이 초신성 폭발을 하면서 블랙홀로 변할 때, 혹은 두 중성자별이 서로 가까이 다가가 합체될 때 일어난다. 사실은 우리는 아직 정확한 것을 모른다. 어떤 감마선 버스트도 서로 똑같지 않다. '감마선 버스트'는 상상을 초월하는 에너지 발생과 함께 감마선(에너지가 매우 높은 광자)이 우주를 가로지르며 폭발하는 상황을 가리키는 포괄적인 용어이다.

이 현상은 우리의 감지기에 아주 작은 깜박임으로 포착된다. 그리고 아주 빠른 깜박임으로 끝날 때가 많다. 전체 감마선 버스트 사건 중 3분의 1은 약 2초 만에 끝난다. 여기에 감마선은 '초점'을 맞추기가 매우 어렵다는 사실까지 더해지면서 감마선 버스트는 연구하기가 매우 어렵다. 감마선 버스트는 여러 국가가 핵폭발 탐지 기술에 투자하기 시작한 1960년대에 우연히 발견되었다. 핵실험을 아무리 철저하게 비밀리에 진행하더라도, 거기서 감마선이 나와 지구 전체로 그리고 지구를 관통하면서 나아간다. 그래서 멀리 떨어진 곳에서 이 핵실험을 탐지하기 위해 고도로 정밀한 감마선 감지기를 개발했다. 그런데 그 후 멀리 우주에서 날아오는 감마선의 희미한 흔적이 감지기에 포착되었다.

'희미'하다는 것은 물론 상대적인 개념이다. 실제로는 그 감마선은 엄청난 에너지를 갖고 방출되었지만, 단지 아주 먼 곳에서 출발해 희미해졌을 뿐이다. 게다가 감지할 수 있는 감마선은 아주 드물다. 감마선 버스트는 은하 하나당 수십만 년에 한 번 정도 일어나는 사건이다. 우리에겐 좋은 소식이다. 만약 감마선 버스트 사건이 지구 근처에서 발생한다면, 그것은 미약한 우주 플래시에 불과한 것이 아니라, 대멸종 수준의 재앙을 초래할 것이다. 하지만 지구에서 보이는 시야 안에는 은하가 약 1000억 개나 있기 때문에, 우주 전체에서는 이 사건이 비교적 자주 일어난다.

이 순간적인 죽음의 깜박임을 연구하려면, 감마선을 탐지하는 방법과 탐지하자마자 즉각 망원경을 그쪽으로 돌려 그곳에서 무슨 일이 일어나는지 관측하는 방법이 필요하다. 그리고 내 말은 믿어도 좋은데, 우주과학자는 지금까지 우주선을 사용해 해결하지 못한 문제가 없다. 그래서 2004년에 스위프트감마선버스터탐사선이 발사되었는데, 전 세계 각지의 하드웨어를 동원해 NASA가 추진한 계획이었다. 재미있게도, 내 아내가 영국의 우주연구소에서 일하는데, 이 계획에 필요한 광학 탐지기 중 하나를 그 우주연구소에서 만들었다.* 감마선 버스트가 포착되면, 이제 남은 과제는 고에너지 감마선 광자가 날아오는 방향으로 우주선을 재빨리 돌리는 것이었다. 비록 2초 만에 우주선의 방향을 돌릴 수는 없더라도, 적어도 에너지가 더 낮은 잔광의 광자를 포착할 만큼 빠르게 그쪽으로 돌릴 수는 있었다.

그 관측에서 흥미로운 과학적 발견이 많이 일어났다. 하지만 그것은 다른 책(한 권은 나보다 훨씬 적임자인 아내가 썼다)에서 다루어야 할 이야기들이다. 우리가 관심을 가진 것은 그러한 감마선 버스트 사건들의 통계적 분포이다. 대개 그 사건들은 하늘에서 무작위로 분포돼 있는데, 이것은 기본적으로 하늘에서 어느 방향을 바라보건 똑같이 수많은 은하가 있다는 뜻이다.

하지만 은하가 완전히 균일하게 분포하고 있진 않다. 무작위는

---

* 이 말은 내가 이 분야에서 하는 연구는 서재 문을 열고 들어가 집 안에서 소리 높여 질문을 외치는 과정을 포함한다는 뜻이다. 직업 정신에 충실한 아내가 흔히 보이는 반응은 직접 우주로 가보라는 것이다.

균일과 같은 뜻이 아니다. 동전을 던졌는데 앞면과 뒷면이 완벽하게 번갈아가며 나온다면, 그것은 무작위적인 것이 아니다. 오히려 그 반대이다. 감마선 버스트 분포는 아주 균일한 우주에서 기대할 수 있는 것과 정확하게 똑같은 정도의 군집 양상을 보여준다. 다만 너무 가까이(3차원 방향 모두에서 통계적으로 유의미한 수준으로 가까이) 붙어 있는 감마선 버스트 코호트가 몇 개 있다. 그렇다면 거기에는 평균보다 높은 밀도로 은하들이 일종의 은하 초구조 형태로 함께 모여 있는 게 분명하다.

'우주에서 가장 큰 구조'의 첫 번째 후보는 장성Great Wall인데, 지구의 만리장성과 달리 먼 우주에서도 보인다. 장성은 감마선 버스트 19개가 의심스러울 정도로 가까이 모여 있는 곳인데, 따라서 통상적인 수준보다 훨씬 많은 은하가 모여 있는 지역임을 암시한다. 장성은 우주 그물에서 충분히 덩어리진 부분을 형성하기 때문에, 특별한 이름을 부여받을 자격이 있다. 그 폭은 100억 광년에 이르는데, 지구의 보잘것없는 만리장성에 비하면 약 40억×10억 배나 길다. 물론 이것은 어디까지나 그 구조가 실제로 존재할 경우의 이야기이다. 천체물리학자들은 아직도 그 통계 데이터를 놓고 논쟁을 벌이고 있다. 아마 여러분은 그들이 그 논쟁을 해결하기 위해 어떤 해법을 내놓았는지 들으면 믿어지지 않을 것이다.(힌트: 그것은 2032년에 발사될 예정이다.)

우주의 거대 구조 후보 중 가장 큰 구조로 만장일치로 채택된 것은 자이언트 링Giant Ring이다.(Giant Ring이란 용어도 사용하지만, 지금은 빅 링Big Ring이란 용어를 더 많이 사용한다.—옮긴이) 동일한 고리 지역에 감마선 버스트 9개가 뭉쳐 있는 게 발견되었는데, 무작위로 이런 일이 일어날 확률은 100만분의 2에 불과하므로, 이곳에 은하들로 이루어진 거대한 고리가 있는 게 분명하다. 나는 '자이언트 링'이라고 말했지만, 2015년에 처음 발견되었을 당시에 실제로 붙여진 이름은 '거대한 고리 같은 구조 a giant ring-like structure'였다. '고리 같은'이란 표현은 진짜 고리가 아니라는 의미를 담고 있는데, 그 구조를 발견한 과학자들은 "드러난 증거에 따르면, 이것은 어떤 실체의 껍데기가 하늘 평면에 투영된 것임을 시사한다."라고 말했다. 그 실체는 속이 빈 거대한 우주 공이다. 곧 어마어마한 크기의 우주 풍선인 셈이다.

지구에서 본 자이언트 링의 시지름은 $34.5°$이고, 거리는 91억 광년이다. 혹은 친숙한 지구의 단위로 환산하면, 8.6×10^{26}m 거리에 있다. 삼각형을 완성하면, 그 크기를 알 수 있다.(혹은 적어도 이 특정 감

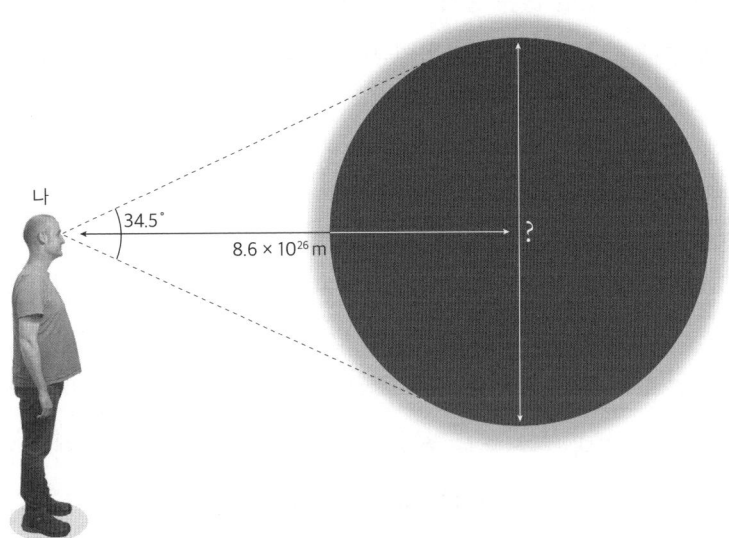

'정확한 크기 비율로 나타낸 것이 아니라는' 사실을 명심하라. 이 다이어그램은 축척 개념 자체를 조롱하고 있다. 어쩌면 축척 왜곡이 가장 심한 다이어그램일지도 모른다.

마선 버스트들이 얼마나 멀리 떨어져 있는지 알 수 있다.) 하늘의 어떤 물체에 대해서도 같은 방법을 사용해 크기를 알 수 있다. 한쪽 끝에서 반대쪽 끝까지 각도기를 갖다 대 각도를 재고, 그 각도와 거리를 나타내는 삼각형을 결합하면, 물체의 크기를 알 수 있다. 아주 쉽다. 하지만 아직 속단하긴 이르다.

8.6×10^{26}m 거리에 있다는 건 어떻게 알 수 있을까? 우주에 있는 어떤 대상이 얼마나 먼 곳에 있는지 어떻게 알 수 있을까? 물리적으로 직접 측정하기에는 너무 먼 곳에 있으므로, 다른 방법을 사용해야 한다. 하지만 또 다른 삼각형이 그 답이 될 수는 없는데, 그렇게 되면 문제를 한 단계 아래로 끌어내리는 것에 불과하기 때문이다. 그 삼각형이 얼마나 큰지는 어떻게 알 수 있는가? 또 다른 삼각형으로? 여기서부터 우리는 마치 줄자처럼 계속해서 풀려 나오는 실을 당기기 시작한다. 뭔가 단단한 곳에 발이 닿길 기대하면서 점점 더 작은 삼각형의 단들로 이루어진 사다리를 내려가야 할 테니 각오를 단단히 하라.

적색 이동 단

거대한 우주 풍선까지의 거리는 '적색 이동'을 사용해 계산한다. 적색 이동이란 광원에서 출발한 빛이 먼 거리를 이동하는 동안 그 빛의 스펙트럼선이 빨간색 쪽으로 이동하는 현상을 말한다. 적색 이동은 일종의 도플러 효과로, 물체의 움직임이 거기서 나오는 빛에 지문을 남기는 현상이다. 우주는 충분히 예측할 수 있는 속도로 팽창하고 있기 때문에, 우리에게서 멀어져 가는 물체의 속도는 그것이 얼마나 먼 곳에 있는지 알려주는 아주 좋은 지표이다.

천문학자들은 적색 이동의 정도와 거리가 모두 알려진 다수의 천체를 꼼꼼하게 기록해 양자 사이의 관계를 알아냈다. 그 결과로 '허블 상수'라는 변환 계수를 알아냈는데, 이를 사용해 적색 이동의 정도를 거리로 변환할 수 있다. 하지만 기준이 되는 천체들까지의 거리는 어떻게 알아냈을까?

표준 촛불 단

'표준 촛불'은 실제 밝기가 알려진 천체라면 어떤 것이라도 될 수 있다. 어떤 별들은 밝기가 절대 광도에 비례해 주기적으로 변한다. 어떤 초신성들은 항상 동일한 밝기로 폭발한다. 하지만 하늘에서 이러한 별과 초신성을 바라볼 때, 이들은 실제 밝기와 다른 밝기로 보인다. 이들의 실제 밝기에 관한 지식을 사용해 얼마나 먼 곳에 있는지 계산할 수 있다. 하지만 이 척도에 눈금을 매기려면 절대 거리가 일부 필요하다.

시차 단

시차視差를 다룰 때에는 진짜 삼각형이 등장한다. 시차는 관점을 옮기면, 물체의 위치가 처음과 달라지는 효과를 말한다. 이 현상으로 우리는 훌륭한 통찰력을 얻을 수 있다. 예를 들면, 〈모나리자〉의 복제본이 많이 존재하는데, 그중에는 레오나르도 다빈치Leonardo da Vinci 자신의 스튜디오에서 동료 화가들이 그린 것도 있다. 그런데 2012년에 한 〈모나리자〉 복제본을 깨끗이 닦아냈을 때, 보존 전문가들은 모나리자의 손과 얼굴, 옷의 방향이 모두 조금씩 다르다는 사실을 발견했다. 이 시차 효과는 이 그림이 단순히 원본의 복제본이 아니고, 다빈치가 원본을 그릴 때 다른 사람도 옆에서 함께 이 그림을 그렸다는 것을 의미했다. 이 그림에는 모나리자의 콧날이 나머지 얼굴과 약간 다른 각도로 그려졌기 때문에(그 밖에도 비슷한 각도로 정렬된 요소가 많았다), 연구자들은 같은 방에 있던 누군가가 이 그림을 그렸으며, 그 사람은 다빈치의 왼쪽에 있었고, 다빈치보다 모델에 1m쯤 더 가까이 있었다고 결론 내렸다.

만약 우리가 별에 대해 상대적으로 움직인다면, 이론적으로는 시차 효과 때문에 별이 움직이는 것으로 보여야 한다. SF 영화에서 우주선이 가속되면서 별들이 우주선 옆으로 휙휙 지나가는 장면이 나오는데, 이것도 시차 효과 때문이다. 현실 세계에서는 별들은 너무나도 먼 곳에 있기 때문에, 우주선 창밖으로 보이는 풍경은 훨씬 지루하다. 움직이는 우주선에서 별의 움직임이 감지된 유일한 사례는 NASA의 뉴허라이즌스 탐사선에서 일어났다. 2006년에 발사된 뉴허라이즌스는 2015년에 명왕성을 지났고, 2020년에는 지구에서 64억 km 이상 떨어진 거리를 지나갔는데, 과학자들은 그 지점에서 별들이 지구에서 보는 것과 달리 보이는지 알아보기로 했다. 그들은 가장 가까운 두 별(켄타우루스자리 프록시마와 울프 359)로 카메라를 돌렸다. 그리고 그 사진을 지구에서 촬영한 두 별의 사진과 비교해보았다. 놀랍게도 실제로 두 별이 14년 동안 우주선 옆으로 질주한 모습이 나타나 있었다.

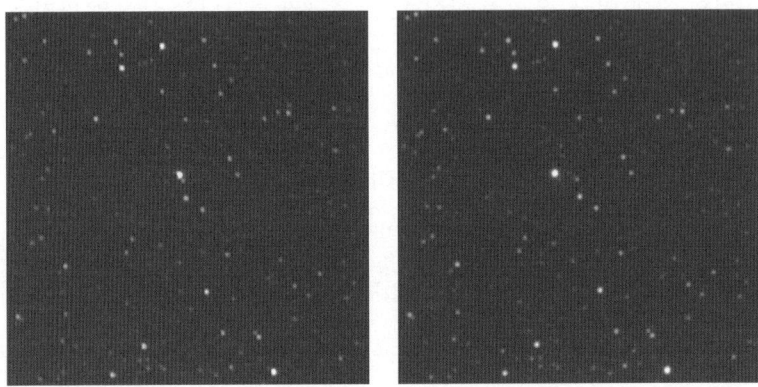

지구에서 본 모습과 지구에서 64억 km 떨어진 지점에서 본 모습. 켄타우루스자리 프록시마의 위치가 이동한 것을 볼 수 있다!

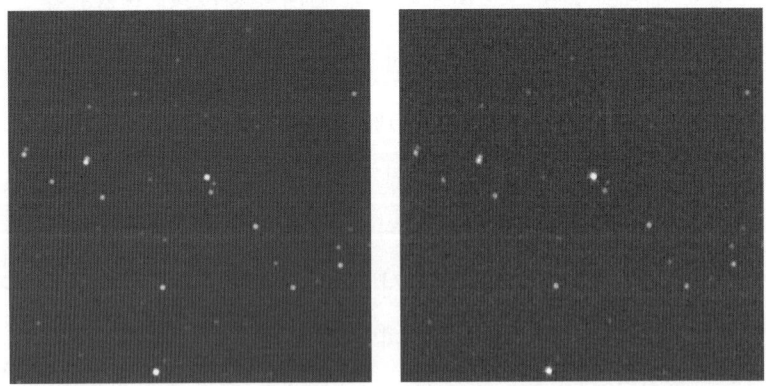

마찬가지로 울프 359도 빠르게 움직이고 있다.(가운데에서 왼쪽으로 질주하고 있는 별이 울프 359이다.)

64억 km 미만의 거리 차이가 빚어내는 별들의 시차는 너무 작아서 인간의 미약한 맨눈으로는 파악할 수 없다. 하지만 망원경과 정밀한 과학 장비를 사용하면, 1년에 걸쳐 일어나는 가까운 별들의 아주 작은 움직임을 추적할 수 있다. 만약 동일한 '가까운' 별을 지구 궤도의 양 끝에서 관측하면, 훨씬 먼 별들을 배경으로 가까운 별이 아주 약간 움직인 것을 볼 수 있다. 이를 통해 그 별이 얼마나 먼 거리에 있는지 계산할 수 있다.

금성의 태양면 통과 단

이 시차 방법을 사용하려면 삼각형에서 한 변의 길이를 아는 게 필요하다. 그러려면 지구와 태양 사이의 거리를 알아야 한다. 오랫

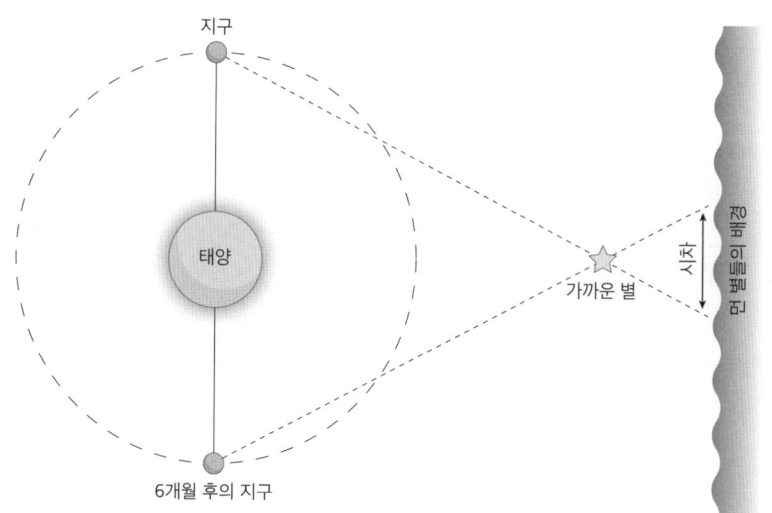

동안 우리는 그 정확한 거리를 알지 못했다. 천문학자들은 '천문단위astronomical unit(AU)'라는 새 단위를 도입하는 편법을 사용했고, 지구와 태양 사이의 거리를 1AU로 정의했다. 지금도 가끔 별들의 거리를 AU로 표시하는 경우를 볼 수 있다. 하지만 이 방법은 거리를 제대로 측정한 것이 아니라, 그냥 이름을 붙인 것에 불과하다.

 그렇다면 천문단위의 실제 값을 어떻게 알 수 있을까? 그렇다, 여러분이 추측한 대로다. 시차와 삼각형을 더 사용하면 된다. 태양이 매우 밝다고 말하는 것은 절제된 표현이며, 따라서 태양의 시차를 재는 것은 절대 쉽지 않다. 다만 지구와 태양 사이에 뭔가가 지나간다면 이야기가 달라진다. 운 좋게도 100여 년에 두 번씩 금성이 지구와 태양을 잇는 일직선을 지나간다. 만약 이 사건을 지구의 여러 장소에서 관측하면, 금성이 아주 약간 다른 경로로 지나가는 것으로 보일

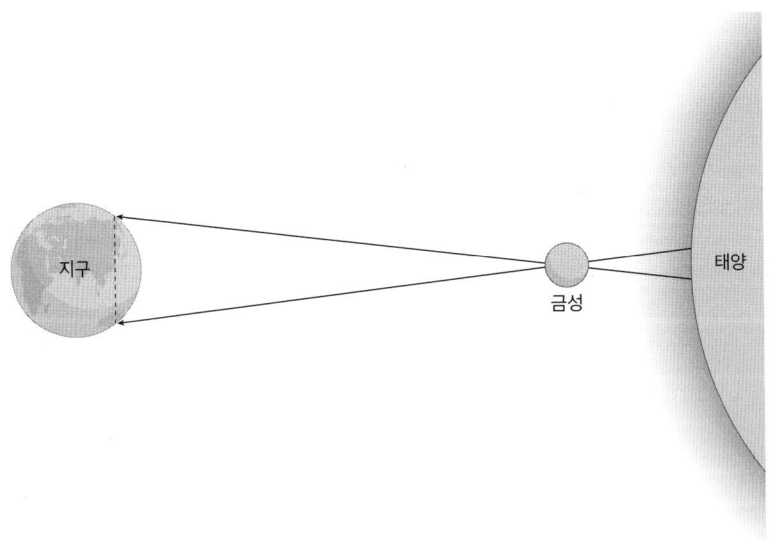

테고, 이를 이용해 태양과 지구 사이의 거리를 계산할 수 있다. 단, 지구의 정확한 크기를 알아야 한다.

프랑스를 종단한 삼각형들 단

지구의 크기를 최초로 현대적 방법으로 계산한 사람은 18세기의 두 프랑스 수학자였다. 장-바티스트 들랑브르Jean-Baptiste Delambre와 피에르 메솅Pierre Méchain은 프랑스 됭케르크에서 에스파냐 바르셀로나까지 1500km에 이르는 구간에 115개의 거대한 삼각형을 배치하느라 거의 10년을 보냈다. 그 작업은 결코 하찮은 일이 아니었다. 들랑브르와 메솅은 세 꼭짓점이 각각의 산 꼭대기에 위치한 거대한 삼각형을 그리면서 측정을 시작했는데, 그래야 다른 꼭짓점들을 볼 수 있고 모든 각도를 잴 수 있었기 때문이다. 그러고 나서 한 변을 첫 번째 삼각형과 공유하는 두 번째 삼각형을 그려나갔고, 그런 식으로 앞선 삼각형과 이어진 삼각형들을 계속 그려나갔다. 그들이 한 일은 각도를 측정하는 것이었는데, 각도를 측정하기는 쉬웠기 때문이다. 삼각형의 변은 몇 km가 될 수도 있지만, 각도는 어떤 각도라도 각도기(다만 아주 정밀한 황동제 각도기여야 했다)만 있으면 충분히 잴 수 있었다.

두 사람은 이 일련의 삼각형들 양 끝 지점의 위도를 정확하게 알고 있었다. 그것은 됭케르크와 바르셀로나가 적도에서 얼마나 멀리 떨어져 있는지를 알려주는 정보였다.(두 사람이 삼각형들을 남북 방향으로 일직선으로 배치한 것은 이 때문이었다.) 그리고 이 위도를 사용해 두 지점 사이의 거리가 지구 전체 둘레 길이의 몇 퍼센트에 해당하는지 계산했다. 이제 죽 이어진 삼각형들의 길이만 구한다면, 그 거리를 사용해 지구 전체의 둘레 길이를 알 수 있었다.

자 단

마침내 우리는 크기 계산 사다리에서 내려와 마침내 단단한 땅을 디디게 되었다. 지금까지 우리는 측정이라는 문제를 발로 차내며 몇 페이지나 미뤄왔다. 하지만 이제 마침내 미루기를 멈추고 도로 측정을 본격적으로 시작할 수 있다.

들랑브르와 메생은 자신들이 그린 삼각형 중 하나의 한 변 길이를 자를 사용해 실제로 측정해야 했다. 그 '자'는 정밀하게 눈금이 매겨진 백금 막대 4개였는데, 각각의 백금 막대에는 구리 막대가 짝으로 붙어 있었다. 두 금속은 열팽창률이 서로 달라 온도 변화가 자의 길이에 미치는 영향을 완화할 수 있었다. 네 막대를 조심스럽게 끝과 끝을 이으면서 놓은 뒤에 맨 뒤쪽에 놓인 것을 다시 앞쪽으로 옮겼다. 이렇게 자를 하나씩 계속 옮겨가며 그들은 도로를 따라 한 걸음씩 나아갔다. 실제로는 도로가 두 개였다. 이 임무는 들랑브르가 맡았는데, 그는 파리 외곽의 도로 길이를 재면서 41일을 보낸 뒤에 프랑스 남부를 지나가는 두 번째 도로의 길이를 재느라 43일을 보냈다. 이 두 도로는 믿기 힘들 정도로 똑바로 뻗어 있었기 때문에 삼각형들의 그물에서 두 변이 되었다. 그들은 두 변을 측정함으로써 한 변으로 다른 변을 재확인할 수 있었다. 그래서 "두 번 측정하고, 한 번에 115개의 삼각형을 계산하라."라는 말이 생겨났다.(이것은 "measure twice and cut once(두 번 재고, 한 번에 잘라라)"라는 격언을 빗댄 표현이다.―옮긴이)

이 두 변의 길이를 확인하자, 모든 삼각형의 모든 변을 하나씩 차례로 계산할 수 있었고, 결국 됭케르크와 바르셀로나 사이의 거리를 정확하게 알 수 있었다. 그와 함께 지구의 크기도 알게 되었다. 그리고 자연히 지구와 태양 사이의 거리와 표준 촛불들까지의 거리도 알 수 있었다. 이제 적색 이동의 정도를 거리로 환산하는 허블 상수도 계산할 수 있었다. 자이언트 링에서 일어난 감마선 버스트들의 적색 이동은 0.78~0.86의 범위에 있었는데, 이를 계산하면 평균적으로 8.6×10^{26}m라는 값이 나온다.

마침내 우리는 이 거대한 우주 거품이 정말로 어마어마하게 크다는 사실을 확인했다. 한쪽 끝에서 반대쪽 끝까지의 거리는 56억 광년이나 된다. 그러니 전화 통화가 그 표면을 가로질러 반대쪽 끝까지 전달되려면 56억 년을 기다려야 한다. 우주의 나이는 137억 년에 불과하므로, 태초부터 전화를 걸었더라도, "어이! 어떻게 지내?"와 "그럭저럭. 넌 어때?"라는 두 차례의 통화밖에 일어나지 않았을 것이다.

무수한 별을 포함한 이 하늘의 구는 하늘에서 상당한 면적을 차지하지만, 빛이 너무 희미해서 우리가 그것을 제대로 볼 수 없다. 만약 우리가 볼 수 있을 만큼 밝다면, 그 폭은 달의 66배에 이를 것이다. 만약 그것이 열기구와 같은 형태라면, 밤하늘에서 다음의 그림과 같은 모습으로 보일 것이다.

저건 열기구가 아니야.

일부 천문학자들은 이토록 거대한 것은 '중력으로 묶여' 있지 않다고 주장하는데, 이 말은 양쪽 끝이 너무나도 멀리 떨어져 있어서 지구와 달처럼 혹은 토스트 조각과 땅바닥처럼 서로 중력으로 연결돼 있지 않다는 뜻이다. 그래서 자이언트 링이 실제로 어떤 '실체'가 있는 대상이 아니라는 주장도 있다. 언젠가는 우주 전체도 측정을 시도할 수 있는 대상으로 간주할 수 있다. 하지만 나는 내 우주 공을 놓아 보내지 않을 것이다. 의미론을 놓고 논쟁을 벌일 수는 있지만, 우주 공은 분명히 관측 가능한 우주 안에 존재하는 하나의 거대한 구조이다. 그것은 지금까지 우리가 발견한 구조 중 가장 거대하며, 삼각형을 사용해 크기를 측정할 수 있다. 풍선이 얼마나 크든 상관없이, 삼각형들이 그 풍선의 크기를 측정할 수 있게 해주었다.

이 장에서 나는 우주 풍선에서 지상에 이르기까지 거리 측정 사다리를 이루는 일련의 단들을 소개했다. 우주에서 거리와 크기를 재는 방법은 그 밖에도 많이 있지만, 이 대안 사다리들 역시 모두 삼각형을 사용한다. 오늘날 천문학자들은 달이나 다른 천체를 향해 레이저를 발사해 거리를 측정할 수 있다.

하지만 어느 경우든, 내 주장은 여전히 유효하다. 들랑브르와 메생이 지구의 크기를 측정하려고 노력한 이유는 그로부터 얼마 전에 도입된 새로운 '미터' 단위가 북극점에서 적도까지 거리의 1000만분의 1로 정의되었기 때문이다. 두 사람의 측정은 1m의 길이와 나머지 모든 미터법 거리의 기준을 제공했다. 지금도 만약 여러분이 1m의 걸음을 내디딘다면, 지구 둘레 길이의 4000만분의 1에 해당하는 거리를 걸은 셈이다.

그러니 우주 그물에서 가장 큰 공의 크기를 측정하건, 돼지 위로 난 열기구의 높이를 측정하건, 이 모든 것이 가능한 것은 18세기에 자를 들고 프랑스를 종단하며 도로의 거리를 잰 두 사람 덕분이다.

2

새로운 각도

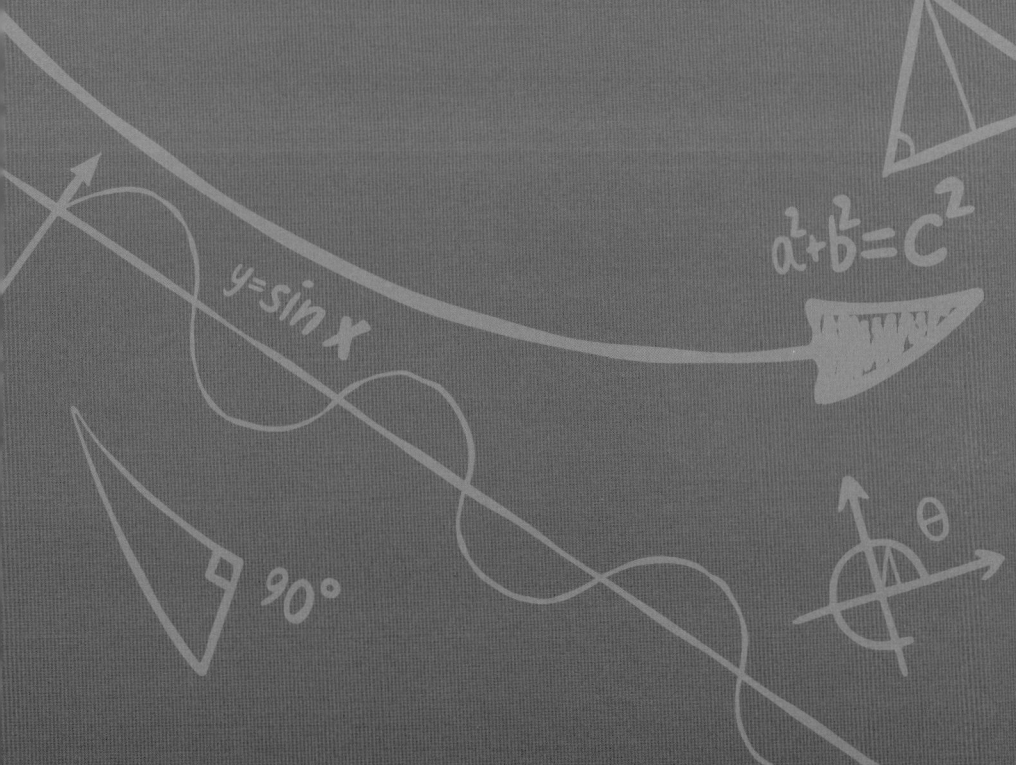

만약 동전을 다른 동전 주위로 굴리면, 어느 쪽이 위가 될까? 답은 아래에.

이것은 유명한 동전 수수께끼이다. 첫 번째 동전이 두 번째 동전 주위를 돌 때 어느 쪽이 위에 오는지 추적해보라. 잘생긴 머리가 심하게 어지러워하진 않을 텐데, 처음과 똑같은 위치로 돌아오기 때문이다. 많은 사람이 이 결과에 반신반의하는데, 동전이 반 바퀴를 돌았으니 당연히 거꾸로 뒤집혀야 할 것처럼 보이기 때문이다. 머릿속에서 각도를 추적하는 일이 늘 빠르고 쉽게 일어나는 것은 아니다. 하지만 그것이 시도할 만한 가치가 있는 것은 각도가 드러내는 새로운 사실 때문이다.

주변 세계를 둘러보면, 도처에서 각도를 볼 수 있다. 거리와 비슷하게 각도는 주변 세계의 작용 방식에 대해 깊은 통찰력을 제공한다. 같은 각도가 계속해서 나타날 때, 우리는 그 이면에서 일종의 논리가 작동하고 있음을 알아챈다. 연못에서 헤엄을 치는 오리 뒤에 생겨나는 물결의 흔적은 항상 39° 각도를 이룬다. 큰 오리이건 작은 오리이건, 빠른 오리이건 느린 오리이건, 물결의 각도는 항상 39°이다. 이것은 물에서 파동이 움직이는 방식에 대해 뭔가를 알려준다. 개미귀신이 모래 함정을 팔 때, 그 벽의 기울기는 항상 34°이다. 이 각도는 모래 언덕(사구) 전면의 기울기와 정확하게 똑같다. 34°는 모래의 속성에 대해 뭔가를 알려준다. 무지개의 화각畫角(렌즈를 통해 사진기가 이미지를 담을 수 있는 각도)은 항상 84°이다. 이것은 마법과 우정의 본질에 대해 뭔가를 알려준다.

그런데 각도란 무엇인가? 나는 단순히 방향의 차이라고 말한다. 그러니까 친구에게 "잘 가!"라고 말한다면, 두 사람이 가는 방향이 서로 다르다는 걸 확실히 한 것이다. 만약 그렇지 않다면 어색한 상황이 벌어질 것이다. 또다시 "잘 가!"라고 말할 때까지 잠시 잡담을 나누든가, 아니면 모르는 사이인 것처럼 무심하게 걸어가기로 무언의 합의를 할 수도 있다. 이 경우에는 두 사람의 방향 차이가 0°이다.

최선의 경우는 두 사람이 정확하게 정반대 방향, 그러니까 최대 각도인 180° 차이가 나는 방향으로 각자 걸어가는 것이다. 0°와 180°

사이에는 수많은 각도가 존재하며, 두 사람이 직각 방향, 즉 90° 차이가 나는 방향으로 걸어가는 경우도 포함돼 있는데, 이 각도는 받아들일 수 있는 각도와 어색한 각도 사이의 경계 지점에 해당한다.

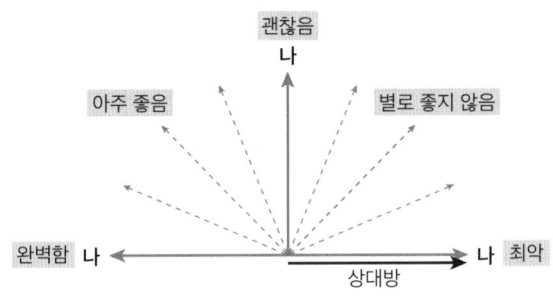

여러분은 내가 숫자 오른쪽 위에 떠 있는 작은 원(이 기호는 '도'라고 발음한다)을 사용하기 시작했다는 사실을 이미 눈치챘을 것이다. 이것은 원에서 각도를 표시할 때 사용하는 것과 같은 기호이다. 완벽한 세계에서는 모든 각도가 가장 큰 각도의 분수로 측정되겠지만, 실제로는 그렇지 않다. 선사 시대에 어떤 천재가 완전하게 한 바퀴 회전한 것을 360등분하기로 했다. 많은 사람은 이 관행이 수메르인이 60이란 수를 사랑한(360은 60에 6을 곱한 것이므로) 데에서 유래했다고 주장하는 반면, 어떤 사람들은 지구의 공전 주기가 대략 360일인 데에서 유래했다고 주장한다. 어느 쪽이건, 이제 우리는 180°를 가장 큰 각도로 여긴다. 라디안radian이나 그레이드grade(평면각을 나타내는 단위. 1그레이드는 0.9°에 해당함)처럼 다른 각도 측정 단위들도 있지만, 대다수 일반인과 마찬가지로 우리도 이것들을 무시할 것이다(지금 당장은).

```
    가장 큰 각도           가장 큰           각도가 없음
       180°            각도의 절반         0° 또는 360°
                          90°
```

 나는 180°를 '가장 큰 각도'라고 부르지만, 엄밀하게 따지면 이 표현은 정확한 것이 아니다. 물론 180°보다 큰 각도는 '반대편'에서 더 작은 각도로 대체할 수 있지만, 둘은 미묘한 차이가 있다. 180°까지의 각도는 측정값을 알려주는 반면, 그보다 더 큰 각도들은 이야기를 들려주면서, 그 각도의 역사나 맥락에 대해 뭔가를 말해주기 때문이다. 그리고 360°와 더 큰 각도들도 각자 나름의 역할이 있다. 이 각도들은 어떤 것이 얼마나 많이 굴렀는지 기록한다. 수수께끼에서 동전이 굴렀던 360°는 그것과 '등가'인 0°와 아주 다르다.

 가끔 우리는 여행한 각도가 정확하게 얼마인지 알길 원한다. 만약 두 바퀴를 돌았다면, 출발점으로 돌아올 것이다. 하지만 그동안에 다른 곳들도 들렀다. 신체적으로뿐만 아니라 감정적으로도 그랬다. 따라서 현재의 위치는 0°와 동일하지만, 720°를 돌았다고 말하고 싶을 수도 있다. 이 점은 무엇보다도 스케이트보드 세계에서 명확하다.

 스케이트보드에서 720°는 문자 그대로 360°의 두 배만큼 근사하다. 스케이트보더들이 이야기하는 각도는 한 번의 점프에서 자신과 발밑의 스케이트보드가 얼마나 많이 회전했는지를 나타낸다. 1999년, 프로 스케이트보더 토니 호크Tony Hawk는 최초로 '900°' 회전에 성공했다. 공중에 떠 있는 동안 호크와 스케이트보드는 두 바퀴

반(360° × 2.5 = 900°)을 회전한 다음, 성공적으로 착지했다.(착지 순간도 아주 중요하다.) 만약 호크가 공중에 떠 있을 때 당신이 잠깐 한눈을 팔았다면, 그가 겨우 180°만 회전한 것처럼 보일 수 있다. 2020년에 일어난 최초의 '1080°' 회전은 훨씬 덜 인상적으로 보일 것이다.

나는 이토록 열정적으로 각도를 사용해 회전을 측정하는 스포츠를 사랑한다. 하지만 십 대 시절의 아픈 경험을 통해 분명히 말할 수 있는데, 각도에 관한 지식이 많다고 해서 반드시 스케이트보드를 잘 타는 데 도움이 되는 건 아니다. 스케이트보드에서 각도는 묘기의 난이도를 기록하는 일종의 채점 항목으로 쓰인다. 각도에 대한 지식을 스포츠에서 유리하게 이용하려면, 기하학적 계획을 세울 시간이 있는 게임을 해야 한다. 다행히도 내 지식을 활용할 수 있는 스포츠가 하나 있었다.

그렇게 우쭐했던 적은 없었다

고등학교 시절에 내가 스포츠에서 유일하게 실력을 뽐낸 분야에서는 각도가 중요한 기여를 했는데, 그것은 당구를 배우는 체육 시간이었다. 그 시간 동안은 나의 재능이 빛을 발했다. 평소와 달리 스포츠에서 좋은 결과를 보여주자, 한 친구는 나의 실력에 놀라움을 표시했다. 그러자 옆에 있던 친구(나보다 운동 능력이 훨씬 좋은)가 즉각 응수했다. "몰랐어? 당구는 기본적으로 처음부터 끝까지 각도야." 내가 수학 실력이 출중하다는 것은 운동 신경이 둔하다는 것만큼이나 잘 알려져 있었다.

당구(스누커, 캐럼을 비롯해 당구대 위에서 벌이는 온갖 게임)보다 각도와 기하학이 더 흔하면서도 실용적으로 활용되는 예는 찾기 어렵다. 당구야말로 가장 많은 사람이 각도와 직접 상호 작용하는 레크리에이션 활동이다.

서로 충돌하는 공들의 역학에 대해 할 이야기가 많지만, 그 귀찮은 일은 물리학자들에게 맡기기로 하고, 공이 쿠션에 부딪칠 때 어떤 일이 일어나는지만 살펴보기로 하자. 이론적으로 이것은 "입사각은 반사각과 같다."라는 법칙을 따라야 한다. 거울에 비친 빛이 반사되는 것과 동일하다. 이것은 어떤 물체가 표면에 부딪친 뒤 튀어 나갈 때, 우리가 직관적으로 예상하는 결과와 같다. 작은 입사각으로 들어와 쿠션을 스치면서 지나가는 공은 마찬가지로 약간만 꺾여 비슷한 방향으로 나아간다. 쿠션을 향해 똑바로 나아가는 공은 똑바로 튀어나온다. 적어도 이론상으로는 그렇다.

이 이론에 따르면, 수학자는 궁극적인 당구 선수여야 한다. 이를 검증하기 위해 나는 수학자 친구인 그랜트 샌더슨Grant Sanderson과 팀을 이루어 수학자가 아닌 프로 당구 선수 두 명에게 시합을 신청했다. 그들은 큐볼이 특정 쿠션들에 두 차례 충돌한 뒤 당구대 반대쪽에 있는 표적 공을 맞혀야 하는 연습 게임을 제안했다. 수학자 팀은 즉각 작업에 착수해 큐를 내려놓고 줄자를 꺼냈다. 측정해야 할 것을 모두 다 측정한 뒤, 우리는 술집으로 가 필요한 각도 계산을 했다. 당구 선수들은 옆 당구대에서 자기끼리 시합을 하며 즐기면서 휴식을 취할 때에는 우리를 조롱하는 말을 주고받았다.

우리는 '입사각=반사각'이라는 거울 비유를 문자 그대로 받아들였고, 공이 충돌 후에 튀어 나가는 각도를 계산하는 대신에 접혀 있는 두 번째 유령 당구대로 똑바로 굴러가는 장면을 상상했다. 거울을 볼 때, 우리 뇌는 거울 앞의 우리가 반사된 방향을 향해 바라보고 있다고 생각하지 않는다. 대신에 자신 앞에 두 번째 현실 복사본이 있는 것처럼 느낀다. 이런 감각은 수학적으로 잘 작동한다. 거울과 레이저 포인터를 사용해 이를 직접 체험해볼 수 있다. 만약 레이저 광선을 거울에 반사해 특정 표적에 이르게 하려면, 그 경로 파악에 필요한 입사각을 정확하게 계산하거나, 아니면 그냥 거울에 반사된 표적을 향해 레이저를 조준하면 된다. 수학은 두 상황 모두에서 똑같이 성립한다. 그리고 레이저 근처에 놓인 거울이 몇 개이든 상관없이 똑같이 성립한다. 우리는 유령 거울 세계의 당구대가 두 개 필요했다.

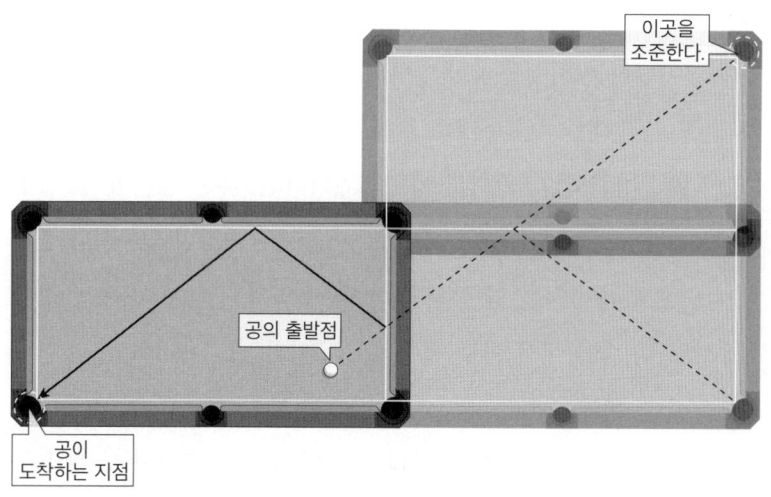

필요한 두 각도를 계산하는 대신에 반사된 유령 포켓을 곧장 조준한다.

그러고 나서 우리는 방 안에서 두 개의 가상 당구대 끝에 있는 표적의 정확한 위치를 겨냥했다. 그 표적은 우리가 의자 위에 놓아둔 컵이었다. 하지만 우리는 그 컵을 멀리 있는 진짜 포켓으로 간주해 조준한다면, 나머지는 각도가 다 해결해주리란 사실을 알고 있었다. 우리는 이렇게 계획을 철저히 세우고 실행에 옮겼지만…… 결과는 터무니없는 실패로 끝나고 말았다.

프로 선수들은 조금도 놀라지 않았다. 그들은 우리가 모르는 것을 알고 있었다. 공이 당구대의 쿠션과 충돌해 튀어 나가는 횟수가 많아질수록 각도는 이론적인 완벽한 경로에서 더 많이 벗어나게 된다. 하지만 경로에서 무작위로 벗어나지는 않는다. 각도는 선수들이 예상하는 논리적인 방식으로 변했다. 그들은 샷이 '열렸다'라고 이야기했는데, 이것은 공이 쿠션에 부딪치고 나서 완벽한 예측 경로에서 벗어나는 경우를 말한다. 우리는 공이 쿠션에 부딪칠 때 쿠션이 공에 회전을 주는데, 이 회전 때문에 그 후의 충돌 각도가 변하면서 이런 일이 일어난다는 사실을 깨달았다. 그것은 내 인생 이야기와도 같았다. 현실이 내 대략적인 추정대로 흘러가지 않아 실패한 인생.

마찰이 전혀 없는 완벽한 당구대였더라면, 혹은 공들이 점 질량(즉, 물리적 크기에 방해를 받지 않고, 이상적인 가상의 입자처럼 움직이는 공)으로 행동하는 당구대였더라면, 우리의 수학은 아주 잘 성립했을 것이다. 현실에서 당구 선수들도 우리가 시도한 방법을 똑같이 사용했지만, 회전 효과를 상쇄하는 방법을 알고 있었다. 그들은 내게 새로운 당구대에서 시합할 때마다 펠트의 마찰과 쿠션의 압축이 공의 행동에 어떤 변화를 주는지 파악하기 위해 표준 테스트처럼 하는

'영점 조정 샷'을 몇 가지 보여주었다.

프로 선수들은 실제로는 우리가 예상한 것보다 더 많은 방식으로 반사를 사용한다. 그들은 가끔 당구대 위의 한 위치에 샷을 조준한 다음, 먼 곳의 어떤 물체를 골라 그것을 그 후의 샷에서 조준할 가상의 포켓처럼 사용하기도 한다. 그들은 자신이 가상의 거울 당구대 위의 포켓을 조준한다는 사실을 알아채지 못할 수도 있다. 하지만 그 방법이 효과가 있다는 것을 알고 있다. 당구장에 있는 옆 당구대의 포켓을 겨냥해도 공이 자기 당구대의 포켓으로 들어갈 수 있다고 설명했다. 이 방법이 통하는 이유는 당구대들 사이의 간격이 대략 한 당구대의 폭과 같기 때문이다!

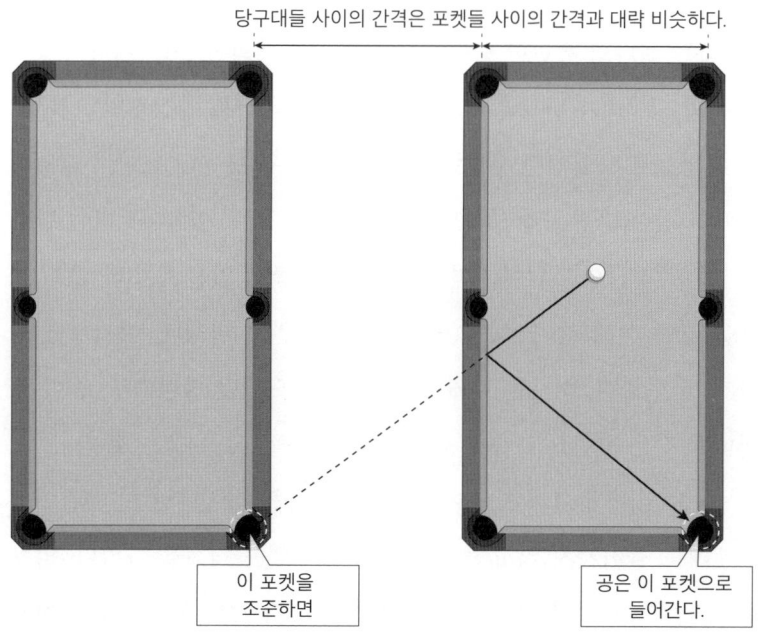

하지만 만약 당구대가 마찰이 전혀 없는 궁극의 경지에 이른다면 어떻게 될까? 이 가정은 흥미로운 질문을 낳는다. 완벽한 당구대에서 샷이 빗나갈 수 있을까? 나는 이상한 질문을 유발하는 경향이 있는데, 이 질문도 몇 년 전에 인터넷에서 내 연구를 보던 사람이 던져 내 흥미를 끌었다. 구체적으로 표현하면, 만약 공이 당구대 위에서 멈추지 않고 계속 충돌하며 돌아다닐 경우, 그 공은 결국에는 포켓으로 들어갈까, 아니면 영원히 계속 충돌하며 돌아다닐까? 한 가지 단순한 경우에는 쉬운 답이 있는데, 공이 쿠션에 직각 방향으로 충돌하면서 계속 왔다 갔다 하는 경우이다. 이것은 원래 질문에 대해 답을 제시한다. 그렇다, 포켓에 들어가지 않을 수 있다. 하지만 이걸로 끝낸다면 너무 시시할 것 같다. 더 흥미로운 답이 있는지 알아보기 위해 나는 유령 당구대를 사용해 무한 번 샷의 반사 궤적을 '펼쳐' 보았다.

나는 하나의 유한한 당구대 대신에 무한개의 당구대(각각의 당구대는 옆 당구대가 반사된 복제본)가 펼쳐진 바다를 상상했다. 당구대가 사방으로 타일처럼 무한히 뻗어나가 2차원 당구대 표면이 끝없이 펼쳐져 있는 광경을 상상해보라. "샷이 빗나갈 수 있을까?"라는 질문은 "공이 직선으로 나아가면서 그 사이에 놓여 있는 무수히 많은 포켓을 모두 피해 갈 수 있는 방향이 있을까?"로 바뀐다. 여기에는 두 가지 답이 있다. 하나는 내가 그 당시에 시도했던 방식으로, 공이 정확히 똑같은 방향으로 출발점에 되돌아오는 경로를 찾는 것이다.

나는 당구대 그래프 종이를 만든 뒤, 큐볼 위치에서 시작해 어떤 포켓에도 들어가지 않고 출발점으로 돌아오는 직선을 그었다. 임무 완료. 공은 그 직선 경로를 따라 영원히 왔다 갔다 할 수 있다. 하지만 이 경로는 그냥 공이 양쪽 쿠션 사이에서 왔다 갔다 하는 경우를 조금 복잡하게 비튼 버전 같은 느낌이 든다. "아래쪽으로 2개, 옆쪽으로 6개의 당구대"를 지날 때마다 공은 정확하게 출발점으로 되돌아온다. 한 당구대 상황으로 번역하면, 공은 쿠션에 네 차례 부딪쳐 튀어나오면서 같은 경로를 되돌아가는 행동을 영원히 반복한다.

더 흥미로운 답은 결코 반복이 일어나지 않는 경로이다. 나는 그것도 가능하리란 느낌이 들었다. 만약 포켓들이 이 당구대 격자에서 모두 '정수' 좌표에 위치한다면, 공을 무리수 각도로 칠 경우, 공은 절대로 정수 좌표에 닿지 않을 것이다. 하지만 이것은 포켓들의 폭이 사실상 0이라고 가정해야 성립한다. 현실에서는 포켓은 어느 정도 폭이 있어 수학을 방해한다(그리고 심지어 나조차도 무한히 작은 포켓은 부정행위에 가깝다고 생각한다). 이쯤에서 일부 독자가 포기하고 떠나지 않았을까 염려가 되지만, 일부 독자는 나의 스누커 추측을 직

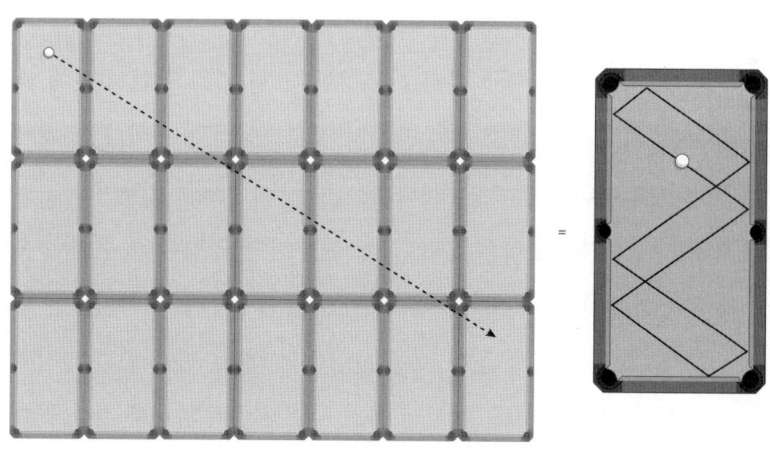

이것이 내가 상상한 무한 당구대이다.

접 증명하고 싶은 생각이 들지도 모른다! 우리가 스포츠의 실제 세계에서 아주 멀어졌다는 사실을 인정하지 않을 수 없지만, 그래도 이것은 각도를 즐길 수 있는 레크리에이션 방식이 아주 많이 있음을 보여준다.

무지개의 마술

책을 쓸 때 유별난 패턴이 생긴 것 같다. 나는 스톡 이미지$_{stock\ image}$ 웹사이트(저작권이 있는 이미지를 팔거나 무료로 제공하는 인터넷 서비스)에 상당한 돈을 지불하고서는 꼭 나를 분노하게 하는 이미지를 매번 하나 찾아낸다. 다음 이미지는 '스톡 사진'으로 광고되며 "비가 그친 뒤 들판 위 하늘에 나타난 쌍무지개"라는 제목으로 소개되고 있다. 여기서 나를 분노하게 만든 네 가지를 한번 찾아보라. 힌트를 주자면, 이것은 진짜 사진이 아니다.

쌍무지개는 잠시 후에 다시 다루겠지만, 맨 먼저 확연히 눈에 띄는 문제는 이 무지개의 모양이 완전히 잘못되었다는 것이다. 무지개가 어떤 모양이냐고 물으면, 대다수 사람은 아치$_{arch}$ 모양이라고 말할 것이다. 하지만 그것은 정답이 아니다. 다만 정답에 아주 가까운 모양이긴 하다. 모든 무지개는 사실 완전한 원형이며, 수학자들은 원의 일부를 '호$_{arc}$'라고 부른다. 보통 사람들의 대답(즉, arch)과 정답의 차이는 철자 한 개뿐이다. 여기서 사진 사기꾼은 무지개를 잡아 늘여 타원에 가까운 모양으로 변형했다. 하지만 자연에서는 절대로 이런

한심한 작품. 어딘가에서 디자이너는 완전히 정신 줄을 놓은 듯하다.

모양이 나타나지 않는다.

  무지개가 원형인 이유는 애초에 무지개를 만들어내는 과정에 있는데, 그것은 바로 빛의 굴절이다. 굴절은 반사와 비슷하지만, 들어온 빛을 자동으로 입사각과 동일한 각도로 내보내지 않는다. 빛이 통과하는 물질의 성질에 따라 빛의 경로가 변하는 현상이 굴절이다. 악명 높은 '빛의 속도'는 실상은 진공 속에서 나아가는 빛의 속도를 말한다. 빛이 다른 물체 속을 지나갈 때에는 속도가 느려진다. 예를 들면, 빛은 공기 중에서 속도가 약간 느려지며, 물속에서는 더 많이 느려진다. 사실, 여기서 '약간'이라고 한 것은 공기가 빛의 속도를 늦추는 효과를 과장한 표현일 수 있다. 우리에게 익숙한 정상적인 온도와 압력의 공기 중에서 나아가는 빛의 속도는 진공 속에서 나아가는 속도의 약 99.97%이다. 그런데 물속에서는 빛의 속도가 최대 속도의

75%까지 느려진다.

여기서 기이한 것은 빛의 속도가 변하면 방향까지 변한다는 사실이다. 이 현상은 복잡한 물리학적 이유 때문에 일어난다. 공기-물의 경계 너머에 있는 물체를 볼 때 물체가 구부러져 보이는 이유도 이 때문이다. 그리고 구부러지는 정도(정확한 각도)는 순전히 빛이 한 매질에서 다음 매질로 들어갈 때 일어나는 속도 변화에 좌우된다. 무지개는 빛이 공기 중에 떠 있는 구형 물방울에 들어갔다가 나올 때 일어나는 굴절 때문에 생긴다. 빛은 굴절되면서 물방울 속으로 들어가고, 그중 일부는 물방울 뒷면에서 반사된 뒤(하지만 대부분의 빛은 그대로 통과한다. 이것은 일부는 반사되고 일부는 통과하는 양방향 거울과 비슷하다) 다시 앞쪽으로 굴절되면서 나온다. 전체적으로는 빛의 진행 방향이 바뀌는 결과를 낳는다.

이것은 무지개 기하학의 다음 단계이자 사진의 다음번 실수로 이어진다. 관찰자의 관점에서 볼 때, 무지개는 항상 태양 반대편에 나타난다. 사실, 모든 사람은 각자 자신만의 독특한 무지개를 보는데, 만약 뒤쪽의 태양에서 앞쪽의 무지개 원 중앙을 향해 직선을 긋는다면, 그 선은 관찰자의 정수리 바로 위로 지나갈 것이다. 엄밀하게 말해서, 내가 머리를 움직이면, 무지개도 나를 따라온다. 이 사실은 스톡 이미지가 가짜인 또 한 가지 이유이다. 이미지에서 배경의 산에 그림자가 있는 것으로 보아 태양은 오른쪽으로 지고 있다고 유추할 수 있다. 진짜 무지개 사진이라면 그림자가 카메라에서 멀어지는 방향으로 곧장 향해야 한다.

무지개가 원형이고 태양 반대편에 생기는 특성은 무지개가 생기는 방식 때문에 나타난다. 무지개는 비와 밀접한 상관관계가 있는데, 무지개가 나타나려면 공기 중에 작은 물방울이 많이 떠 있어야 하기 때문이다. 또한 직접 내리쬐는 햇빛도 있어야 하는데, 낮 동안 비가 그칠 무렵에 무지개가 나타나는 것은 이 때문이다. 공기 중에 아직 물방울들이 떠 있을 때 구름이 걷히면서 햇빛이 통과해 무지개를 만들어낸다. 하지만 여기서 절대적인 역할을 하는 것은 물이다. 엄밀하게 말하면, 무지개라는 실체는 존재하지 않는다. 우리가 보는 것은 물방울에서 곧장 나오는 빛이다. 우리가 볼 수 있는 것은 물방울들뿐이다. 그러면 안개 속에 떠 있는 이 반사체들을 자세히 들여다보자.

빛의 빨간색 파장부터 살펴보기로 하자. 다음 그림은 구형의 물방울 단면이다. 햇빛은 평행선 방향으로 들어오는데, 설명을 단순하게 하기 위해 그림에서는 물방울의 위쪽 절반에 부딪치는 빛만 나타냈다. 빛은 각도를 바꿀 수 있는 기회가 세 번 있다. 물방울에 들어오면서 굴절하는 순간, 물방울 뒷면에 부딪혀 반사되는 순간, 물방울 밖으로 나갈 때 굴절하는 순간이 그것이다. 이 세 가지 각도 변화는 흥미로운 방식으로 상호 작용한다.

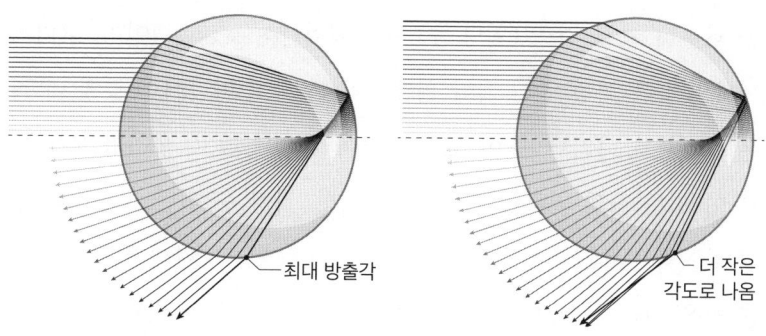

물방울 중앙에 와서 부딪치는 빛은 방향이 거의 변하지 않고 곧장 돌아 나가기 때문에 각도 변화가 미미하다. 빛이 중앙에서 위쪽으로 멀어질수록 물방울 밖으로 나갈 때 그 각도가 점점 커지는 것을 볼 수 있다. 하지만 흥미롭게도 구부러지는 정도는 어느 지점에서 더 커지지 않고 결국 최대치에 이르게 된다. 세 가지 각도 변화의 연쇄 효과로, 물방울 가장 위쪽에 부딪친 빛은 실제로는 최대 방출각보다 작게 꺾여 나온다. 이 다이어그램은 모든 빛의 경로를 보여주지만, 실제로 최대 방출각 부분이 가장 밝은 지점인데, 물방울이 들어온 빛을 굴절시켜 그곳에 집중시키기 때문이다.

물방울 이야기는 이제 그만하기로 하자! 햇빛이 바로 내 뒤에서 비칠 때, 나의 관점에서 최대 방출각 내에 있는 모든 물방울은 빨간색 빛을 일부 내 쪽으로 반사할 것이다. 하지만 가운데에 있는 물방울들이 보내는 빛은 매우 희미하고, 가장자리에 있는 물방울들은 훨씬 더 밝을 텐데, 가장자리는 모든 광선이 겹치는 지점이어서 그렇다. 그 결과로 하늘에 커다란 빨간색 원반이 나타나며, 가장자리가 특히 더 밝다.

하지만 햇빛에 빨간색만 있는 건 아니다. 빨간색 빛은 가시광선 중 파장이 가장 긴 빛(일명 '큰 원반 에너지big disc energy')이며, 나머지 색의 빛들은 파장이 더 짧아 최대각이 더 작고 따라서 하늘에 더 작은 원반으로 나타난다. 이 모든 원반이 겹치게 되고, 우리가 보는 빛은 이 모든 색의 빛들이 겹친 결과이다.* 가장 큰 원반 가장자리 주위에는 밝은 빨간색이 돌출돼 있고, 그 안쪽에는 노란색 원반을 둘러싼 밝은 고리가 있으며, 가장 안쪽인 중심 부근에는 가장 작은 보라

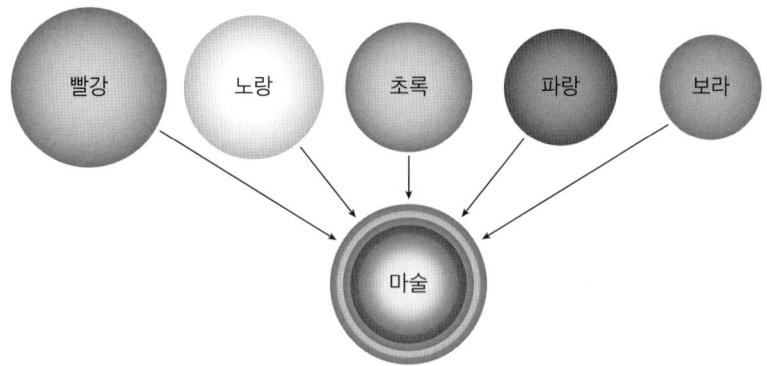

무지개는 실제로는 점점 작아지는 여러 가지 색의 원반들이 겹쳐 있는 것이다.

색 원반이 있다. 무지개 안에는 모든 색이 대략 같은 비율로 들어 있는데, 이 색들이 모두 합쳐지면 우리가 보는 일반적인 백색광이 된다.

그동안 무지개를 하늘에 걸린 거대한 원반이 아니라 아치로 여기며 살아와 이 설명을 듣고도 쉽게 수긍하기 어렵다면, 다음번에 무지개를 볼 기회가 있거든 가운데 부분에 집중해보라. 무지개 안쪽 영역은 바로 무지개 바깥쪽 공간보다 분명히 더 밝을 것이다. 하지만 무지개 원반이 배경에 비해 눈부실 정도로 밝은 것은 아니라는 사실에 유의하라. 전전번 다이어그램에서 빛이 물방울 뒤쪽 면에 닿을 때 대부분은 그냥 통과하고 일부만 우리 쪽으로 반사돼 나온다는 사실을 언급했어야 하는데, 그러지 않고 그냥 넘어갔다. 그 때문에 무지개는

* 더 쉽게 설명하기 위해, 나는 모든 것을 개별 색으로 나뉜 원반들로 묘사하고 있지만, 실제로는 빛의 스펙트럼은 각각 다른 파장의 빛들이 연속적으로 죽 이어진 스펙트럼이다. 하지만 우리는 무지개를 일련의 색띠로 표현하는 것에 익숙하므로, 이렇게 묘사하더라도 큰 문제가 없으리라 생각한다.

직접 우리 눈에 비치는 햇빛보다 덜 밝다.

나는 또한 세 번째 각도 변화 때 물방울에서 밖으로 튀어나오는 광선을 보여주었지만, 실제로는 그중 소량의 빛이 물방울 안에서 다시 반사된 뒤에 밖으로 나가는데, 이 경우에는 총 네 번의 각도 변화가 일어난다. 그리고 네 번째 각도 변화에서 색 배열이 거울처럼 반전된다. 이러한 뒤집힘은 최대각이 아니라 최소각이 생긴다는 것을 의미하고, 그 결과 뒤집힌 원반이 생겨난다. 그래서 이번에는 하늘의 나머지 부분이 (아주 희미하긴 하지만) 밝아지고, 가운데에 어두운 원반의 가장자리에 무지개가 생겨난다. 이것이 첫 번째 무지개와 결합하면서 두 무지개 사이에 어두운 영역이 생긴다.

반사가 일어날 때마다 광선은 점점 더 확산하고 일부 빛은 사라지므로, 갈수록 모든 것이 더 희미해진다. 엄밀하게 말하면, 빛은 더 많은 반사가 일어나 세 번째 무지개를 만들지만, 이때쯤에는 너무 희

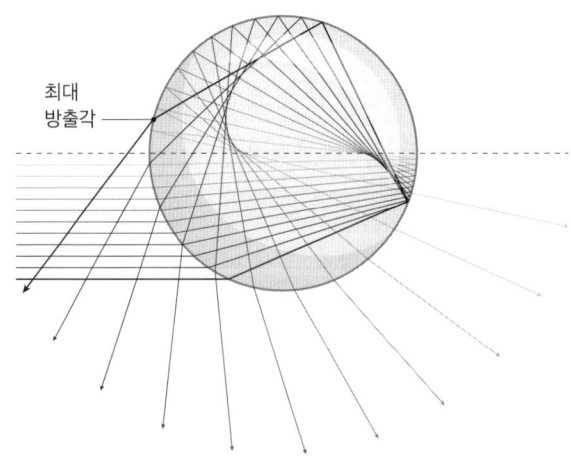

언젠가 우리는 발견할 것이다. 무지개 반사를.

미해서 맨눈으로 보이지 않는다. 요점은 두 번째 무지개에는 원래 빛의 극히 일부만 도달한다는 것이다. 그래서 햇빛이 특히 밝을 때에만 쌍무지개를 볼 수 있다. 그리고 두 번째 무지개는 항상 첫 번째 무지개보다 더 희미하다. 스톡 이미지의 세 번째 오류는 바로 두 번째 무지개가 안쪽의 첫 번째 무지개보다 더 밝게 나타나 있다는 점이다. 현실에서는 이런 일이 절대로 일어날 수 없는데, 바깥쪽의 두 번째 무지개는 물방울 내부에서 반사가 더 많이 일어난 결과로 생겨나므로 그 과정에서 빛이 많이 손실되어 기본적으로 더 희미하다.

이제 스톡 이미지에서 가장 심각한 오류인 네 번째 오류를 지적할 차례이다. 정상적인 첫 번째 무지개는 꼭대기가 빨간색이고 차례로 색들이 이어지다가 맨 아래에 파란색 계열이 온다. 하지만 두 번째 무지개는 한 번 더 반사된 것이어서 이 순서가 반대로 나타나야 한다! 만약 운이 좋아 선명한 쌍무지개를 볼 기회가 있다면, 단지 더 희미할 뿐만 아니라, 꼭대기가 파란색이고 바닥이 빨간색인 바깥쪽의 두 번째 무지개를 볼 수 있을 것이다. 이 사실 하나에만 초점을 맞추더라도, 쌍무지개 이미지를 한번 쓱 훑어봄으로써 즉각 그것이 가짜인지 진짜인지(혹은 가짜인지 그럴듯한 가짜/진짜인지) 판별할 수 있다.

완전을 기하기 위해 헬리콥터에서 찍은 원형의 진짜 쌍무지개 전체 모습을 다음에 소개한다. 여러분이 색 스펙트럼에 관한 내용을 흑백으로 인쇄된 책으로 읽고 있어 무지개의 광채가 다소 바랠 수밖에 없다는 점은 나도 충분히 인정하지만, 그래도 도움을 주기 위해 필요한 곳에 주석을 달았으니 참고하기 바란다.

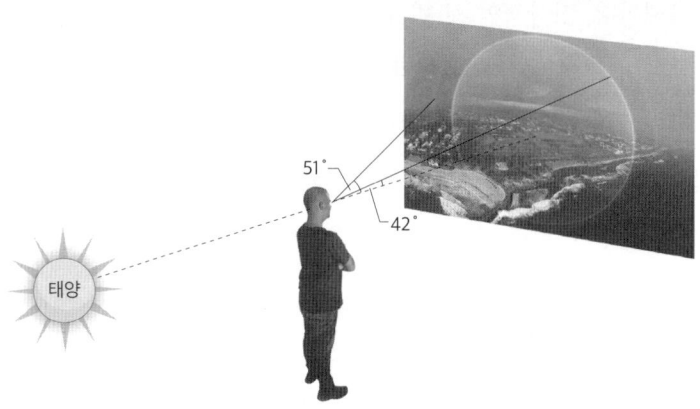

    물방울 안에서 빨간색 빛이 반사되며 돌아다니는 모든 경로를 따라가 보면 최종 굴절각은 약 42°인데, 앞에서 모든 무지개의 화각이 84°라고 말한 이유는 이 때문이다. 그리고 한 번의 반사를 더 고려해 계산해보면, 바깥쪽 무지개의 최소 화각이 51°라는 걸 알 수 있다.

    그러니 쌍무지개를 보면서 감탄할 때, 실제로 우리가 보는 것은 화각이 42°인 안쪽의 컬러 원반과 화각이 51°인 바깥쪽의 뒤집힌 컬러 원반이 겹친 쌍무지개라는 것을 항상 기억하라. 이 모든 풍경은 관찰자 개인의 태양-정수리 직선을 중심으로 펼쳐진다. 이것은 마술과도 같다. 하지만 아이러니하게도 무지개는 엄밀하게는 친구와 공유할 수 없는 각자의 특유한 경험이다.

충돌 각도

최근의 일부 연구에 따르면, 공룡 시대를 끝장낸 소행성은 가능한 각도 중 최악의 각도로 지구에 충돌했다고 한다. 물론 여기서 최악의 각도란 어디까지나 공룡의 입장에서 본 각도를 말한다. 이후에 지구의 주인공으로 부상하게 된 우리 포유류에게는 오히려 최적의 각도라고 말할 수 있다. 우리가 오늘날 이렇게 존재하는 것은 분명히 6600만 년 전의 그 특별한 각도 덕분이다.

소행성이 행성에 충돌할 때, 충돌의 직접적 영향권 내에 존재하는 생물은 무엇이건 순식간에 지극히 나쁜 운명을 맞이하게 된다. 6600만 년 전의 그날, 무게 약 1조 톤의 암석 덩어리가 최소 시속 4만 3200km로 날아와 충돌했기 때문이다. 직접적 영향권에 들지 않은 지역이라고 해서 그 영향이 미미했던 것은 결코 아니다. 소행성 충돌로 엄청난 양의 암석과 먼지를 비롯해 그 밖의 모든 것이 대기로 (그리고 때로는 대기를 지나) 솟아올랐다. 그중 상당량은 지상으로 도로 떨어졌지만, 충분히 많은 양이 공중에 머물면서 상당한 시간 동안 햇빛을 가렸는데, 이것은 자라는 데 햇빛이 필요한 모든 생물과 그런 생물을 먹고 사는 나머지 모든 생물에게 몹시 나쁜 소식이었다.

공중으로 솟아오르는 물질의 양은 소행성이 지구에 충돌한 각도에 따라 달라진다. 그래서 2019년에 일부 과학자가 그 각도를 파악하는 연구에 나섰다. 컴퓨터 모형을 사용해 지상에 도시만 한 크기의 소행성이 30°(비교적 작은 각도), 45°, 60°, 90°(머리 위에서 곧장 내리꽂히는 각도)로 충돌하는 경우를 각각 시뮬레이션해 보았다. 이 모형들을 통해 소행성 충돌을 온몸으로 받아내는 불운을 맞이한 모든 암석에 무슨 일이 일어나는지 3차원으로 계산했다. 그 결과는 얼마나 많은 물질이 하늘 높이 솟아오르는지뿐만 아니라, 충돌 구덩이가 어떤 모양으로 생기는지까지도 알려주었다.

약 6600만 년 전의 그 사건은 오늘날의 멕시코 칙술루브 지역에서 일어났는데, 소행성이 충돌한 곳은 그 당시 최대 수심이 약 1km였던 비교적 얕은 바다였다.(수심이 1km라면 상당히 깊은 바다 같지만, 소행성의 지름이 10km라는 사실을 기억하라. 따라서 소행성이 해저 바닥에 닿았을 때에는 물에 다 잠기지도 않았다.) 그 후 오랜 세월이 흐르다 보니, 폭이 약 200km인 운석 구덩이는 이미 오래전에 두께 수백 미터의 해저 퇴적물에 덮인 채 절반은 물속에, 절반은 멕시코 땅속에 묻혔다. 그 충돌은 너무나도 강력해서 단지 지각에만 엄청난 타격을 주는 데 그치지 않고, 지표면에서 30km 이상 깊이의 맨틀까지 교란하고 변형시켰다. 그러한 교란은 오랫동안 지속되었다.

암석의 변형을 보여주는 자기磁氣 측정, 지표면 아래 물질의 밀도를 드러내는 중력 측정, 깊은 곳까지 파고 들어가 암석 코어 표본을 채취하는 탐사 시추 결과를 통해 운석 구덩이가 그곳에 있다는 사실이 확인되었다. 이 결과들은 원래는 석유 탐사를 위한 조사 과정에서 나온 것인데, 시간이 좀 흐른 뒤에 과학계로 흘러갔다. 그 후 과학계는 충돌 장소를 재확인하기 위해 여러 탐사대를 보냈다. 지구물리학자들은 지진파의 반사와 굴절 데이터를 사용해 지하에 있는 것들의 형태를 파악한다. 이 모든 측정 결과는 운석 구덩이가 약간 비대칭적임을 보여주었는데, 이것은 소행성이 비스듬한 각도로 충돌했다는 것을 의미한다.

여기서 컴퓨터 모형이 등장한다. 과학자들은 컴퓨터로 어떤 충돌 각도가 칙술루브 운석 구덩이의 실제 모양과 가장 가까운 3차원 형태를 만들어내는지 살펴보았다. 그리고 그 충돌 각도가 45°에서 60° 사이로, 상당히 컸다는 결론을 내렸다. 60° 부근의 충돌 각도는 최악의 시나리오를 빚어내는데, 그보다 작거나 큰 각도보다 훨씬 많은 물질을 대기 중으로 솟아오르게 하기 때문이다. 이 연구를 수행한 임피리얼칼리지런던의 지구과학공학과 과학자들은 다음과 같이 표현했다.

가파른 각도로 충돌하면 방출된 암석들이 거의 대칭적으로 분포하며, 아주 작은 각도의 충돌이나 수직에 가까운 충돌보다 충돌체 질량당 기후 변화에 영향을 끼치는 기체가 훨씬 더 많이 방출된다.

여러분은 그 이유를 어느 정도 짐작할 것이다. 작은 각도의 충돌은 스쳐 지나가는 충격에 가까우므로 지상에서 솟아오르는 물질이 더 적다. 반면에 수직에 가깝게 내리꽂히는 충돌은 땅을 크게 뒤흔들긴 하지만, 하늘 높이 솟아오르는 물질은 적다. 하지만 소행성 충돌에 관한 이런 종류의 직관적 추측은 완전히 신뢰할 수 없는데, 지구에서 정상적으로 볼 수 없는 에너지가 관여하는 비현실적 사건이기 때문이다. 흙 위에 돌을 던지는 실험으로 충돌 구덩이의 모습을 살펴볼 수는 있겠지만, 거기서 소행성 충돌에 관한 세부 정보는 거의 얻을 수 없다. 실제로 다른 천체 표면들에 남아 있는 충돌 구덩이 중 대다수는 원형이지만, 지구에서 돌을 던진 실험에서는 구덩이가 타원형으로 나타난다.

던진 돌은 음속보다 훨씬 느린 속도로 움직이며, 자신의 운동량을 물질을 밀어내는 데 사용하면서 자신보다 몇 배 큰 구덩이를 만든다. 반면, 초음속으로 움직이는 소행성은 팽창하는 충격파를 통해 물질을 밀어내면서 자신보다 10~20배 큰 충돌 구덩이를 만든다. 충격파는 충돌 장소에서 방사상으로 아주 멀리까지 뻗어나가기 때문에, 소행성이 물리적으로 타원형 충돌 구덩이를 만들더라도 그것은 별로 중요하지 않고, 그보다 훨씬 더 큰 폭발 반지름이 원형에 가까운 형태로 남게 된다.

컴퓨터 모델링은 금융 시장에서 태양 자기장에 이르기까지 모든 것을 이해하는 데 도움을 준 환상적인 도구이다. 하지만 모형이 아무리 훌륭하더라도, 컴퓨터 코드를 사용한 단순화가 현실과 너무 동떨어지지 않았는지 확인하기 위해 가끔 검증할 필요가 있다. 즉, 물리적 현실이 수학적 예측과 얼마나 잘 일치하는지 확인하기 위한 실험이 필요하다. 나는 여러분도 소행성 충돌 상황에서 무엇이 문제가 될지 알 수 있으리라고 생각한다.

큰 소행성 충돌이 또 일어날 때까지 기다릴 수도 있다. 하지만 그보다는 매우 단단한 물체를 던져 직접 충돌을 일으켜보는 것이 더 나은 방법일 수 있다. NASA는 상황을 뒤집어 소행성에 뭔가를 던져보기로 했다. 이 실험은 충돌에 관한 일부 질문에 답을 제시할 수 있을 뿐만 아니라, 인간이 충돌 경로로 다가오는 천체의 경로를 바꿀 능력이 있는지 알아보는 실험이 될 수 있다.

2022년, NASA는 DART(Double Asteroid Redirection Test, 이중 소행성 궤도 변경 시험) 계획을 통해 질량이 500kg을 조금 넘는 물체를 초속 약 6km로 소행성에 충돌시켰다. 이 선제 타격은 지구에 위협이 되는 소행성을 대상으로 한 것이 아니었다. 오히려 그 반대였다. 이 소행성이 선택된 이유는, 지구에 가깝긴 하지만 DART를 통해 그 경로가 아무리 많이 변하더라도 지구에 충돌할 가능성이 0에 가깝기 때문이었다. "NASA가 소행성의 진로를 지구로 바꾸다"라는 헤드라인은 최악의 홍보 참사에 가깝다. 그래도 그것은 소행성 충돌 사건으로 멸종된 공룡을 위해 6600만 년이 지난 뒤에 실행에 옮긴 보복의 타격은 아닐지라도, 수십억 년에 걸친 소행성과 지구 사이의 전쟁에서 마침내 지구가 처음으로 반격에 나선 사건이었다.

인류가 다른 천체에 우주선을 착륙시킨 적은 그전에도 있었고, 몇몇 천체에는 충돌시키기까지 했지만, 소행성의 경로를 바꿀 수 있는지 알아보기 위해 딴 세계에서 실험한 것은 이번이 처음이었다. 이 실험은 절실히 필요한 때가 오기 전에 미리 익혀둘 가치가 충분히 있는 기술이다. 그 소행성을 향해 580kg의 충돌체를 초속 6.15km*로 보내는 데에는 약 3억 3000만 달러가 들었는데, 긴급 상황에서 이러한 조처가 필요하다면 이 비용은 헐값이나 마찬가지이다. 그리고 DART 우주선이 충돌체를 소행성까지 운반해야 할 필요도 없었다. DART 우주선 자체가 충돌체였다. 아마도 최근의 역사에서 발사된 우주선 중 가장 덜 스마트한 이 우주선은 그저 표적 소행성을 찾고 충돌하는 데 필요한 감지기와 카메라와 추진 장치만 장착한 금속 상자에 불과했다. 만약 화성 탐사를 위해 보내는 우주선이 아이폰이라면, 이 우주선은 바위에 던진 90년대 2G 휴대 전화와 같다.

 DART 우주선은 그래도 똑똑한 장치가 하나 있었는데, 분리할 수 있는 카메라였다. 하지만 그것조차 첨단 고급 장비와는 거리가 멀었다. 루시아큐브LICIACube는 큐브샛CubeSat(부피 1리터[10cm×10cm×10cm], 질량 1.33kg을 넘지 않는 초소형 인공위성) 유형의 소형 우주선으로, LUKE(광각 컬러 이미지)와 LEIA(시야는 좁지만 고해상도 흑백 이미지)라는 두 가지 방법으로 촬영한다. LUKE와 LEIA라는 이름은 아주 어려운 단어들의 머리글자를 딴 것이기에 자세한 설명은 생략하기로 한다. 전체 시스템은 폴라로이드 카메라를 덤으로 달아준 옛날 노키아라고 생각하면 된다.

 NASA가 이 소행성을 선택한 이유는 위치 때문이 아니라 이체계二體系라는 특징 때문이었다. 주 소행성인 디디모스는 폭이 780m이

---

* 오차 범위에 집착하는 팬을 위해 더 자세히 말하면, 충돌체의 정확한 질량은 579.4±0.7kg이었고, 속도는 초속 6.1449±0.0003km였다.

고, 폭이 160m인 디모르포스가 그 주위를 돌고 있는데, 우리의 표적은 바로 디모르포스였다. 쌍소행성계가 좋은 표적인 이유는 단일 소행성은 원래의 경로에서 상당히 벗어났는지 파악하려면 오랜 시간을 기다리며 지켜봐야 하지만, 쌍소행성계는 서로의 주위를 도는 궤도 속도가 변했는지 여부를 즉각 파악할 수 있기 때문이다. 두 천체가 서로의 중력에 붙들려 궤도를 도는 이체계에서는 상대 운동에 어떤 변화가 일어나면 공전 주기가 즉각 바뀌기 때문인데, 이것은 측정하기가 훨씬 쉽다. 공전 주기의 변화를 바탕으로 역산하면 궤도 변화 정도를 계산할 수 있다.

이 임무는 그 자체만으로도 꽤 중요했을 테지만, NASA는 과학의 잠재력을 극대화하려고 노력한다. 이 임무는 소행성 충돌 시 발생하는 일을 연구하는 데 완벽한 실험이 되었다. 그래서 루시아큐브를 함께 딸려 보낸 뒤, 충돌이 일어나기 전에 DART 우주선 본체에서 분리해 안전한 거리에 머물게 했다. DART 우주선에서 촬영한 고해상도 이미지들은 당연히 대중의 큰 관심을 끌었는데, 송신이 돌연히 끊길 때까지 디모르포스가 점점 더 가까이 다가오는 모습을 보여주었기 때문이다. 하지만 내가 열광한 것은 루시아큐브가 보낸 덜 화려한 이미지들이었는데, 그 이미지들을 통해 흥미로운 각도가 일부 드러났기 때문이다.

우주과학자들은 DART 계획이 추진되기 이전부터 이에 열광했다. 30개 단체의 과학자 41명이 협력해「DART 이후: 최초의 완전한 규모의 운동 충돌체 테스트를 통해 미래의 행성 방어 임무에 대한 정보를 얻는 방법After DART」이란 제목의 논문을 썼다. 이것은 충돌이 일

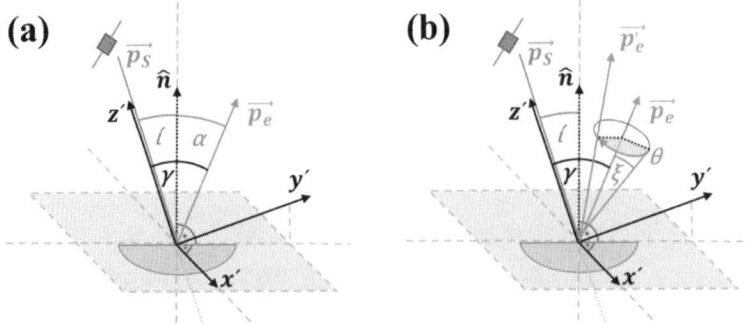

좌표계와 각도. (a): 저 뒤쪽의 사각형은 충돌 지점 주변의 소행성 표면을 나타내며, 어두운색의 반원은 충돌로 방출된 지하 물질을 가리킨다. 우주선은 z' 방향으로 이동해 도착하고, 표면의 법선 $\hat{n}$과 충돌 각도 ι를 이루며 접근한다. 균질한 경우에, 밖으로 뿜어져 나오는 방출물의 순 운동량은 z'와 법선 $\hat{n}$과 동일 평면상에서 작용하며, 법선에 대한 방출 각도는 α이다. (b): (a)와 마찬가지로, 반응의 무작위적 부분의 매개변수화를 보여주는 그림. 방출물의 운동량은 크기가 (1+ζ)배만큼 증가하고, 방위각 θ에서 각도 ξ만큼 방향이 바뀐다.

과학자들이 실제로 측정될 때까지 좀이 쑤셔 기다릴 수 없었던 그 모든 각도를 보라.

어난 뒤에 DART 우주선이 얻을 데이터로 할 수 있는 모든 것을 상상한 긴 수학적 몽상이었다. 거기에는 충돌 구덩이에서 튀어나올 방출물의 각도를 측정하는 것도 포함돼 있었다. 나는 과학자들이 측정될 가능성이 있는 모든 각도를 생각하려고 노력하면서 만든 복잡한 다이어그램을 보길 좋아했다.

나는 아내 루시가 조직을 돕고 있던 우주 과학 행사에서 논문 저자 중 한 명인 사비나 라두칸Sabina Raducan을 만났다. 물리학 회의에는 항상 우리처럼 배우자나 파트너를 데리고 함께 참석하는 집단이 있다. 그 덕분에 나는 루시의 동료들에게 수학에 관한 질문을 잔뜩 던질 기회를 얻는다. 그때는 DART 충돌이 이미 일어났지만 그 데이터는 아직 공개되지 않은 시점이었는데, 사비나는 친절하게도 아직 엠

바고가 풀리지 않은 방출물 각도에 관한 자신의 논문을 보여주겠다고 했다. 나는 비밀스러운 우주 삼각형을 절대로 거절할 사람이 아니다.

나는 LUKE의 촬영 영상을 보면서 디모르포스에서 솟아오르는 잔해물 기둥을 분간할 수 있었다. 이 영상들을 자세히 분석한 결과, 방출된 물질은 131~139° 사이의 각도로 원뿔을 가득 채우고 있었다. 이 각도는 놀랍도록 컸다. 완전히 수직 방향인 90° 충돌에서는 약 90°의 원뿔이 생겨난다. 그 충돌은 수직에 상당히 가깝긴 했지만(DART 우주선은 소행성 표면에 66~80° 사이의 각도로 충돌했다), 예상한 것보다 훨씬 넓은 원뿔이 생겨났다. 사비나는 디모르포스가 충돌 구덩이에 비해 크기가 너무 작은 것이 그 원인이라고 설명했는데, 소행성의 곡률을 감안할 때 충돌 지역에서 그 충격을 받은 물질이 적어 더 넓은 각도로 분산되었다는 것이다.

사비나는 스위스 베른대학교에서 우주의 충돌을 연구하는 행성과학자로, 이 각도를 사용해 디모르포스의 조성에 대한 정보를 얻으려고 했다. 로봇을 소행성에 착륙시켜 그 조성을 자세히 분석할 수는

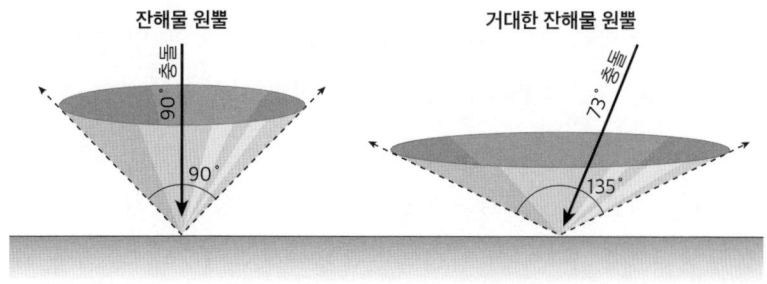

예상 밖으로 큰 잔해물 원뿔

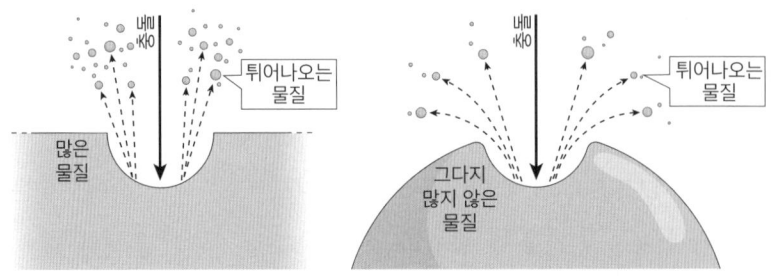

작은 구에 일어나는 충돌에서는 얇은 벽이 공중으로 튀어 나갈 수 있다.

없었지만, 소행성의 조성은 그 충돌이 어떻게 일어났는지 파악하는 데 꼭 필요했다. 이것은 충돌의 다양한 구성 요소와 요인으로 이루어진 복잡한 그물로 이어졌고, 나머지 그물을 풀려면 라두칸은 그중 많은 요소를 충분히 알아내야 했다. 이 과정은 매우 중요한데, 만약 과학자들이 충돌이 일어난 과정의 모든 세부 사항을 알지 못한다면, 여기서 얻은 정보를 장래에 일어날 다른 소행성의 충돌에 적용할 수 없기 때문이다.

과학자들은 두 소행성이 서로의 주위를 도는 데 걸리는 시간이 11시간 55분이라는 사실을 이미 알고 있었다. 충돌 후에 이 주기는 11시간 23분으로 짧아졌다. 공전 주기의 이 변화만으로도 디모르포스의 궤도 변화를 정확하게 계산하기에 충분했지만, 왜 이 충돌이 정확하게 바로 그런 변화를 초래했는지는 설명할 수 없었다. 소행성의 궤도를 변화시키려고 할 때 전달되는 운동량은 소행성의 조성에 따라 달라지지만, 같은 결과를 낳을 수 있는 소행성이 한 종류만 있는 것은 아니었다. 사비나가 자신의 논문에서 지적했듯이, "응집력, 내부 마찰 계수, 용적 밀도의 여러 가지 조합이 관찰된 궤도 변화를 초래할 수 있다." 따라서 사비나는 어떤 것이 하늘에서 관찰한 결과와 일치하는지 알아보기 위해 다양한 컴퓨터 모형을 만들어야 했다. 사비나가 시뮬레이션에서 조정할 수 있는 다양한 요인을 모두 살펴보기로 하자.

용적 밀도 또는 겉보기 밀도는 이름 그대로 전체 소행성의 평균 밀도를 가리킨다. 이것은 개개 입자의 성질을 고려하지 않는다. 개개 입자의 성질은 소행성의 개별 성분들이 얼마나 단단하게 들러붙어 있는지를 나타내는 응집력 개념에서 다룬다. 예를 들어 만약 큰 덩어리들이 많이 있다면 서로를 미끄러져 지나가려는 힘에 저항하는데, 이들은 서로 단단하게 맞물려 있기 때문이다. 만약 서로를 미끄러져 지나간다면, 그 움직임에 저항하는 내부 마찰이 어느 정도 있게 마련이다. 다소 유쾌하게, 사비나는 기본적으로 우주 공간에 떠 있는 돌무더기를 현실감 있게 시뮬레이션하기 위해 먼저 다양한 크기의 디지털 바위들을 우주 공간에 떠다니게 한다. 그러고 나서 컴퓨터 코드를 통해 시뮬레이션 중력을 가하면 바위들이 서로 합쳐져 가상 소행성이 형성된다. 겉보기에 느슨한 것들이 합쳐져 디모르포스의 실제 모습과 비슷해지면, 가능성이 있는 용적 밀도와 응집력의 한 가지 조합을 얻게 되고, 그것으로 시뮬레이션 충돌을 테스트할 수 있다.

마찰력도 그럴듯한 값들로 다양하게 조정할 수 있다. 그리고 내부 마찰은 내가 앞에서 이미 언급한 바 있다. 모래 언덕과 곤충의 모래 함정 각도가 34°인 이유는 내부 마찰 때문이라고 한 이야기가 기억나는가? 테이블 위에 여러 가지 물질을 쏟아 쌓이게 하면, 입자 사이의 마찰에 따라 제각각 다른 각도를 이룬다. 내부 마찰이 크지 않은 물질은 아주 얕은 무더기를 이룬다. 예를 들면, 밀 알갱이는 서로를 아주 쉽게 미끄러져 지나가기 때문에 경사각이 27°인 무더기를 이룬다. 분필 가루처럼 마찰이 큰 입자는 더 가파른 무더기를 이루는데, 분필 가루의 경우 그 경사각은 45°이다.

급하게 45° 각도를 재야 할 필요가 있다면, 코코넛 부스러기나 밀가루, 젖은 모래 더미가 모두 45°의 기준을 제공하니 참고하라. 흙이나 모래 따위를 쌓아 올릴 때 안정을 이루는 경사각을 '안식각angle of repose'이라 부르는데, 공학자들은 온갖 종류의 물질에서 안식각을 측정했다. 마른 모래의 안식각은 34°인데, 자연계 도처에서 이 각도가 나타나는 것은 이 때문이다. 안식각은 오로지 해당 물질의 내부 마찰(그리고 중력)에 좌우된다. 디모르포스의 물질에 대해 사비나는 유리구슬(안식각 22°)과 비슷한 마찰에서부터 달에서 발견되는 암석(달의 표토 안식각은 35~45°)의 마찰에 이르기까지 모든 것을 고려했다.

그 모든 시뮬레이션 중에서 관찰 결과와 각도가 가장 잘 일치하는 것은 1m³당 2200kg의 용적 밀도와 1파스칼 미만의 아주 작은 응집력, 0.55의 내부 마찰 계수(지구에서 29°의 안식각을 초래하는)였다. 하지만 이를 증명하려면 검증을 통과해야 한다. 이를 위해 시뮬레이션에서 만들어진 이미지들을 우주에서 촬영한 실제 사진과 일일이 비교해야 했다. 흔히 하는 말처럼 컴퓨터 시뮬레이션은 현실에서 관찰한 것과 일치할 때에만 믿을 수 있다.

컴퓨터 시뮬레이션과 현실의 이러한 일치 덕분에 사비나는 디모르포스가 느슨하게 결합된 채 우주 공간에 떠다니는 돌무더기라고 보고할 수 있었다. 이것은 중요한 정보이다. 충돌 후에 그 궤적에 일

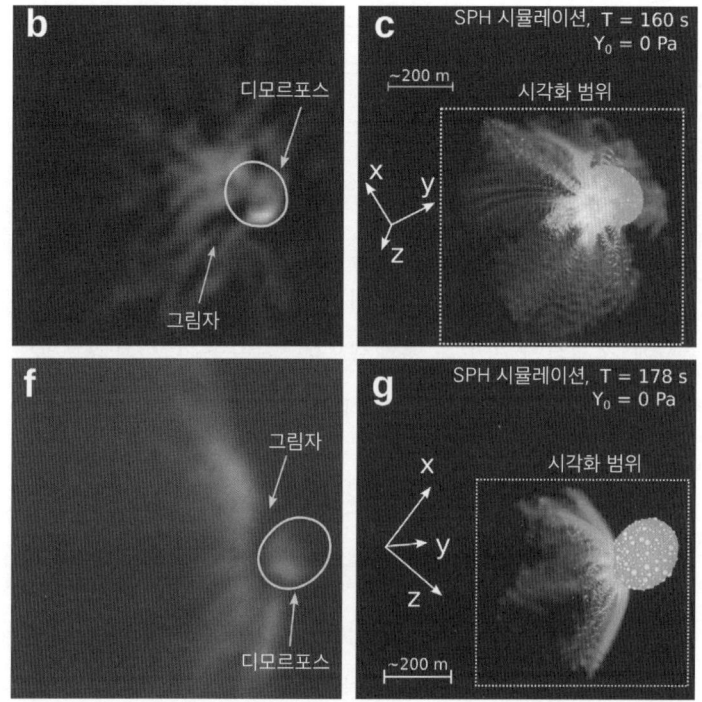

왼쪽은 실제 사진, 오른쪽은 시뮬레이션. 나는 둘이 아주 비슷한 것에 깊은 인상을 받았다.

어난 운동량 변화는 DART 충돌체가 전달할 수 있었던 운동량보다 더 컸다. 언뜻 역설처럼 보이는 이 사실은 그 모든 느슨한 물질이 디모르포스에서 폭발적으로 튀어 나가면서 남아 있는 본체에 영향을 미쳤다고 보면 충분히 설명할 수 있다. 즉, 폭발적으로 튀어 나간 물질이 사실상 제트처럼 작용해 디모르포스의 속도를 추가로 늦춘 것이다. 미래에 우리가 궤도를 변경해야 할 소행성이 있다면, 그것은 디모르포스보다 응집력이 훨씬 강할 수 있으므로, 충돌은 아주 다른 양상으로 펼쳐질 것이다.

2024년, 유럽우주국은 디디모스를 향해 무인 탐사선 헤라를 발사했다. 루시아큐브는 몇몇 영상을 제공했지만, DART 우주선에 실려갔기 때문에 매우 빠른 속도로 다가가면서 급박하게 몇 장의 사진만 찍고 우주 공간으로 탈출했다. 헤라는 한동안 디디모스 주위에 머물면서 사진을 찍고 아마 착륙도 시도할 것이다. 이 임무는 '충돌 후' 상황을 아주 자세하게 알려줄 것이다. 사비나는 "DART 우주선이 그 소행성에 전체적인 변형을 초래했으며," 충돌 구덩이보다는 모양이 변형된 소행성을 보게 될 것으로 예측한다. 진실은 시간이 말해줄 것이다.

충돌 각도에 대해 알아야 할 것이 아직 많이 남아 있다. 지구와 지구 밖에서 진행될 향후의 실험들은 현재 개발되고 있는 컴퓨터 시뮬레이션이 얼마나 정확한지 확인하는 데 도움을 줄 것이다. 먼 앞을 내다보는 우주과학자 41명이 말했듯이, "DART 테스트는 기준으로 삼을 만한 초기의—그리고 현재로서는 유일한—실측 데이터 역할을 할 것이다." 나는 더 많은 실측 데이터를 기대한다. 다만 칙술루브에 닥친 것과 같은 유형의 충돌만은 일어나지 않았으면 한다. 나는 모든 포유류를 대표해 말하고 싶진 않지만, 그런 건 한 번으로 충분하다.

3

법칙과 질서

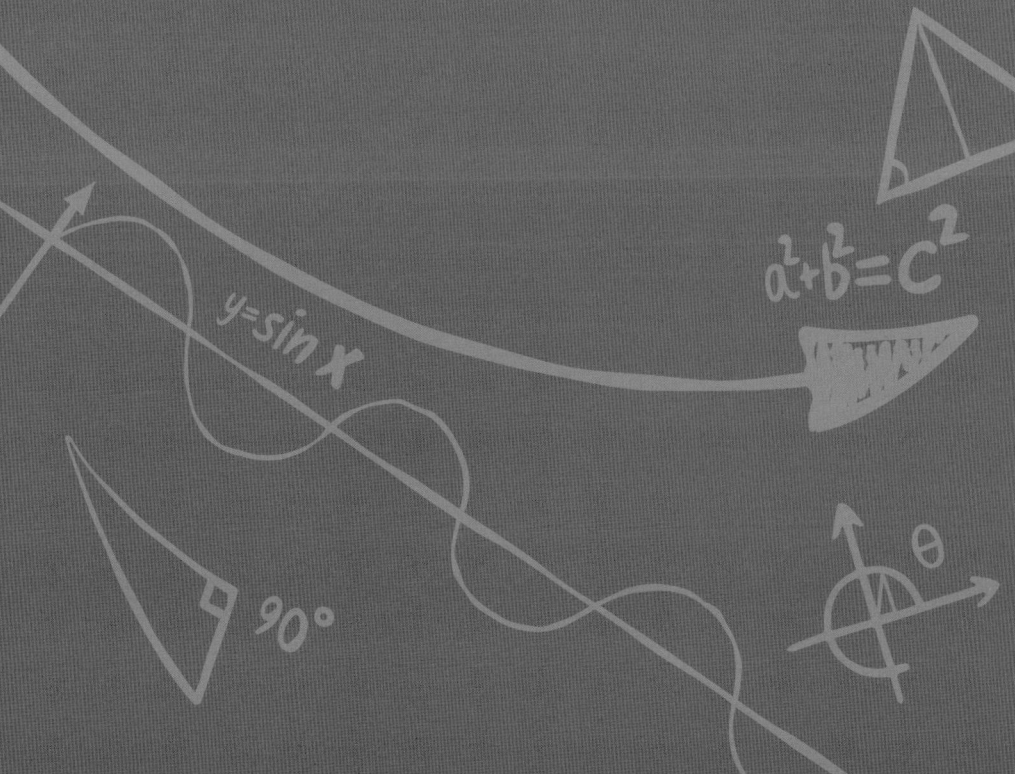

삼각형에 관한 책의 세 번째 장. 아주 특별한 장이다. 우리는 처음에 변과 각을 통해 삼각형과 친해지려고 시도했다. 변호사들의 일자리를 유지하게 하고, 지구를 소행성 충돌에서 보호하고, 당구 실력을 향상시키면서.

이제 정말로 삼각형과 친해져야 할 때가 되었다. 삼각형은 눈에 보이는 측면들—세 변과 세 각—이 있지만, 삼각형이 꼭 지켜야 할 숨겨진 법칙도 많이 있다. 그 법칙은 모든 삼각형이 준수해야 하는 '불문율'이다. 나는 그 불문율을 드러내 보여주려고 한다. 그중에서 내 마음에 드는 삼각형의 법칙 여섯 가지를 골랐다. 다섯 가지는 기쁨을 주고, 한 가지는 나를 비이성적으로 화나게 만든다. 그러니 마음의 준비를 단단히 하라.

1. 넓이: $\frac{1}{2} \times$ 밑변 $\times$ 높이

수학자가 아닌 일반인 중에는 그 방법을 알기만 한다면 수학으로 자신의 모든 문제를 해결할 수 있으리라는 이상한 생각을 갖고 있는 사람이 많다. 그들은 마치 수학을 어둠 속의 전문가 집단만이 아는 흑마술처럼 여긴다. 내가 수학자라는 사실을 안 민간인이 즉각 질문을 던지는 일이 가끔 있다.(수학 선생을 얼마나 싫어했는지 지겨울 정도로 이야기하는 것보다 낫다. 그들이 할 수 있는 거라곤 질문을 던지는 것 아니면 수학에 대해 불평 늘어놓기밖에 없는 것처럼 보이기 때문이다.) 내가 좋아하는 사례 중 하나는 샌드위치를 파는 푸드 트럭 주인이 샌드위치를 삼등분하는 방법을 물은 것이다.

그는 이등분은 아주 쉽다고 설명했는데, 가운데를 지나는 대각선 방향으로 자르면 된다고 했다. 이 방법은 샌드위치를 이등분하는 최적의 방법으로 거의 만장일치로 채택되었다고 했다. 하지만 엄밀하게 따지면 수학적으로는 최적이라고 할 수 없다. 그들은 샌드위치를 빵 껍질에 대해 직각 방향으로 이등분해 직사각형 모양 두 쪽으로 자를 수도 있다. 이렇게 하면 가르는 길이를 약간 더 줄이면서 대각선 방법만큼 공평하게 이등분할 수 있다. 하지만 직사각형을 원하는 고객은 별로 없다. 이 책의 제목은 '수학이 사랑하는 직사각형'이 아니다. 사람들은 삼각형을 원한다!

사등분도 마찬가지로 쉽다. 대각선 방향으로 두 번 자르면, 작은 삼각형 4개로 나뉜다. 다섯 조각 이상으로 나눌 때는 5명 이상이 샌드위치 하나를 나눠 먹기보다는 각자 따로 주문하는 편이 나을 것이다. 그렇긴 하지만, 아메스 파피루스에서 본 것처럼 사람들은 적어도 3500년 전부터 빵을 나누는 방법을 놓고 논쟁을 벌여왔다. 하지만 나는 샌드위치 트럭의 고객들은 5명 이상이 한 팀이 되어 샌드위치 하나를 나눠 먹으려 하지 않는다고 가정할 것이다.

한 조각인 경우는 자명하다. 그저 샌드위치를 통째로 건네면 된다. 따라서 잃어버린 고리는 세 조각이다. 세 사람이 샌드위치를 나눠 먹는 경우나 한 사람이 샌드위치를 세 번에 나눠 먹으려는 경우가 가끔 있다. 이것은 적어도 충분히 자주 발생하는 상황이어서 마침 수학자를 만난 샌드위치 가게 사장은 내게 그 방법을 알려달라고 요청했다. 늦은 밤에 샌드위치를 파는 상황에서 요청한 것이 아니었다. 우리는 둘 다 요리를 하면서 이야기를 나누는 TV 프로그램에 출연 중이었고, 이 대화는 방송 시작 전에 무대 뒤에서 나누었다. 샌드위치 아티스트와 수학 아티스트가 함께 그 프로그램에 출연한 까닭은 그 당시에 힙스터 치즈 토스트가 유행했기 때문이다.

문제를 추가로 복잡하게 만드는 요소는 사람들은 빵 껍질에 대해 각자 나름의 철학이 있다는 점이었다. 빵 껍질을 원치 않는 사람이 있는가 하면, (그릴드 치즈 샌드위치의 경우처럼) 서로 빵 껍질을 차지하려고 싸우는 사람들도 있다. 그래서 빵을 단순히 3개의 직사각형으로 자르라고(껍질 문제를 도외시한 수학적 해결책) 제안할 수는 없었다. 샌드위치와 빵 껍질의 양이 모두 똑같은 조각 3개를 만들어야 했다.

나는 냅킨을 가져다가 샌드위치 그림(정사각형에 가깝게)을 그렸다. 그러고는 "그래요! 한 번만 더 자르면 정확하게 똑같은 조각으로 쉽게 삼등분할 수 있어요."라고 말했다. 한 모퉁이에서 대각선으로 반대편 모퉁이로 자르는 대신에, 같은 모퉁이에서 출발해 두 번 자르면 되는데, 이때 끝 지점이 반대편 모퉁이를 이루는 두 변에서 각각 $\frac{1}{3}$ 지점을 지나가도록 한다. 그러면 삼각형 두 조각과 가운데의 마름모 한 조각으로 나뉘며, 모두 면적이 똑같다. 하지만 마름모 조각은 껍질이 더 적다. 아! 내 안의 수학 순수주의자는 아무리 까다로운 사람도 불평할 여지가 없는 궁극적인 해결책을 원했다.

"잠깐만요." 나는 이렇게 말하고 나서 새 냅킨을 펼쳤다. 이번에는 한쪽 모퉁이에서 시작해 정사각형 한가운데까지 잘라나갔다. 거기서 잠깐 멈추고 생각에 잠겼다. 그렇지! 거기서 문제가 저절로 풀렸다! 모든 절단이 한가운데에서 시작하는 한, 껍질을 똑같이 나누기만 한다면, 모든 조각은 면적이 똑같을 것이다. 여기서 또다시 잠깐 생각에 잠겼다. 그리고 이 방법은 빵이 정사각형이라면 완벽하게 성립하고, 빵이 직사각형이라면 무난하게 성립한다는 사실을 깨달았다. 정사각형 샌드위치의 양은 모두 동일하지만 껍질의 양에 약간 차이가 난다. 전체적인 분위기는 이 해결책이 의심스러울 정도로 쉽다는 것이었는데, 각도를 잴 필요조차 전혀 없기 때문이었다. 각 변에서 $\frac{1}{3}$ 지점이 어디쯤인지만 판단하면 된다. 이것은 삼각형의 많은 능력 중 하나이다.

삼각형의 넓이를 구하는 공식은 $\frac{1}{2}$ × 밑변 × 높이이다. 학교에서 배운 공식 $A = \frac{1}{2}bh$가 기억날지 모르겠지만, 교실에서 배울 때에는 그 공식에 대해 더 깊이 생각할 분위기가 아니었다. 자, 그 공식을 다시 한 번 보라. 자세히 살펴보라. 눈을 씻고 봐도 각도가 전혀 포함돼 있지 않다. 각도가 전혀 없다! 삼각형의 넓이에는 각도가 아무런 영향도 미치지 않는다. 삼각형의 넓이는 밑변과 높이의 길이에만 좌우된다. 삼각형에서 어느 쪽이 '밑변'인지에 대해서는 고민할 필요가 없다. 어느 변이든지 밑변이 될 수 있다.

정사각형 빵 조각의 중심은 모든 변에서 똑같은 '높이'에 있다. 따라서 껍질의 어느 지점에서건 중심까지 연결한 삼각형의 넓이는 오로지 껍질의 길이에만 좌우된다. 그래서 껍질을 공평하게 나누기만 한다면, 삼각형의 넓이는 모두 똑같고, 샌드위치의 양도 모두 똑같다! 이 방법은 5명, 6명, 7명을 비롯해 사람 수에 상관없이 성립한다. 껍질을 똑같이 나누기만 하면, 똑같은 양으로 나뉜 샌드위치는 덤으로 따라온다.

이 책을 쓰기 시작했을 때, 나는 내가 책에 일상생활 속에서 삼각형을 실용적으로 응용할 수 있는 사례를 넣고 싶어 하리란 걸 알았다. 삼각형의 넓이는 아주 기본적인 성질이기 때문에 실용 기하학 사

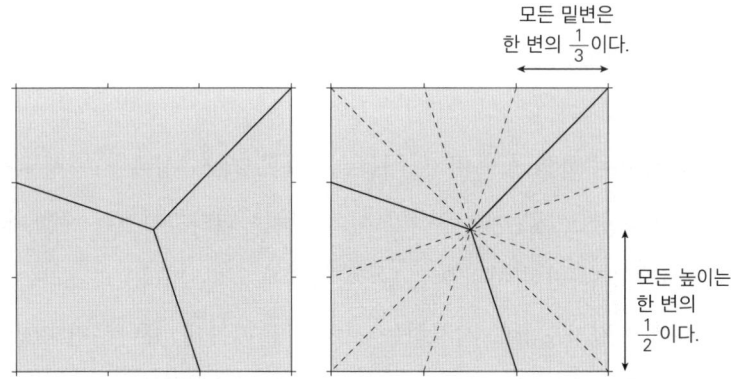

왼쪽 그림은 자르는 형태를 나타낸 것이고, 오른쪽 그림은 작은 삼각형들을 함께 나타낸 것이다. 모든 삼각형의 높이와 밑변이 같다는 것을 직접 확인할 수 있다.

례로 완벽한 후보이다. 그 밖에도 나는 선택지가 많았다. 넓이를 가진 것은 아주 많다. 내 집의 어떤 부분의 면적을 덮는 데 필요한 페인트나 카펫의 양을 계산하기 위해 삼각형을 사용한 때부터, 집에 있는 특이한 모양의 포장지로 선물을 포장할 수 있는지 약간 전략적인 계산을 한 일에 이르기까지 숱한 응용 사례가 있었지만, 그 사이에 10년 전에 있었던 이 짧은 만남이 계속 떠올랐다.

내 조언이 현실 세계에서 샌드위치 분할 방법에 조금이라도 영향을 미쳤는지 궁금했다. 그래서 구글 검색을 해보고, 재버워키 고급 토스트 트럭에 이메일을 보내 우리가 무대 뒤편에서 나눈 대화를 기억하는지 물어보았다. 그들은 나를 기억했을 뿐만 아니라, 그때 내가 그려주었던 냅킨을 찍은 사진까지 보내주었으며, 그 이후로 파커 방법을 사용해 샌드위치를 삼등분하고 있다고 대답했다. 따라서 나의 삼각형 지식이 샌드위치의 얼굴을 영원히 바꾸어놓은 것처럼 보인다.

2. 피타고라스: $c^2 = a^2 + b^2$

삼각형 수학의 할아버지. 이름은 피타고라스. 성은…… 성 따위야 누가 신경 쓰겠는가? 우리가 이야기하는 피타고라스는 수학계의 비욘세라고 할 만한 사람으로 단 한 명밖에 없다. 피타고라스라는 이름 자체의 철자도 π로 시작하는 것처럼 들리는데, 왜냐하면 그리스어 알파벳으로는 실제로 그렇게 쓰기 때문이다! 피타고라스는 수학 분야에서는 불멸의 위인이다.

누구나 학교에서 피타고라스의 정리를 배우고 외우도록 강요받은 기억이 있겠지만, 그 이유를 제대로 이해하지 못한 사람이 많을 것이다. 그리고 많은 사람은 피타고라스를 복잡한 수학의 문화적 시금석으로 여기게 되었다. 피타고라스는 앞에서 언급한 〈모스 경감〉과 〈패밀리 가이〉에 특별 출연한 것 외에 〈심슨 가족〉에서도 언급되었다.

이등변삼각형에서 어떤 변을 선택하더라도 두 변의 제곱근의 합은 나머지 변의 제곱근과 같아.

— 호머 심슨(시즌 5, 에피소드 10: '스프링필드')

하지만 이 대사는 피타고라스의 정리를 정확하게 기술한 문장이 아니다. 이 에피소드의 화면 밖에서 누군가가 "그건 직각삼각형이라고! 이 멍청이야!"라고 외치는 소리가 들린다. 이런 오류가 발생한 것은 〈심슨 가족〉이 1939년에 제작된 영화 〈오즈의 마법사〉에 나오는 허수아비의 대사를 그대로 인용했기 때문인데, 애석하게도 그 과정에서 오류를 바로잡으려는 노력을 전혀 기울이지 않았다.

그렇긴 하지만, 그것을 예컨대 허수아비의 정리 대신에 피타고라스의 정리라고 불러야 할 합당한 이유는 없다. 우리는 약 2500년 전에 살았던 고대 그리스 철학자 피타고라스에 대해 아는 것이 거의 없다. 그리고 우리가 알고 있는 것조차도 그가 그 정리를 창안했다는 사실을 확인해주지 않는다. 피타고라스는 서기였던 아메스와 달리 자신의 계산 과정을 기록으로 남기고 자신의 이름을 확실히 적어두는 친절을 베풀지 않았다. 인기를 끄는 한 이론은 피타고라스가 이집트로 여행을 갔다가 이집트인이 삼각형을 사용하는 것을 보고서 그 개념을 그리스로 수입했다고 주장한다. 물론 피타고라스가 이집트에 가지 않았을 가능성도 충분히 있다. 나는 이를 둘러싼 논쟁은 역사학자들에게 맡기려고 한다. 어쨌든 그 밖의 여러 문명도 같은 정리를 자기 나름의 버전으로 발견했다.

중국인이 발견한 버전은 구고 정리勾股定理라고 부른다.(직각삼각형에서 직각을 낀 두 변 중 짧은 변을 구勾, 긴 변을 고股라고 하고, 빗변을 현弦이라 한다. 직각삼각형을 구고삼각형이라 부르기도 했다. 구고라는 용어는 여기서 나왔다.—옮긴이) 우리가 고대 중국 수학에 대해 아는 것은 거의 다 2000여 년 전에 쓴 몇 권의 책에서 나왔다. 구고 정리도 두 권 이상의 책에 실려 있다. 나는 특히 『주비산경周髀算經』에 나오는 주나라 왕족 주공周公과 수학자 상고商高(구고 정리를 발견한 것으로 추정되는 인물) 사이의 대화를 좋아한다.

주공은 닿지 않는 곳에 있는 하늘을 수학을 사용해 측정하는 방법이 있는지 알고 싶어 한다. 상고는 시차와 우주 그물에 대해 떠드는 대신에 구고 정리를 설명하기로 한다. 나도 구고 정리가 어떤 것을 직접 측정하는 대신에 수학을 사용해 그 크기를 알아내는 데 환상적인 방법이라고 생각한다.

> 태양 바로 아래의 거리를 높이로 하고, 나와 태양 바로 아래 지점까지의 거리를 밑변으로 하여, 두 수를 각각 제곱하여 더한 값의 제곱근을 구하면 그것이 태양까지의 거리가 됩니다.
>
> —상고, 『주비산경』

직접 발견했건 다른 곳에서 전파되었건, 모든 문명은 결국에는 피타고라스의 정리를 접한 것으로 보인다. 이 무렵에 제국들 사이의 교역과 왕래가 일어났고, 후기 로마와 한 제국은 서로의 존재를 알았다. 혹은 기원전 1000년 무렵에 이미 삼각형과 관계있는 비밀 결사 조직이 모든 것을 좌지우지하며 암약하고 있었을지도 모른다.(그냥 던져보는 추측일 뿐이다!) 혹은 삼각형이 문명 발전에 아주 중요한 역할을 해, 삼각형을 연구하느라 충분히 많은 시간을 써야 했고, 그러다 보니 이런 종류의 관계는 어차피 발견될 수밖에 없었을 것이다.

그것을 무엇이라 부르건 간에, 그 정리를 요약하면 다음과 같다. 모든 직각삼각형에 대해, 가장 긴 변의 길이를 제곱한 값은 두 짧은 변을 각각 제곱하여 더한 값과 같다. 다음 그림이 이를 증명해준다.

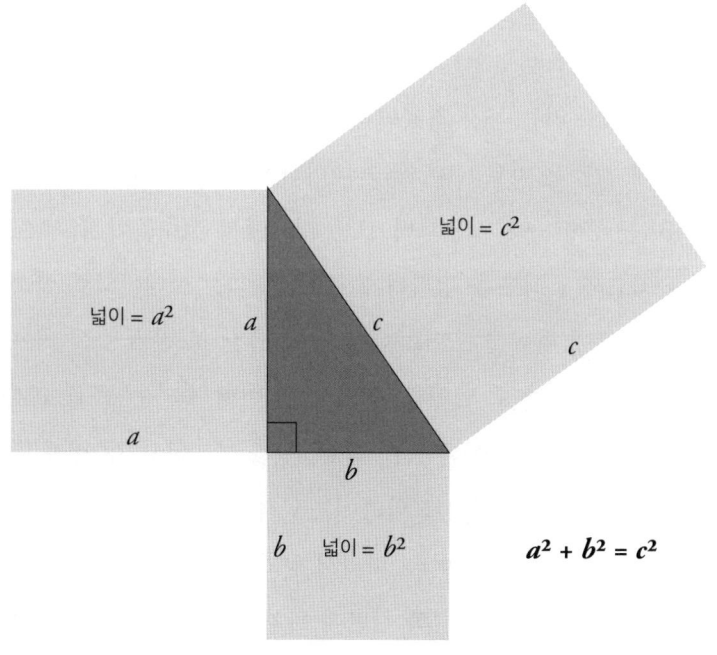

직각삼각형에만 적용되는 삼각형 법칙은 다소 제한적일 거라는 느낌이 들기 쉽다. 직각을 포함하지 않은 나머지 삼각형들은 어떻게 할 것인가? 하지만 이 정리는 두 가지 주요 이유 때문에 생명력을 유지해왔다. 첫째, 직각삼각형이 아닌 삼각형도 사실은 두 직각삼각형이 하나로 위장한 것과 같고, 둘째, 실제로는 직각삼각형이 놀라울 정도로 흔하다. 현대의 데이터에도 직각삼각형이 아주 많이 포함돼 있다.

수학 수업에서 이렇게 일찍 좌표를 도입하는 것은 '수업 전에 데카르트를 앞세우는 격putting Descartes before the course'이라는 걸 알고 있다. 하지만 좌표는 현대 데이터를 이끌어가는 원동력이다.('putting Descartes before the course'는 'putting the cart before the horse(수레를 말 앞에 놓다)'의 말장난임. 데카르트는 데카르트 좌표계, 즉 직교 좌표계를 발견한 사람이다. 좌표 개념을 너무 일찍 들이민다는 뜻으로 이렇게 표현한 것이다.—옮긴이) 그리고 우리는 공간 좌표의 좋은 예를 가지고 이야기를 시작할 수 있는데, 그것은 바로 NBA의 슛 데이터이다.

NBA는 1997~98 시즌부터 모든 경기에서 선수들이 던진 모든 슛의 x 좌표와 y 좌표를 정확하게 추적해왔다. 그 데이터를 살펴본 나는 그 시즌에 마이클 조던Michael Jordan이 던진 첫 번째 슛의 좌표가 (-85, 199)임을 알 수 있었다. 여기서 첫 번째 숫자는 농구 코트의 베이스 라인에 평행한 짧은 축에 해당하는 x 좌표이고, 두 번째 숫자는 코트의 길이 방향 거리를 나타내는 y 좌표이다. 모든 좌표의 '원점'은 농구 골대의 정중앙이다. 따라서 양의 x값은 코트의 오른쪽 절반에, 음의 x값은 코트의 왼쪽 절반에 위치한다(링 아래에 서서 경기장 쪽을 바라볼 때). 음의 y 좌표는 슛을 골대 뒤에서 던졌다는 뜻이다.(골대 중심은 베이스 라인에서 5피트 3인치, 약 160cm 떨어져 있으므로 그럴 가능성이 충분하다.)

나는 1990년대부터 농구 경기를 봐왔고, 지난 수십 년 사이에 평균 슛 거리가 점점 증가해왔다는 느낌이 들었는데, 근래에 들어 3점 슛이 더 흔해진 것만 보더라도 그랬다.(농구에서는 보통 슛은 2점을 주지만, 3점 슛 라인 밖에서 던진 공이 골대 안으로 들어가면 3점을 준다.) 실제로 그런지 확인하기 위해 나는 NBA의 스포츠 분석 및 통계 전문가로 일하는 친구인 팀 차티어Tim Chartier에게 연락했다. 차티어는 1997년부터 2022년까지 모든 NBA 경기에서 시도된 467만 8387개의 슛에 대한 데이터를 보내주었다. 이렇게 나는 500만 개에 가까운 슛 위치의 x 좌표와 y 좌표를 손에 넣었다. 내 계획이 점점 완성을 향해 다가갔다.

흥미롭게도 NBA는 미국의 전통을 고수하면서 거리를 피트 단위로 기록하지만, 동시에 미터법의 편리성도 일부 도입하여 좌표를 $\frac{1}{10}$피트 단위로 기록한다. 나도 이 '십진법 피트' 단위를 이 상황에 딱 맞는 완벽한 단위로 받아들였다. 예컨대 조던이 슛을 던진 좌표가 (-85, 199)라면, 그가 바스켓에서 왼쪽으로 8.5피트, 베이스 라인에서 코트 쪽으로 19.9피트 떨어진 위치에서 슛을 던졌다는 뜻이다.

유일한 불만은 모든 슛의 거리가 가장 가까운 피트 단위로 버림 처리하는 방식으로 표시되었다는 점이었다. 마이클 조던의 첫 번째 슛은 21피트 점프 슛으로 기록되었다. 나는 '이 데이터는 내게는 충분히 정확하지 않아!'라고 생각했다. 다행히도 실제 거리는 피타고라스의 정리를 한 번만 적용하면 구할 수 있었다. 음, 내 경우에는 467만 8387번을 적용해야 했지만……. 그래서 나는 전체 데이터베이스에서 각 슛의 거리를 훨씬 더 정확한 값으로 나타내는 컴퓨터 코드를 작성했다.

```
dist=int(((i[0]**2+i[1]**2)**0.5)*12/10)+1
```

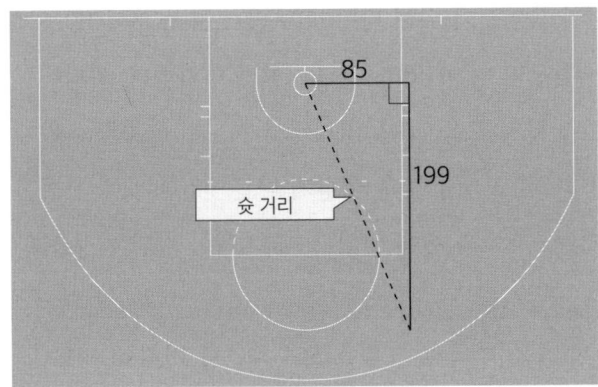

$d^2 = 85^2 + 199^2$
$d^2 = 46826$
$d = 216.39$

마이클 조던은 골대에서 21.639피트 떨어진 위치에서 슛을 던졌다. 조던은 이 슛으로 득점하는 데에는 실패했다. 하지만 피타고라스는 실패하는 법이 없다.

i[0]과 i[1]은 x 좌표와 y 좌표이다. 내가 사용한 프로그래밍 언어인 파이썬에서 **2는 어떤 것을 제곱하는 데 쓰이며, 마찬가지로 **0.5는 그 제곱근을 구하는 데 쓰인다. $\frac{12}{10}$ 를 곱한 것은 $\frac{1}{10}$ 피트 단위를 인치 단위로 바꾸고 싶었기 때문이고, 전체를 int(...)+1로 둘러싼 것은 가장 가까운 정수 인치 값으로 빠르게 반올림하고 싶었기 때문이다.(int 함수 자체는 내림 처리를 하므로

1을 더하면 사실상 반올림하는 효과가 있다.) 종합하면, 이 코드는 세상에서 가장 멋지진 않지만, 작업을 제대로 하기에는 충분하다.

이렇게 거리 데이터를 얻은 뒤에는 다양한 거리에서 던진 슛의 평균 정확도를 분석하고 시각화하는 작업을 시작했고, 그 결과를 슛당 평균 득점과 비교했다. 평균 슛 거리가 증가해왔다는 내 의심이 맞는지에 대한 아주 짧은 답은 '그렇다'였다. NBA 선수들은 이전보다 더 멀리서 슛을 던지고 있었다. 그 이유는 거리가 멀어지면 정확도가 떨어지지만, 3점 선 밖에서 던진 슛이 성공하면 그 3점이 이전의 실패를 상쇄하고도 남았기 때문이다. 3점 라인 안에서 던진 슛의 평균 득점은 0.8점이지만, 3점 라인 밖에서 던진 슛의 평균 득점은 1.12점이었다. 이 평균값은 링에서 2피트 2인치, 약 66cm 떨어진 거리에서 던진 슛의 평균 득점과 같다.

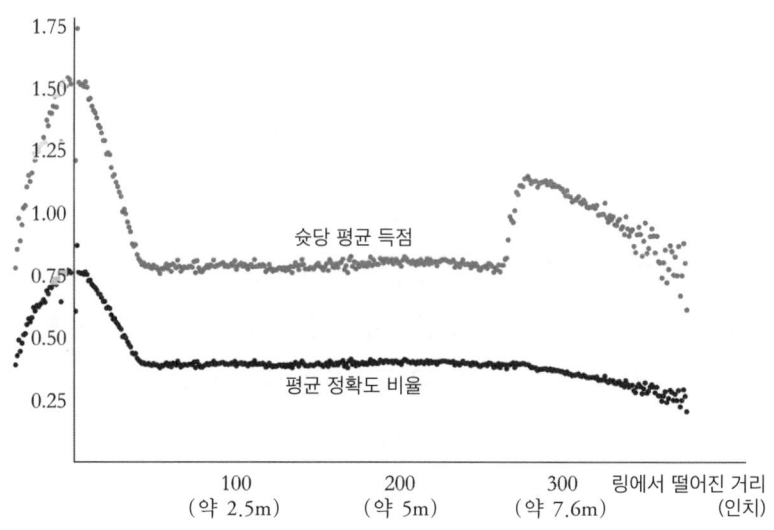

"자, 수학을 할 준비가 되었는가?"

이 사실을 알아챈 사람은 내가 처음이 아니다. NBA 팀들을 위해 일하는 통계학자들이 비슷한 수치들을 분석하면서 선수들의 경기 중 움직임에 도움을 주었다. 하지만 몇몇 실수를 알아챈 사람은 내가 처음이었다. 데이터를 가지고 이리저리 분석하던 나는 내 도표에 NBA의 데이터 라벨을 붙여 슛이 3점 슛인지 아닌지를 표시하기로 했다. 그러자 갑자기 골대에 너무 가까운 3점 슛 데이터 점들이 있다는 사실이 드러났다.

호기심을 느낀 나는 데이터를 더 깊이 분석했다. 피타고라스의 정리를 사용해 모든 슛의 거리를 계산하고 이와 3점 라인의 거리를 비교하기 위해 새로운 코드를 작성했다. 그리고 그 결과를 해당 슛이 2점 슛인지 3점 슛인지를 표시한 라벨과 교차 비교했다. 그리고 내가 계산한 거리와 NBA가 기록한 슛의 분류가 일치하지 않는 슛을 수백 개나 발견했다. 골대에 너무 가까운 3점 슛도 있었고, 골대에서 너무 먼 2점 슛도 있었다.

나는 내 친구인 팀을 통해 이 데이터를 보냈고, 결국 그 데이터는 공식 NBA 통계 담당자에게 전달되었다. 그들은 데이터를 수정했다. 나 때문에 NBA의 공식 슛 데이터가 변경된 것이다. 정상적으로는 NBA의 경기 중 공식 슛 데이터에 기여하려면, 몇 년 동안 열심히 훈련받으면서 세상에서 손꼽힐 만큼 우수한 엘리트 운동선수 중 한 명이 되어야 한다. 하지만 나는 단지 수학을 사용해 NBA 데이터베이스에 3점 슛을 일부 추가할 수 있었다. 이 모든 것은 거리를 계산하는 피타고라스 코드를 내가 직접 작성한 덕분이다.

3. 삼각부등식: $a+b \geq c$

이 규칙의 공식적인 이름은 삼각부등식Triangle Inequality인데, 이름이 참신할 정도로 서술적이다. 보통 수학 정리들은 세상을 떠난 사람의 이름이 붙어 있어서 무슨 뜻인지 알기 어려운데 말이다. '삼각부등식'은 삼각형 세계의 불공평한 자원 분배(여기서 부등식을 뜻하는 Inequality란 영어 단어는 일상적으로는 '불평등' 또는 '불공평'이란 뜻이니, 잘 모르는 일반인은 Triangle Inequality를 '삼각형 불평등'이란 뜻으로 생각할 수도 있다.—옮긴이)를 가리키는 것이 아니라, 삼각형의 세 변이 어떤 값을 가질 수 있고 가질 수 없는지를 설명하는 규칙이다. 간단히 말하면, 삼각형에서 두 변의 길이를 합한 것은 나머지 한 변보다 크다. 이것을 증명하는 방법은 아주 많다. 유클리드는 이등변 삼각형을 사용해 이를 증명했지만, 우리는 그저 삼각형을 바라보기만 해도 증명할 수 있다. 보는 것만으로 저절로 증명된다. 왜냐하면, 두 변의 길이를 합한 것이 세 번째 변보다 짧다면, 두 변은 삼각형을 이루는 세 번째 꼭짓점에 도달할 수 없기 때문이다.

피타고라스의 정리에서 예상을 깨고 정사각형들이 등장하는 의외성에 비하면 삼각부등식은 안심이 될 정도로 직관적인 삼각형 규칙이다. 나는 실수를 통해 이 규칙을 스스로 배웠다. 중학교 시절 수학 활동 시간에 삼각형의 변들에 임의의 길이를 부여하는 과제를 푼 기억이 아직도 생생하다. 나는 세 변의 길이를 나타내는 일련의 숫자를 적었는데, 선생님에게서 "이 삼각형들은 불가능함"이라는 메모와 함께 과제물을 돌려받았을 때 큰 충격을 받았다. 물리적으로 삼각

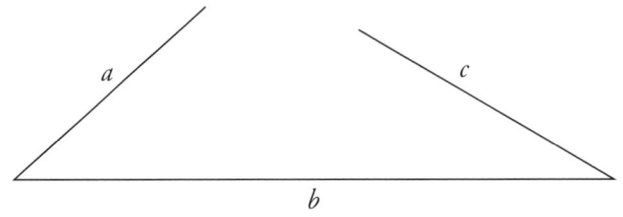

a+*c*는 *b*보다 짧기 때문에 삼각형을 만들 수 없다.

형이 될 수 있으려면, 한 변이 나머지 두 변의 합보다 길어서는 안 된다. 재차 말하지만, 그렇게 되면 나머지 두 변이 연결될 수 없기 때문이다.

하지만 이토록 명백한 규칙은 도대체 무슨 쓸모가 있을까? 삼각형에 관한 모든 것과 마찬가지로 이 규칙도 요긴하게 써먹을 데가 있다. 우선 호머 심슨이 왜 틀렸는지 정확하게 파악하는 도구로 사용할 수 있다. 물론 우리는 호머가 피타고라스의 정리를 정확하게 말하지 않았다는 것을 알고 있지만, 혹시 다른 삼각형에 적용되는 다른 정리를 이야기한 것은 아닐까? 자세히 살펴보기로 하자.

> 이등변삼각형에서 어떤 변을 선택하더라도 두 변의 제곱근의 합은 나머지 변의 제곱근과 같아.
> ― 호머 심슨(시즌 5, 에피소드 10: '스프링필드')

여기서 '어떤 변을 선택하더라도'(사실, 어떤 삼각형도 이를 충족할 수 없다)라는 조건을 없애고, 이등변삼각형이라는 특성도 없애면,

훨씬 일반적인 개념이 남는다. 그것은 두 변의 제곱근의 합이 나머지 변의 제곱근과 같은 삼각형이 존재한다는 것이다. 따라서 이것을 '호머의 추측'이라고 부를 수 있다.

세 변 'a', 'b', 'c'가 있을 때, a와 b의 제곱근의 합이 c의 제곱근과 같다면, 대수학적으로 다음과 같이 표현할 수 있다.

$$\sqrt{a} + \sqrt{b} = \sqrt{c}$$
$$c = (\sqrt{a} + \sqrt{b})^2$$

두 번째 수식은 세 번째 변 c를 a와 b로 나타내기 위해 첫 번째 수식을 살짝 재배열한 것이다. 그리고 괄호를 풀어 정리하면 다음을 얻는다.

$$c = a + b + 2\sqrt{a}\sqrt{b}$$

원한다면 직접 확인해도 좋고, 맹목적으로 나를 믿어도 좋다. 여기서 중요한 사실은 변 c가 a와 b의 길이를 합한 값보다 조금 더 크다는 점이다. 이것은 삼각부등식에 어긋난다. 즉 호머의 추측을 따르면서 물리적으로 가능한 삼각형은 없다. 이것은 삼각형 법칙을 경박하게 사용하는 것처럼 느껴질 수 있지만, 단언컨대 이것은 삼각부등식을 논리적 도구로 사용하는 수많은 추상적 수학 증명과 추론 중 하나이다.

무언가가 명백하다고 해서 그것을 명확하게 표현할 가치가 없는 것은 아니다. 이 경우에는 두 짧은 변이 서로 멀리 떨어져 있어 물리적으로 서로 닿을 수 없다는 '명백성'이 그 중요성을 가린다. 이것이 명백한 이유는 매우 기본적인 사실이기 때문이다. 내가 있는 곳과 가고자 하는 곳 사이를 잇는 직선 'c'가 있다면, 그것이 최단 경로이다. 'a'를 거쳐 'b'로 가는 긴 경로를 택하면 절대로 더 일찍 도착할 수 없다. 삼각부등식은 기본적으로 거리에 관한 한 직선 이외의 지름길이 없다고 말한다.

수학자들은 이 거리 개념을 '거리 공간metric space'이라는 개념으로 일반화했다. 우리는 거리에도 여러 종류가 있다는 사실을 이미 직관적으로 느낀다. 그래서 똑바로 뻗어 있는 거리를 예컨대 도로를 따라 나아가는 거리와 구별하고자 '직선거리'라는 용어를 사용한다. 그런데 이것뿐일까? 물리적 현실에서 우리는 두 점 사이의 거리를 계산할 때 피타고라스의 정리를 측정 기준으로 사용하는데, 이 방법은 내가 NBA 농구의 슛을 계산할 때 했던 것과 정확하게 똑같다. 하지만 일반 상대성 이론의 방정식을 사용해 블랙홀 주변의 거리를 계산하는 것에서부터 기계 학습에서 사용하는 데이터 점들 사이의 추상적인 '거리' 개념에 이르기까지 그 측정 기준은 어떤 것이든 될 수 있다.

수학자들은 그 의미가 없어지기 전까지 어떤 것을 얼마나 일반화할 수 있는지 알아보기 위해 제약을 완화하는 방법을 시도하길 좋아한다. 그것은 마치 더 이상 아기와 목욕물을 구별할 수 없는 한계점이 어디인지 찾으려고 하는 것과 같다. 그리고 결국 거리 개념이 잘 작동하는 데 필요한 규칙은 단 세 가지뿐이라는 사실이 밝혀졌다.

- 양의 값: 거리는 두 점 사이의 간격을 양의 값으로 표시하며, 두 점이 같은 위치에 있을 때에만 0이 된다.
- 대칭성: a에서 b로 가는 거리는 b에서 a로 가는 거리와 같다.
- 삼각형: 어떤 세 점 사이에서도 삼각부등식이 성립한다.

삼각형의 모든 변이 서로 닿을 수 있어야 한다는 '삼각형 법칙'은 너무나도 명명백백하다는 느낌이 들 수 있지만, 이 법칙은 '거리'라는 가장 난해한 개념조차 논리적으로 타당하게 만드는 데 꼭 필요한 한 가지 명백한 규칙이다. 그리고 이것은 호머 심슨이 틀렸음을 증명하는 데에도 꼭 필요하다.

4. 삼각형은 강하다

나는 토목공학자들이 삼각형을 사랑한다는 사실을 알고 있었지만, 이 책이 충분한 조사와 연구를 거쳤다는 사실을 재삼 확인하기 위해 공학자 친구인 폴 셰퍼드Paul Shepherd에게 전화를 걸어 삼각형을 얼마나 사랑하느냐고 물어보았다. 그는 삼각형에 대해 이야기하는 걸 매우 좋아했다.

학생들은 "삼각형은 강하다."라는 개념을 갖고 있지만, 공학자들이 삼각형을 좋아하는 이유는 삼각형이 비틀어지지 않기 때문이야. 예컨대 직사각형은 비틀어져 평행사변형으로 변할 수 있지.

직사각형이 비틀어지지 않게 하려면 대각선 구조를 첨가해 보강해야 해. 그래서 공학자들은 구조물을 삼각형 형태로 만들길 좋아하지.

— 공학자 친구가 한 말

삼각형이 강하다는 것은 완전한 법칙이다. 그것은 삼각형을 만드는 방법이 단 한 가지밖에 없어서 그렇다. 세 변의 길이로는 오직 단 하나의 삼각형만(혹은 뒤집는다면 그 거울상에 해당하는 삼각형도) 만들 수 있다. 수학적으로 삼각형은 세 변의 길이만으로 완전히 정의된다고 말할 수 있다. 현실적으로 이 말은 삼각형의 변들을 움직이려면, 삼각형 자체를 해체해야 한다는 뜻이다. 만약 변들이 잘 결합된 상태에서 삼각형을 해체하려면 엄청난 힘이 필요할 것이다.

다른 형태들은 그렇지 않다. 직사각형의 네 변은 수많은 마름모(다이아몬드와 비슷한 모양)로 쉽게 변할 수 있다. 직사각형의 네 변은 쉽게 움직일 수 있다. 모서리 부분이 조금만 기울어져도 전체 형태가 옆쪽으로 비틀어진다. 모서리 부분이 전혀 기울어지지 않게 하는 것은 모서리 부분을 그대로 들러붙어 있게 하는 것보다 훨씬 더 어렵다. 그래서 직사각형을 튼튼하게 유지하려면 대각선 방향으로 버팀대를 집어넣는 방법을 써야 하는데, 이 방법은 사실상 직사각형을 두 개의 튼튼한 삼각형으로 바꾸는 것과 같다.

공학자들이 삼각형을 사랑하는 이유가 여기에 있다. 삼각형을 만들면, 그것을 제자리에 고정하려고 애쓰거나 각도가 변할까 봐 염려할 이유가 전혀 없다. 모든 것이 저절로 해결된다. 반면에 건축가들이 직사각형을 좋아하는데, 직사각형이 보기에 좋고 유리로 직사각형을 만들기가 아주 쉽기 때문이다. 그래서 현대식 건물이 온통 직사각형으로 뒤덮인 것이다.

확실한 반례로 벽돌을 떠올리는 사람이 있을 수도 있다. 그리고 콘크리트도! 벽돌은 직사각형이다.(삼각형 벽돌은 장식용으로만 쓰인다.) 아주 좋은 지적이다. "삼각형은 강하다."라는 주장은 대체로 안이 비어 있는 틀의 형태에만 적용된다. 혹은 적어도 제자리에 단단히 고정하지 않으면 비틀어질 수 있는 구조물에만 적용된다. 콘크리트처럼 튼튼한 물체는 비틀어지지 않는다.(변형이 일어나기 전에 부서지고 말 것이다.) 내가 '삼각형'과 '직사각형'을 이야기할 때, 이것들은 건물에서 하중을 지탱하는 구조의 형태를 의미한다. 공학자들이 튼튼한 벽돌은 좋아하지만 직사각형 창문틀을 싫어하는 이유가 여기에 있다.

건축 계획의 생활상을 잘 모르는 사람을 위해 내가 아는 대로 이야기한다면 다음과 같다. 건축가가 냅킨에 그림을 그려 공학자 팀에 전달한다. 공학자들은 몇 달 동안 그 스케치를 물리적으로 실행할 수 있게 바꾸려고 노력한다. 물론 이 설명은 다소 지나치게 단순화한 감이 있다. 건축가는 공학자들을 찾아가 고래고래 소리를 지르면서 하루 오후를 보낼 수도 있는데, 창문은 밖이 잘 내다보여야 하고, 공학자들이 추가한 거대한 대각선 들보들이 경관을 가린다고 누차 강조할 것이다.

내가 알기로는 현대 토목공학에서는 건축가의 눈을 피해 건물에 삼각형을 몰래 집어넣는 일이 많이 일어나고 있다.

5. 내각의 합은 180°

삼각형의 세 모퉁이를 잘라 맞춰보면 서로 딱 들어맞으면서 직선을 이룬다. 이 방법은 삼각형의 세 내각의 합이 항상 반원과 같은 180°라는 것을 다소 잔인하게 보여준다. 이 방법이 왜 참인지는 즉각 명백하게 드러나지 않는다. 이것은 똑같이 명백하지 않은 사실과 관련이 있는데, 모든 여행은 360°를 완전히 한 바퀴 도는 것이라는 사실이다. 나는 모토GP 오토바이를 타고 실버스톤 서킷(자동차 경주용 서킷)을 돈 시간을 이용해 이를 멋지게 증명할 수 있다.

모토GP는 모터스포츠에서 극한 가속의 정점을 보여준다. 이 오토바이는 가속과 감속의 정도가 포뮬러 원 경주에 참가하는 자동차들보다도 훨씬 심하다. 나는 속력을 다루는 다큐멘터리에 참여했는데, 제작자들은 수학자를 그런 오토바이에 태우고 시속 250km를 넘는 속도로 영국의 상징적인 실버스톤 경주 트랙을 돌게 하면 재미있을 것이라고 생각했다.

다행히도 내가 직접 오토바이를 몰 필요는 없었고, 함께 탄 전문가가 운전을 맡았다. 하지만 나는 간접적으로 오토바이의 운전에 영향을 주었다. 나보다 훨씬 작은 운전자는 내 질량이 오토바이의 질량에서 상당한 비중을 차지하며, 거기서 비롯되는 추가 관성이 오토바이를 운전하는 데 영향을 미칠 것이라고 지적했다. 나는 그 말을 그가 의도한 대로 모욕적으로 받아들였다.

오토바이 주행 자체는 여러모로 무서웠고, 내가 자그마한 손잡이 두 개를 얼마나 잘 붙들고 버텨내는지 알아보는 극한의 시험이었다.

다행히도 나는 이에 대비해 약간의 준비를 해두었다. 그 준비는 체력이나 속력과는 아무 관계도 없었지만, 나는 여기서 어떤 데이터를 기록하게 될지 충분히 생각했다. 나는 경주 트랙race track에 있었을 뿐만 아니라, 기록keeping track도 하고 있었다. 경주 서킷race circuit에 있었지만, 일부 회로circuit까지 사용하고 있었다. 그러니까, 나에겐 앱이 있었다.(여기서 저자는 track과 circuit의 중의성을 사용한 말장난을 하고 있다. 썰렁한 수학자의 농담이다.—옮긴이)

오토바이를 타고 달리는 동안 나는 스마트폰에 내장된 각도 센서가 감지한 모든 데이터를 기록하는 앱을 실행했다. 화면 방향을 적절하게 바꾸는 것을 포함해 여러 가지 이유에서 스마트폰은 어느 쪽이 위인지 알고 싶어 한다. 그래서 스마트폰에는 초당 60번씩 현재의 각도를 측정하는 센서가 여러 가지 있다. 주행이 끝난 뒤, 나는 모든 각도 데이터를 스프레드시트로 출력했다. 아래 그림은 앞으로 나아가는 방향에 대한 나의 상대적 각도를 상대적으로 나타낸 것이다.

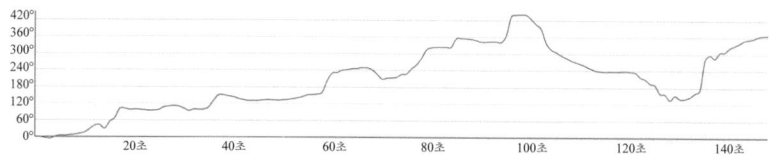

이 데이터가 얼마나 공포스러운 것인지 분명히 할 필요가 있을 것 같다. 나는 오토바이가 가속되면서 꼼짝없이 오토바이와 '안전한 일체'가 되기 전에, 스마트폰을 팔에 붙들어 맸다. 나는 오토바이(오토바이라기보다 성난 모터에 가까운)에 앉아 있기만 한 것이 아니었다. 내 팔은 전혀 가만히 있지 않았다. 두려움에 떠는 동시에 나의 존재를 크게 위협하는 순간(가속accelerating이나 제동braking, 코너링cornering을 하는 순간—죽음의 ABC)이 닥칠 때마다 내 몸의 위치를 계속 조정해야 했다.

이 데이터에서 우측 방향 전환은 각도가 양의 값으로, 좌측 방향 전환은 음의 값으로 기록되었다. 따라서 그 값이 아래로 죽 내려가는 것은 오토바이는 코너에서 왼쪽으로 돌고 있다는 뜻이다. 그런데 시간이 지나면서 기묘하게도 그 값이 꾸준히 증가하는 현상이 나타난다. 한 바퀴를 다 돌았을 때, 나는 출발점의 각도에 서 있지 않았다. 나의 순 각도는 360°만큼 증가했다(내 팔을 재조정하는 데에서 생긴 오차는 감안하고). 이것은 내가 반시계 방향으로 트랙을 한 바퀴 돌면서 오토바이 자체가 한 바퀴 빙 돈 결과를 초래했기 때문이다.

극단적으로 단순화한 삼각형 경주 서킷에서 이것을 훨씬 느리게 진행해볼 수 있다. 이렇게 단순화한 실버스톤 트랙을 '실버스톤'이라 부르기로 하자. 그리고 자전거 대신에 연필로 경주해보자. 삼각형의 한 모서리에서 시작해 연필을 다음 모서리로 옮겨보라. 한 바퀴를 다 돌아 출발선으로 돌아올 때까지 모서리가 바뀔 때마다 연필은 약간 회전할 것이다.

우리는 코너를 돌 때마다 방향의 변화를 기록하며 이 과정을 추적할 수 있다. 첫 번째 방향 전환 때 연필은 0°(전혀 회전하지 않음)와 180°(유턴하여 출발점으로 곧장 되돌아가는 것) 사이의 각도로 회전할 것이다. 삼각형 트랙에서 그 코너의 안쪽 각도는 회전각을 총 180°로 완성하는 데 필요한 추가 각도이다. 한 바퀴를 도는 동안 지나야 하

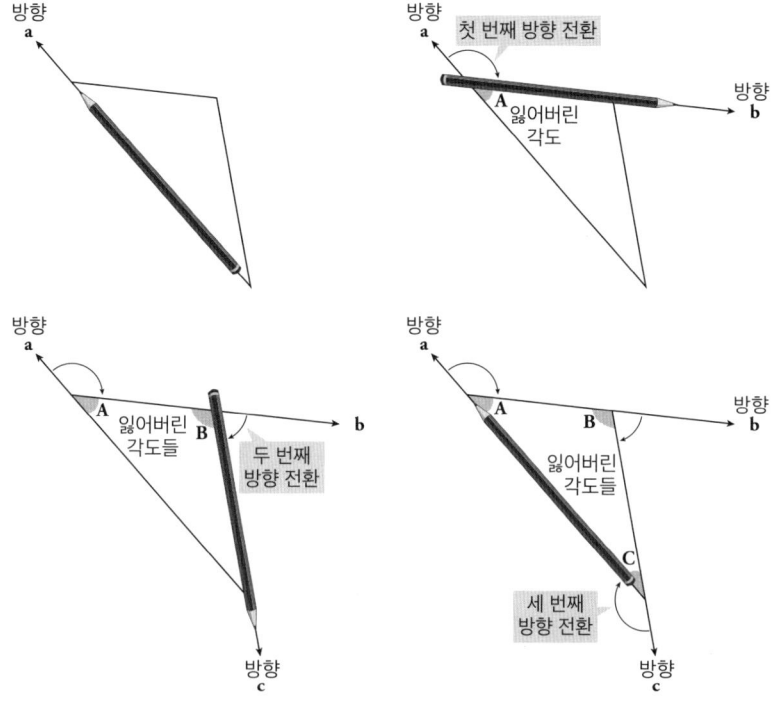

삼각형 트랙을 도는 연필.

는 코너는 3개이므로, 이 세 회전각과 삼각형의 안쪽 각도 3개를 모두 더하면 $180° \times 3 = 540°$가 될 것이다.

 각각의 방향 전환 정도는 특정 삼각형에 따라 달라지지만, 그 각도 변화를 모두 합한 값은 360°여야 하는데, 연필이 결승선에 도착할 때까지 완전히 한 바퀴를 회전해야 하기 때문이다. 이것은 안쪽의 세 각도가 $540° - 360° = 180°$여야 한다는 뜻이다. 이렇게 우리는 자신도 모르게 모든 삼각형은 내각의 합이 180°임을 증명했다. 만약 흥미를 느낀다면, 사각형이나 오각형 트랙에 대해서도 같은 과정을 반복함으로써 n각형은 내각의 합이 $(n-1) \times 180°$임을 증명할 수 있다. 만약 이 이야기에 별로 흥미를 느끼지 못하더라도 염려할 필요는 없다. 곧 다시 본론으로 돌아갈 테니까.

만약 이 책의 리듬에 집중하고 있다면, 우리가 방금 다룬 수학의 흥미로운 응용 사례가 나올 때가 되었다는 사실을 알아챘을 것이다. 하지만 삼각형의 내각의 합으로는 그러기가 좀 어렵다. 이것이 아주 유용하지 않다는 것은 아니다. 이것은 기본적인 삼각형 법칙은 아니더라도 삼각형의 기본적인 법칙 중 하나이다. 하지만 이것이 독립적으로 사용되는 예는 없다. 이것은 마늘의 용도를 묻는 것과 비슷하다. 마늘은 놀라운 향미의 원천이지만, 그 자체를 그냥 먹는 일은 드물다.(만약 마늘을 그냥 먹는다면, 멀리 떨어진 사람에게서도 따가운 시선을 받을 것이다.) 뱀파이어를 쫓는 것처럼 마늘을 독립적으로 사용하는 가상의 예를 상상할 수는 있다. 그런데 그것이 효과가 있을까? 그랬으면 좋겠다. 왜냐하면, 바로 그것에 해당하는 삼각형 버전을 이제 소개할 참이기 때문이다.

나는 어떤 것의 각도에 대해 궁금해한 적이 많지만, 모토GP 오토바이를 타고 실버스톤 경주 트랙을 질주하던 때만큼 각도에 대해 강렬하게 생각해본 적은 없었다. 여러분은 코너를 도는 오토바이를 보고서 오토바이가 기울어질 수 있는 각도에 경탄했던 적이 있을 것이다. 오토바이의 각도를 잘못 잡는 것은 뱀파이어에게 마늘을 잘못 사용하는 것과 비슷한 결과를 초래할 수 있다. 누군가 많은 피를 흘리게 될 것이다.

나는 그 주행을 통해 한 개인으로서 나에 대해 많은 것을 배웠다.

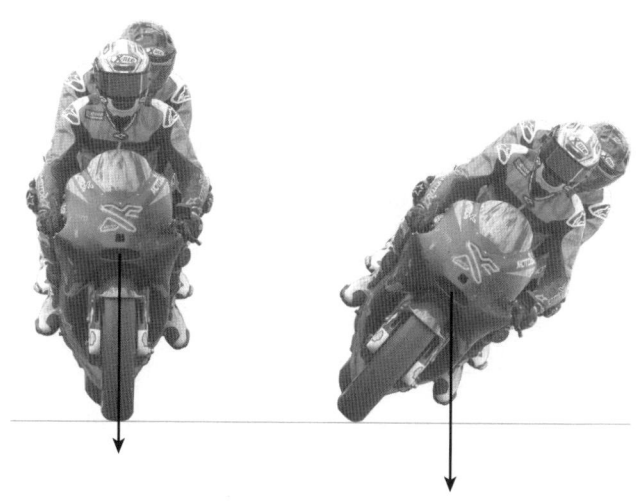

중력은 항상 곧장 아래쪽으로 작용하며, 절대로 타협하지 않는 것으로 유명하다.

한 가지는 내가 마찰이 할 수 있는 일을 완전히 과소평가하고 있었다는 사실이다. 코너를 도는 속력은 오토바이와 도로 사이의 마찰력에 제약받는데, 이 오토바이에는 내가 물리학 법칙이 허용한다고 생각했던 것보다 훨씬 더 큰 마찰력이 작용했다. 그 마찰력을 이용하기 위해 우리는 코너를 돌 때 오토바이를 크게 기울였는데, 마치 지면에 드러누우려고 하는 듯한 느낌이 들었다.

코너를 돌 때, 흐릿한 아스팔트가 내가 예상했던 것보다 얼굴에 훨씬 더 가까이 다가왔고, 나는 유체 이탈 비슷한 경험을 하면서 지금 중력의 작용 방향이 오토바이와 얼마나 어긋나 있을지 궁금한 생각이 들었다. 오토바이가 똑바로 서 있을 때에는 중력이 오토바이를 곧장 지면을 향해 내리누르고, 모두가 행복하다. 코너를 돌 때에는 오토바이의 수직 방향과 중력의 방향 사이에 약간의 각도 차이가 생졌다. 나는 '맹세컨대, 오토바이와 도로 사이의 각도는 45°가 안 될 거야.'라고 생각했다.

오토바이가 기울어지면, 중력 방향과 오토바이 차체의 축은 더 어긋나게 되고, 그러면서 회전력이 발생해 불행하게도 오토바이가 더 기울어진다. 다행히도 코너링은 또 다른 힘들을 끌어들여 오토바이의 균형을 잡아주지만, 여기에는 더 많은 물리학이 관여한다. 그 당시에 내가 생각할 수 있었던 것은 오직 각도뿐이었다.

나는 중력의 방향이 항상 지면과 직각을 이루며, 따라서 오토바이-지면-중력이 이루는 삼각형은 직각삼각형이라는 사실을 알고 있었다. 따라서 만약 오토바이-지면 각도가 45°보다 작다면, 모든 각도의 합을 180°로 유지하기 위해 오토바이-중력 각도는 45° 이상이어야 한다. 보았다시피, 이것은 삼각형 법칙이 아주 대단하게 쓰인 것은 아니지만, 어쨌든 유용하게 쓰인 것은 맞다.

실제 각도가 얼마인지 궁금해하는 사람을 위해 조금 더 설명하기로 하자. 인터넷에서 오토바이를 검색해보면, 오토바이-지면 각도가 30°까지 작아질 수 있는 것처럼 보인다. 하지만 나는 나 자신이 경험한 각도를 알고 싶었고, 그래서 내가 추가한 질량이 내 앞에 앉아 있는 운전자가 오토바이를 기울이는 각도를 얼마나 제한하는지 알고 싶었다.

기울기 각도는 훨씬 복잡한데, 내가 오토바이 위에서 가만히 있지 않고 양팔을 안쪽으로 움츠린 채 몸이 계속 움직이기 때문이다. 하지만 스마트폰의 데이터와 질주 영상을 분석한 결과, 오토바이가 똑바로 선 상태에서 45°를 조금 넘는 각도로 기울어졌음을 확인할 수 있었다. 그러니 나의 새로운 오토바이 클럽 이름을 공식적으로 '헬스 앵글스Hell's Angles'(미국의 유명한 모터사이클 클럽인 헬스 엔젤스Hell's Angels에 빗댄 이름—옮긴이)라고 지어도 무방할 것 같다.

6. 헤론의 공식

이 장을 삼각형의 넓이에 관한 방정식으로 시작했으니, 또 다른 방정식으로 끝내는 것도 좋겠다. 이 공식은 1세기에 살았던 알렉산드리아의 헤론Heron의 이름이 붙어 있는데, 앞에 나왔던 넓이 방정식에 비해 장점도 있고 단점도 있다. 내가 볼 때 가장 큰 단점은 이 공식이 터무니없어 보인다는 것이다. 말도 안 되는 것처럼 보여 화가 날 정도이다. 그런데도 이 공식은 잘 성립한다!

고전적으로 삼각형의 넓이를 구하는 공식인 '넓이 = $\frac{1}{2}$ × 높이 × 밑변'의 단점은 삼각형의 높이를 알아야 한다는 데 있다. 대상이 샌드위치처럼 작을 때에는 상관없지만, 거대하고 단단한 물체일 때에는 삼각형 중심에 접근하기가 어려울 수 있다. 삼각형 곡물 창고의 바닥 면적을 계산해야 할 때, 쌓인 곡물 더미를 다 치워야 한다면 얼마나 불편하겠는가?

그리고 설령 삼각형 안으로 들어가더라도, 높이를 파악하는 작업이 만만치 않다. 이 작업을 하려면 한 변에 수직이면서 마주 보는 꼭짓점까지 완벽하게 연결되는 선을 찾아야 한다. 삼각형의 넓이를 구하는 두 번째 방법이 있다면 좋지 않을까? 그것도 바깥쪽의 세 변, a,

b, c를 측정하는 것만으로 구할 수 있는 방법이 없을까? 실제로 그런 방법이 있다. 헤론의 공식은 이 세 변의 길이를 이리저리 결합해 어떻게든 삼각형의 넓이를 내놓는다.

세 변의 길이를 모두 더하는 간단한 계산으로 시작해보자. $a+b+c$. 그러고 나서 두 변의 길이를 더하고 나머지 한 변의 길이를 빼보라. 즉, $a+b-c$와 $a+c-b$와 $b+c-a$를 계산한다. 그리고 이 4개의 값을 곱하면 어떻게 될까? 그렇게 구한 값의 제곱근을 구하면, 그 값은 삼각형의 전체 넓이에 4를 곱한 값과 같다. 이 말을 처음 들으면 잠시 멍한 기분이 들 것이다. 나 역시 그랬다.

$$넓이 = \sqrt{(a+b+c) \times (a+b-c) \times (a+c-b) \times (b+c-a)} \div 4$$

이것이 헤론의 공식이다. 이 공식을 보고 화가 치미는 이유는 이 공식이 성립하지 않는다거나 항상 정답을 제공한다는 사실을 우리가 증명하지 못해서가 아니다.(원래의 면적 공식을 가지고 피타고라스의 정리를 적용해 충분히 오랫동안 계산하면, 대수학적으로 헤론의 공식을 얻을 수 있다.) 이 공식이 왜 성립하는지 명확한 이유나 깔끔한 논리를 찾을 수 없다는 점이 나를 짜증 나게 만든다. 이것은 불투명한 공식인데, 그저 변의 길이를 집어넣고 임의의 수학적 손잡이들을 돌리면, 짠 하고 넓이가 튀어나오는 것 같은 느낌이 든다. 성립은 하지만, 만족스럽지는 않다.

물론 어떤 사람은 이 공식에 분노하기보다는 경이로움을 느낄 것이다. 그것 역시 충분히 납득할 수 있다. 이 공식은 마치 마술사가 세 변의 값을 계산기에 입력하기만 하면 넓이가 튀어나오는 일종의 삼각형 마술과도 같다. 하지만 수학자들은 단순히 뭔가가 성립한다는 사실만으로는 만족하지 못한다. 그들은 그 이면의 논리를 쉽게 이해할 수 있는 아름다움을 원한다.

이것이 바로 내가 삼각형을 사랑하는 이유이다. 삼각형은 단순히 3개의 변만으로 이루어진 도형치고는 놀랍도록 복잡한 형태이다. 어떻게 그러는지는 모르겠지만, 미천한 삼각형은 아름답게 단순한 것부터 헤론의 공식 같은 것에 이르기까지 놀랍도록 다양한 규칙과 성질을 만들어낸다. 그리고 그것들은 항상 유용하다. 삼각형 논밭이든 뭐든 면적을 구해야 한다면, 그 가운데를 지나가는 높이를 재려고 애쓸 필요 없이, 그저 세 변의 길이를 잰 뒤에 헤론의 명청한 공식을 대입하면 된다.

더 복잡한 형태들로 가더라도 상황이 더 나아지진 않는다. 삼각형은 물리적 형태를 가질 만큼 변들을 충분히 가지고 있으면서도, 그것에 대해 일반화되고 의미 있는 사실을 말할 수 있을 만큼 충분한 제약을 지니고 있어 모든 형태 중에서 최적의 지점에 있다. 변과 각이 더 많은 형태일수록 규칙과 결과가 더 다양할 것 같은 느낌이 본능적으로 든다. 하지만 실제로는 변이 더 많은 형태일수록 덜 흥미로워지는데, 그 다각형을 만드는 방법이 너무 많아 그것들을 모두 모아 통합된 법칙으로 만들려는 노력이 거의 무의미해지기 때문이다.

그러니 삼각형과 삼각형의 많은 법칙과 패턴에 환호를 보내자. 여기서 나는 단지 그중 여섯 가지만 다루었을 뿐이다. 일단 삼각형의 논리로 무장하면, 그리고 복잡한 상황을 삼각형의 문제로 바꿀 수만 있다면, 갑자기 우리는 삼각형 법칙의 모든 힘을 마음껏 행사할 수 있게 된다.

4

삼각형 메시

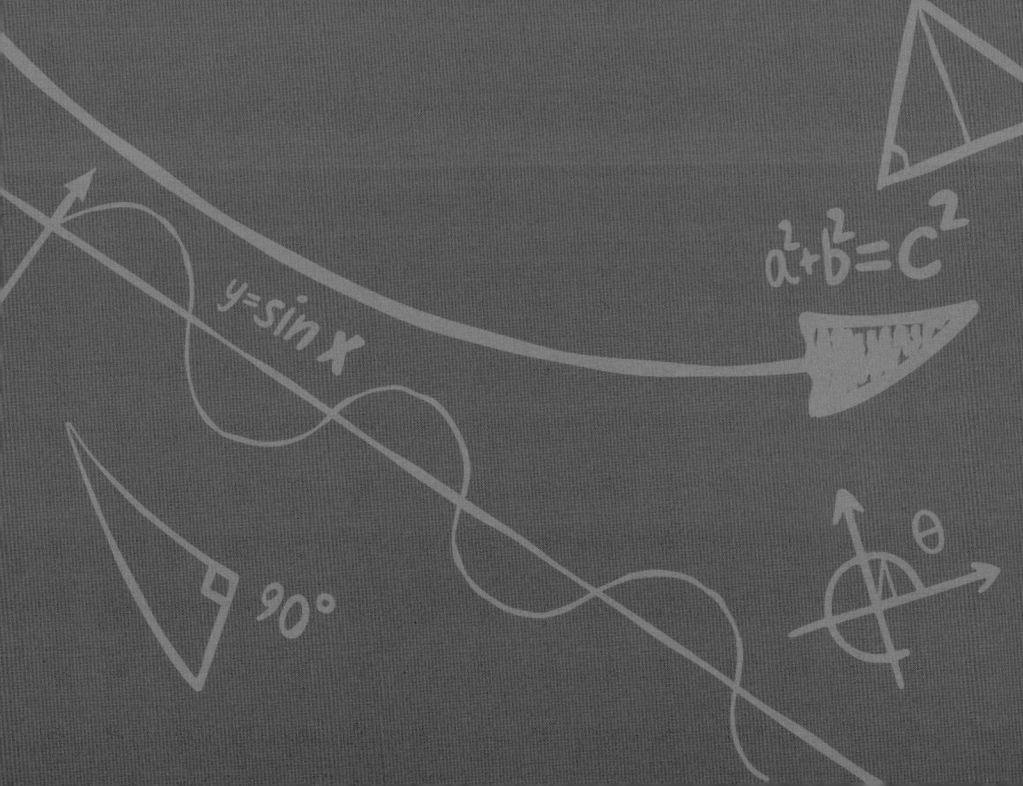

동일한 문제에서 수백만 개까지는 아니더라도 수천 개의 삼각형을 사용한다면 어떻게 될까? 삼각형 한두 개만으로도 열기구의 위치를 파악하는 문제를 풀 수 있었다. 그보다 수십 배, 수백 배 많은 삼각형을 사용한다면 어떤 일을 할 수 있을지 상상해보라!

수학에서는 연속적인 삼각형(혹은 어떤 형태라도 괜찮다)들의 집합을 '메시$_{mesh}$'(흔히 그물눈 또는 그물코라고 번역)라고 부른다. 메시는 보통 사람들이 그물 또는 망(예컨대 고기잡이 그물처럼)이라 부르는 것에 더 가깝지만, 수학에서는 어떤 형태를 펼칠 때 '그물$_{net}$'이란 용어를 이미 사용해왔다. '격자$_{lattice}$'란 단어는 메시의 일종이지만 더 질서 있고 더 규칙적인 형태에 사용한다. 우리는 온갖 삼각형을 더 자유롭게 혼합하고 일치시켜 흘러내리는 유연한 직물을 만들길 원한다. 그래서 여기서는 '메시'라는 용어를 사용할 것이다.

무엇이든지 삼각형이 될 수 있다. 즉, 어떤 형태의 표면이건 그

위를 삼각형으로 완전히 덮을 수 있다. 그렇게 덮은 삼각형들은 그 표면을 근사한 삼각형 메시를 이룬다. 이제 그 표면은 삼각형들로 이루어진 거나 다름없다. 이 삼각형들의 크기와 수는 삼각형으로 뒤덮인 새 표면이 원래의 표면과 얼마나 비슷할지를 결정하는데, 그것은 단순히 노력과 의지와 예산의 문제이다. 직사각형 메시는 예산을 아무리 많이 투입하더라도 이런 수준의 다재다능함에 이르지 못한다. 어떤 것들은 수학적으로 아예 불가능한데, 그것도 어떻게 손쓸 수도 없는 방식으로 그렇다.

건축가들이 직사각형 창문에 얼마나 집착하는지는 이미 앞에서 보았지만, 비단 전통적인 직육면체 건물에서만 그러는 게 아니다. 많은 현대 건물은 표면이 평면이 아니며, 세계 곳곳의 도시에서 온갖 종류의 흥미로운 건물 표면이 등장하고 있다. 구조적 안정성 문제를 제쳐놓는다면, 삼각형과 직사각형은 평평한 표면을 만드는 데 똑같이 좋다. 하지만 곡률을 조금이라도 도입하는 순간, 또다시 삼각형이 유리하다. 건축가는 표면을 직사각형 유리 패널로 덮을 수 있을 때 가장 행복을 느낀다. 하지만 여기에는 현실적인 문제와 수학적인 문제가 있다.

현실 세계에서 네 꼭짓점이 반드시 평평한 형태를 이룬다는 법은 없다. 만약 네 점이 모두 같은 평면에 정렬돼 있지 않다면, 평평한 유리판으로 네 점을 모두 연결할 수 없다. 이와는 대조적으로 세 점은 정의상 항상 같은 평면에 있다. 삼각형은 항상 평평하다. 삼각형 메시는 항상 유리판으로 채울 수 있지만, 직사각형 메시는 그렇지 않다.

평평한 직사각형으로 거의 모든 표면을 만드는 것은 수학적으로 불가능하다. 평평한 판으로 덮을 수 있는 표면은 두 가지밖에 없다. 첫째, 도넛 표면은 직사각형으로 만들 수 있다. 건축가가 설계한 스케치를 넘길 때, 가끔 공학자는 건축가가 원하는 도넛 표면에 충분히 가까운 원환면 torus 부분을 찾을 수가 있다. 그리고 인디애나 존스처럼 민첩하게 그 원환면으로 교체하고는 제발 들키지 않길 기도한다. 하지만 건축가는 종종 그것을 알아채고서 커다란 둥근 바위를 굴려 터널 안에서 공학자들을 쫓아내려 든다.

둘째, 겉으로는 복잡해 보이지만 동일한 형태의 곡선으로 이루어진 표면이 있다. 이러한 표면도 직사각형으로 만들 수 있다. 예리한 눈을 가진 사람은 이를 알아본다. 이것들은 수학적으로 두 선을 일종의 '곡선 곱셈' 방식으로 결합함으로써 만들 수 있다. '평행이동 표면 translation surfaces'이라 부르는 이 표면은 제한적인 상황에서는 잘 성립하지만, 더 큰 구조물은 표면 전체에 걸쳐 다양한 형태를 구현하기 어렵다. 곡률이 일단 결정되면, 그 값은 전체 구조물에서 똑같이 유지되어야 한다. 결국 건축가가 직사각형을 고집한다면, 공학자가 고를 수 있는 선택지는 도넛(원환면)과 평행이동 표면밖에 없다.

삼각형 메시는 어떤 일이건 할 수 있다. 덮어야 할 어떤 표면이 있는가? 삼각형이 등장하는 순간 이미 그 일은 끝난 거나 다름없다. 표면을 삼각형으로 나누는 것이 문제가 되는 건 사용할 수 있는 삼각형의 종류에 제한이 있을 때뿐이다. 이것은 제작이 단순한 형태를 원하는 건축가와 결합하기 쉽고 튼튼한 건물을 만드는 형태를 원하는 공학자 사이에 오랫동안 지속돼온 줄다리기 문제로 다시 돌아가게 한다.

용접 전쟁

2000년대 초에 한 건축 회사가 바르셀로나에서 새로운 고층 호텔을 설계하면서 옥상에 UFO 모양의 바를 만들기로 결정했다. 그들은 아래쪽을 콘크리트로 접시 형태를 만들고 그 위에 유리 돔을 얹어, 마치 고전적인 SF 영화에 나오는 UFO가 건물 위에 막 착륙한 것처럼 보이는 구조를 구상했다. 이 구조는 지상에서 100m 이상 되는 높이에 있었다. 콘크리트로 접시 형태를 만드는 작업은 쉬웠다. 철근으로 보강만 충분히 한다면, 콘크리트를 부어 어떤 형태로든 만들 수 있다. 하지만 유리 돔을 만드는 일은 다소 어려움이 따랐다.

건축가의 비전을, 모든 조각이 빈틈없이 딱 들어맞는 물리적 유리 조각 형태로 구현하는 과제는 내 공학자 친구 폴 셰퍼드가 맡았다. 설계자들은 직사각형으로는 그 일을 할 수 없다고 인정했다. 하지만 삼각형 유리판을 만드는 것도 결코 쉬운 일이 아니었으므로, 건축업자는 폴에게 가능하면 사용하는 삼각형의 종수를 줄이라고 요구했다. 그러면 몇 가지 유형의 유리판만 제작해도 되고, 교체가 필요할 경우를 대비한 예비 부품도 몇 종류만 보관하면 되기 때문이었다. 만약 모든 삼각형이 다 다르다면, 준비해야 하는 예비 부품은 돔의 완전한 복제본이 되고 말 것이다!

나는 이 문제를 어떻게 하면 해결할 수 있을지 생각해보기로 했다. 나는 단 한 종류의 삼각형으로 만들 수 있는 '가장 구형에 가까운' 형태를 찾아보았는데, 그 결과 '디스디아키스 트리아콘타헤드론 disdyakis triacontahedron'('삼각형이 네 개씩 묶인 집단이 30개 모여 120개 면을 이룬 형태'라는 뜻. 30면체를 이루는 각 마름모꼴 면의 중심에서 수직 방향으로 살짝 돌출된 위치에 꼭짓점을 추가해 작은 피라미드 형태를 만들어서 완성된다.)을 발견했다. 이보다 더 많은 동일한 삼각형을 공 모양으로 배치할 수는 없다. UFO는 최종 형태가 조개처럼 생겼기 때문에, 디스디아키스 트리아콘타헤드론은 절반이 필요한 게 아니라, 위쪽 3분의 1 정도만 필요하다.

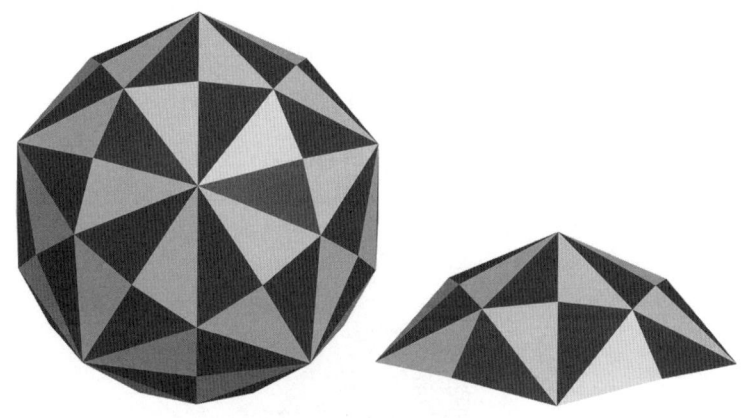

우리에게 필요한 디스디아키스 트리아콘타헤드론 꼭대기 부분.

그런데 여기에는 문제가 있다. 구형으로 만들려는 나의 의도에도 불구하고, 이 형태는 아주 뾰족해 보이며, 레트로퓨처리스틱 분위기보다는 피라미드 분위기를 더 강하게 풍긴다. 그리고 삼각형들도 너무 크다. 커도 너무 크다. 바닥에서 꼭대기까지 높이가 삼각형 2개에 불과하다. 사람이 서 있을 만큼 바를 충분히 크게 만들려면, 삼각형 유리판의 길이가 몇 m는 되어야 할 것이다. 그렇게 크면 삼각형 유리판이 받을 힘들을 고려해도 좋지 않고, 유리판을 제조하는 측면에서 봐도 좋지 않다. UFO를 오직 한 종류의 삼각형으로 만들려고 하는 것은 너무 무리한 시도이다.

디스디아키스 트리아콘타헤드론에 대해서는 걱정할 필요가 없다. 동일한 삼각형 면을 가장 많이 가진 도형이라는 기록에 걸맞은 용도가 있기 때문이다. 그것은 바로 세상에서 가장 큰 주사위이다. 여기서 '가장 큰'은 면의 개수를 뜻한다. 삼각형은 가장 단순한 형태이고, 디스디아키스 트리아콘타헤드론은 동일한 삼각형을 최대한 많이 사용해 구형으로 배열할 수 있는 형태이다. 다이스 랩Dice Lab(주사위연구소)의 수학자들은 무작위적 결과를 원하는 사람들을 위해 '삼각형이 가장 많은 구'를 사용해 120면체 주사위를 만들었다.

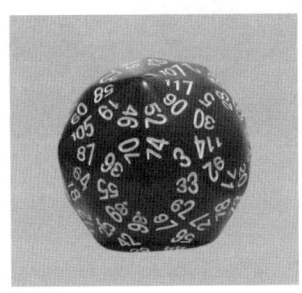

120가지 중에서 무엇을 선택해야 할지 잘 모를 때를 위해.

폴은 삼각형이 두 종류 이상 필요하리라는 것을 알고 있었기 때문에, 우선 20개의 정삼각형으로 이루어진 정이십면체를 가지고 시작했다. 그리고 각각의 면을 더 작은 삼각형들로 분할한 뒤, 그 삼각형들을 수학적으로 '들어올려' 구형에 더 가까운 형태로 만들었다. 그러면 더 매끄러운 돔을 만들 수 있는데, 대신 메시를 팽창시키는 과정에서 삼각형 모서리들이 제각각 다르게 늘어나 두 종류 이상의 삼각형이 생긴다. 폴이 UFO를 만들기 위해 선택한 구조는 여섯 종류의 삼각형 105개로 이루어져 있었다. 구형에 가까운 형태로는 이 구조가 최선의 결과이다.

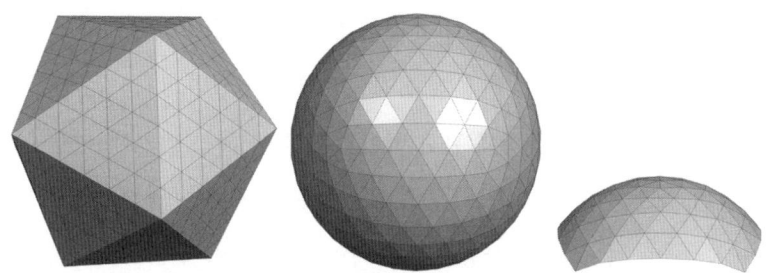

정이십면체의 표면을 많은 삼각형으로 덮은 뒤에 풍선처럼 팽창시킨다.

하지만 설계자들은 그다지 마음에 들어 하지 않았다. 그들은 모든 삼각형이 똑같길 기대했다! 그러자 폴은 공학 일을 내팽개치고, 한 종류의 삼각형만 사용하는 것은 불가능하다고 설득하는 방법을 찾느라 자신의 생애 중 일주일을 보내야 했다. 결국 여섯 종류의 삼각형을 모두가 받아들였고, 폴은 최종 설계 작업에 들어갔다. 그러다가 마지막 장애물이 나타났다. 설계자들은 가장자리가 마음에 들지 않았다.

폴은 돔의 가장자리가 삼각형의 직선 모서리를 따라가게 하려고 구상했다. 다른 곳에서 '잘라내면' 삼각형들이 쪼개지기 때문이었다. 그의 설계안에 따르면, 상부 유리판과 하부 콘크리트 사이의 이음새가 완전히 평평하지 않았다. 틈새를 채워야 할 작은 부분들이 있었다. 건축가들은 "UFO는 그렇게 생기지 않았잖소?"라고 말했다. 이를 듣고 웃음이 나오기 쉬운데, 왜냐하면 진지한 건축가들이 SF에 나오는 어떤 개념의 객관적 속성을 놓고 논쟁을 벌이는 모습이기 때문이다. 하지만 나는 이해한다. 고전적인 UFO가 어떻게 생겼는지는 모두가 잘 안다.

폴은 추가로 여섯 종류의 유리판 형태를 설계해야 했는데, 그중 일부는 틈을 메우는 데 사용할 삼각형 부분들이었다. 나는 건축가와 공학자가 대립하는 상황에 관한 이야기를 많이 하는 편인데, 매우 재미있기 때문이다. 하지만 현실에서는 서로 대립하는 힘들이 충돌하면서도 구조적 실현 가능성과 전반적인 미학 사이에 만족스러운 조화를 이끌어내는 경우가 많다. 나는 현대 건축을 사랑하며, 그래서 이 두 진영 사이에 지속되는 갈등을 긍정적으로 바라본다. 나는 모든 건물이 지루한 직육면체 형태가 되길 원치 않으며, 동시에 멋진 건물

이 무너지는 것도 원치 않는다.

　나는 바르셀로나 UFO를 아름다움과 구조적 안정성 사이에서 최선의 지점을 찾은 균형의 마스코트로 생각하고 싶다. 폴은 최종 결과물에 매우 큰 자부심을 가져, 약혼자에게 프러포즈를 할 때 그 UFO에서 식사를 하기로 했다. 그런데 약혼자의 직업이 무엇인지는 아마 여러분은 상상도 못 했을 것이다. 그녀의 직업은 건축가였다.

모든 것은 삼각형이다

　UFO에 삼각형이 몇 종류나 필요한지 논의하던 중에 건축가들은 오직 한 가지 삼각형만 반복 사용해 만들 수 있는 구조의 예로 대영박물관 지붕을 언급했다. 유럽에서 가장 넓은 실내 공공 광장을 덮고 있는 이 유리 메시는 삼각형의 힘을 여실히 보여주는 증거이다. 하지만 이 지붕은 건축가들이 주장하는 것과는 정반대의 사례이다. 대영박물관 지붕의 3212개 삼각형은 동일한 삼각형을 최대한 사용하는 이점을 무시하고서 모두 제각각 아주 독특하다(다만 전체 구조가 대칭적이어서 각 삼각형의 반대편에는 자신과 동일한 거울상 쌍둥이가 존재한다).

　지붕 설계자들은 유리로 만들길 원한 연속적인 표면을 선택하고는 그것을 삼각형으로 덮는 작업은 공학자들에게 맡겼다. 그 작업은 컴퓨터상에서 안뜰 바닥에 삼각형들을 말끔하게 배열한 다음에 그것들을 '위로 투영'하는 방법으로 이루어졌다. 즉, 각 꼭짓점이 마치 해방된 헬륨 풍선처럼 위로 두둥실 떠올라 천장에 가 닿았다. 그러고 나서 코드를 통해 삼각형의 꼭짓점들이 디지털 공간에서 유연하게 이완되고 흔들리면서 일부 불연속적인 부분이 반반해지도록 했다. 5000번의 수정 끝에 모든 삼각형이 멋지면서도 균일하게 분포되었다. '동적 이완dynamic relaxation'이라고 부르는 이 과정은 지붕에서 가장 큰 삼각형이 제작 가능한 유리판의 최대 크기를 초과하지 않도록 하는 데에도 쓰였다.

꼭짓점들이 조금씩 움직이면서 최적의 위치에 안정적으로 자리 잡게 하는 이 단계 덕분에 모든 삼각형이 독특한 형태를 갖추게 되었다(좌우 대칭 쌍은 제외하고). 이것은 의도적으로 계획한 공학적 결정임이 분명한데, 3212가지나 되는 형태를 사용하기보다는 가짓수를 제한할 수도 있었기 때문이다. 나는 그들이 이런 결정을 내린 것이 마음에 든다. 표면을 최대한 유동적으로 표현할 수 있는 자유를 준 덕분에 정말로 멋진 건축 작품이 탄생했다고 본다.

이 지붕이 본보기를 보여준 것(공학과 설계의 조화로운 결합, 런던처럼 분주한 도시에서 인상적인 새로운 공공장소, 대영박물관에 있는 진짜 영국 작품)이 많지만, 그렇지 못한 것도 하나 있다. 그것은 바로 단 한 종류의 삼각형만으로 만들어낼 수 있는 형태의 본보기가 되진 못한다는 점이다. 오히려 이 지붕은 사용할 수 있는 삼각형의 종류에 제한이 없다면 표면이 얼마나 복잡해질 수 있는지를 보여주는 본보기라 할 수 있다.

나는 내 말을 증명하기로 결심하고, 삼각형으로 내 얼굴을 만들어보기로 했다. 아이폰 앞쪽에 있는 트루뎁스TrueDepth 카메라는 수십만 개의 점을 투사해 그 앞에 있는 3차원 물체를 스캐닝한다. 얼굴 모양을 감지해 스마트폰 잠금을 해제하는 용도로 설계된 이 점들은 적외선을 사용하기 때문에 사람 눈에는 보이지 않는다. 카메라가 물체 스캐닝을 할 때 생성되는 모든 점의 3차원 좌표를 내보낼 수 있기 때문에, 나는 여러분에게 3D 나를 보여줄 수 있다.

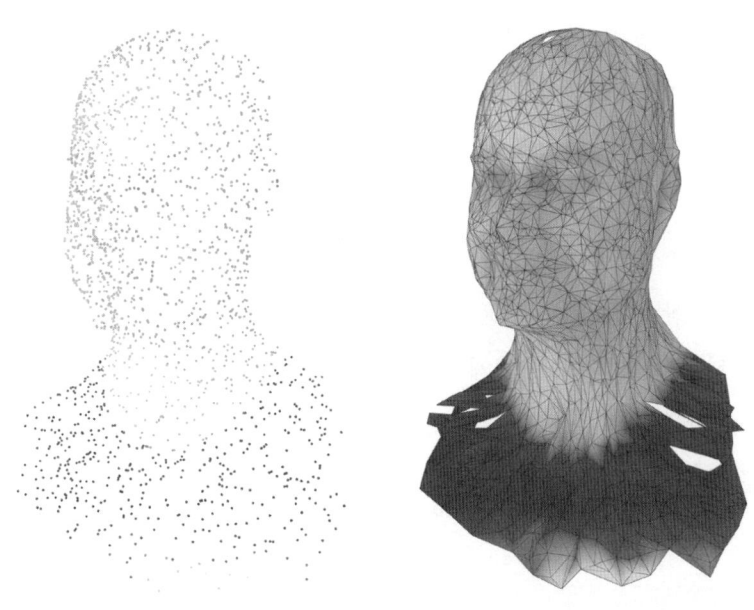

왼쪽은 3차원 공간에 있는 점들의 집합이다. 오른쪽은 이 점들을 연결해 삼각형들을 만듦으로써 내 머리를 정확하지만 섬뜩한 버전으로 재현한 것이다. 어떤 점들의 집합이든 점들을 연결해 삼각형들을 만드는 방법은 아주 많으며, 그래서 그것을 '훌륭한' 방식으로 할 수 있는 알고리듬들이 개발되었다. 들로네 삼각 분할Delaunay triangulation

도 그런 방법 중 하나인데, 이 방법은 특히 작은 각도들을 피한다. 혼란스러운 표현을 즐긴다면, 이 방법은 '최소각을 최대화'한다고 말할 수 있다. 메시에서 가장 작은 각도를 최대한 크게 하는 것이 편리한데, 그러면 '슬리버 삼각형sliver triangle' 수를 줄일 수 있기 때문이다. 슬리버 삼각형은 매우 가늘고 긴 삼각형으로, 메시 전체를 가로지르며 뻗어나가기 때문에 작업을 어렵게 만든다.

나는 해상도를 낮춰 내 얼굴을 약 1000개의 점으로 줄여서 나타내기로 했고, 그래서 결과물을 적절히 삼각형으로 분할된 모습으로 나타나게 했다. 입과 눈이 없어졌지만, 그래도 내 머리와 엇비슷하게 근사한 형태라고 생각한다.(머리 위쪽이 매끄러운 구로 근사된 것은 삼각형의 잘못이 아니라 자연의 탓이다!)

이 삼각형들의 집합은 3D 프린터만 있으면 최악의 핼러윈 가면이 될 수 있겠지만, 이렇게 점들의 집합을 가상 삼각형 메시로 바꾸는 방법을 또 어떤 곳에 응용할 수 있을까 하고 궁금한 사람들이 있을 것이다. 음, 그래서 내가 세 가지 예를 준비했다!

3D 프린팅

3D 프린팅은 삼각형에서 시작해 삼각형으로 끝난다. 요컨대, 3D 프린팅은 디지털 3D 모형을 만들어 3D 프린터로 전송하면, 프린터가 한 층씩 쌓아가면서 원하는 형태를 만든다. 그러다가 갑자기 뭔가가 잘못되어 엉망이 될 수 있는데, 그러면 잘못된 것을 눈치챈 당신

은 욕설을 내뱉은 뒤 프린팅 과정을 처음부터 다시 시작하고, 이번에는 그 자리에 앉아 뭔가 잘못된 일이 일어나지나 않을까 하고 몇 시간이고 지켜본다. 내가 들은 바에 따르면 그렇다.

3D 프린팅에서 가장 일반적인 파일 형식은 STL 파일인데, STL이 실제로 무엇의 약자인지 확실히 아는 사람은 아무도 없는 것 같다. 어떤 사람은 'stereolithography(광경화성 수지 적층 조형)'의 약자라고 주장하는데, 이 말은 3차원 층들을 차례로 인쇄한다는 뜻이다. 하지만 나는 'Standard Triangle Language(표준 삼각형 언어)'의 약자라는 주장에 더 마음이 간다. STL 파일의 실제 구조는 그저 삼각형들의 긴 목록이다. 실제로 STL 파일을 텍스트 파일처럼 열 수 있는데, 그 안에는 삼각형들이 계속 반복적으로 나열돼 있다. 각각의 삼각형은 세 꼭짓점을 나타내는 세 좌표로 기록되며, 편의를 위해 '법선 벡터'도 포함돼 있다.(법선 벡터는 각 삼각형에서 어느 쪽이 '바깥쪽'과 '안쪽'인지 나타내는 벡터이다.)

나는 제임스매디슨대학교의 수학 교수이자 수학 3D 프린팅 전문가인 내 친구 로라 탈먼Laura Taalman에게 연락했다. 로라는 자신이 좋아하는 STL 파일을 하나 보내주겠다고 했는데, 그것은 정육면체의 3D 모형이었다. 정육면체는 삼각형과는 거리가 멀지만, 나는 파일 내부를 살펴보다가 삼각형 12개의 목록을 발견했는데, 삼각형은 둘씩 짝을 이루어 정육면체의 여섯 면을 나타냈다. 그 파일은 크기가 아주 작아서 전부를 이 책에 실을 수 있다. 각 정사각형 면에서 두 삼각형은 완벽하게 짝을 이루어 붙어 있으므로, 3D 뷰어 프로그램에서 파일을 열었을 때 그것은 완벽하게 정상적인 정육면체처럼 보였다.

```
solid OPENSCAN_model
    facet normal -0 0 1
        outer loop
            vertex 0 1 1
            vertex 1 0 1
            vertex 1 1 1
        endloop
    endfacet
    facet normal 0 0 1
        outer loop
            vertex 1 0 1
            vertex 0 1 1
            vertex 0 0 1
        endloop
    endfacet
    facet normal 0 0 -1
        outer loop
            vertex 0 0 0
            vertex 1 1 0
            vertex 1 0 0
        endloop
    endfacet
    facet  normal  -0  0  -1
        outer loop
            vertex 1 1 0
            vertex 0 0 0
            vertex 0 1 0
        endloop
    endfacet
```

```
facet normal 0 -1 0
    outer loop
        vertex 0 0 0
        vertex 1 0 1
        vertex 0 0 1
    endloop
endfacet
facet  normal  0  -1  -0
    outer loop
        vertex 1 0 1
        vertex 0 0 0
        vertex 1 0 0
    endloop
endfacet
facet normal 1 -0 0
    outer loop
        vertex 1 0 1
        vertex 1 1 0
        vertex 1 1 1
    endloop
endfacet
facet normal 1 0 0
    outer loop
        vertex 1 1 0
        vertex 1 0 1
        vertex 1 0 0
    endloop
endfacet
facet normal 0 1 -0
```

```
            outer loop
                vertex 1 1 0
                vertex 0 1 1
                vertex 1 1 1
            endloop
        endfacet
        facet normal 0 1 0
            outer loop
                vertex 0 1 1
                vertex 1 1 0
                vertex 0 1 0
            endloop
        endfacet
        facet normal -1 0 0
            outer loop
                vertex 0 0 0
                vertex 0 1 1
                vertex 0 1 0
            endloop
        endfacet
        facet  normal  -1  -0  0
            outer loop
                vertex 0 1 1
                vertex 0 0 0
                vertex 0 0 1
            endloop
        endfacet
    endsolid OpenSCAD Model
```

그래, 이건 정육면체야!

정육면체보다 더 복잡한 것을 인쇄하려면 3D 모형을 더 많이 사용해야 한다. 하지만 그래도 그것들은 여전히 삼각형들의 목록이다─단지 그 수가 더 많을 뿐이다. 나의 전작인 『4차원에서 만들 수 있는 것과 할 수 있는 것 Things to Make and Do in the Fourth Dimension』을 위해 로라는 친절하게도 서로 맞물린 고리 3개(보로메오 고리 Borromean Rings라고 부르는 이 고리는 하나를 풀면, 나머지 둘도 저절로 해체되는 성질이 있다)를 3D 프린팅으로 만들어주었다. 로라는 나를 위해 그 고리의 STL 파일을 열어 거기에 포함된 삼각형 수를 세어 1만 9565개라고 알려주었다.

물론 특정 3D 프린터가 실제로 만들 수 있도록 STL 파일을 층들로 변환하는 똑똑한 소프트웨어가 있다. 이 소프트웨어는 온갖 종류의 내부 충전과 지지대를 자동으로 추가해준다. 하지만 모형 자체는 항상 삼각형의 목록일 뿐이다. 내가 확인해보았더니, 로라가 디스디아키스 트리아콘타헤드론의 틀을 인쇄할 수 있는 모형을 인터넷

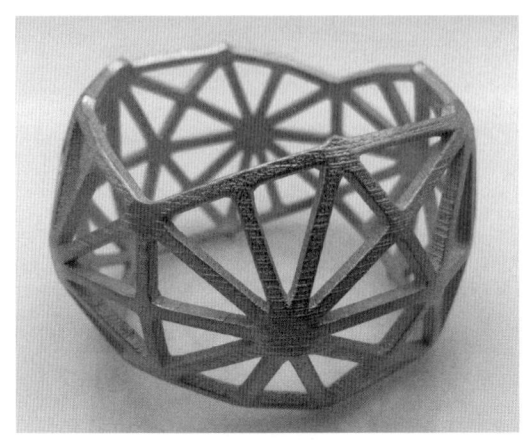

황금 삼각형들로 만든 삼각형들

에 올려놓은 게 있었다. 당연히 그럴 것이다. 그 형태 자체는 120개의 삼각형으로 이루어져 있지만, 모든 가장자리를 3D 프린팅으로 인쇄하려면 11만 5200개의 삼각형이 필요할 것이다. 그리고 당신이 찰 수 있는 것 중에서 가장 특출한 팔찌를 프린트하기 위해 그 형태에서 중간 부분만 금(실은 금으로 도금한 청동)으로 3D 프린팅하는 선택도 있다.

시각 효과

이 작업은 아주 쉬우리라고 생각했다. 내 친구 중에 시각 효과를 연구하는 유제니 본 툰젤만 Eugénie von Tunzelmann이 있다. 로라의 경우와 마찬가지로 유제니에게 이메일을 보내 VFX(시각 효과)에 삼각형 메시가 사용되는 좋은 예(예컨대 모두가 들어본 적이 있는 영화 몇 편)를 몇 가지 알려달라고 정중하게 요청하면, 이 절은 쉽게 끝나리라고 예상했다. 하지만 유제니의 답장은 분명히 새로운 소식들로 가득 차 있었다. 꼭 '나쁜 소식'은 아니었다.

우리는 VFX에서 삼각형 메시를 사용하길 원치 않아. 절대로.

나는 헤론의 공식 이후로 이처럼 큰 충격을 받은 적이 없었다. 나는 이 절의 전체적인 계획을 이미 세워놓고 있었다! 변명하자면, 비디오 게임 산업은 그들의 컴퓨터 생성 이미지(CGI)에 온갖 삼각형 메시를 사용한다. 삼각형은 단 3개의 변으로 이루어져 있어 계산하기가 빠르며, 비디오 게임은 CGI를 얼마나 많은 초당 프레임으로 처리할 수 있느냐가 중요하다. 하지만 영화는 시간 여유가 있다. 모든 시각 요소는 한번 렌더링rendering(컴퓨터 그래픽스에서 3D 모형이나 이미지, 애니메이션 등을 화면에 실제로 표시할 수 있도록 계산하여 만드는 과정)되면, 영화가 출시된 후에는 변경할 필요가 없다(조지 루카스 George Lucas가 원하지 않는 한).

영화와 TV 산업을 위한 CGI를 제작할 때에는 모든 메시가 삼각형이 아니라 4개의 변을 가진 사각형을 기반으로 한다는 사실을 알게 되었다. 이러한 '사각형 메시'는 렌더링하는 데 더 오랜 시간이 걸리지만, 여러 가지 이유로 더 나은 시각적 결과를 내놓는다. 나는 삼각형 방식에 너무 매몰돼 있지는 않으며, 다른 메시가 더 적합하다면 그것을 인정한다. 그래서 여기에 사각형 메시의 유용성을 몇 가지 소개하려고 한다.

사각형 메시의 가장 큰 장점은, 짝을 이루어 마주 보는 변들 때문에 쌓기가 아주 편리하다는 점이다. 그래서 가장자리가 깔끔하게 정렬된 사각형들의 긴 사슬을 만들기가 쉬운데, 이 특성은 삼각형을 사용해 재현하기가 어렵다. 메시에서 이러한 형태들의 사슬을 '에지 루프edge loop(가장자리 고리)'라고 부르는데, 현실적인 훌륭한 렌더링을 만들려면, 에지 루프는 예리해 보이게끔 표면의 가장자리, 경계, 접힌 부분을 따라 정렬하는 것이 이상적이다. 사각형 메시는 물리적 물체의 윤곽과 가장자리를 따라 깔끔하게 정렬하기가 편리하므로, 그 표면을 더 현실적으로 근사할 수 있다.

사각형 메시는 또한 '표면 세분화surface subdivision' 과정에도 더 잘 반응하는데, 이것은 CGI 세계의 '확대와 선명도 향상'에 해당한다. 사용할 수 있는 알고리듬은 루프Loop, 캣멀-클라크Catmull-Clark, 변형된 나비Modified Butterfly, 코벨트Kobbelt처럼 재미있는 이름을 가진 것이 여러 가지 있지만, 모두의 목표는 동일하다. 메시를 더 작은 형태로 분할해 최종 렌더링의 해상도를 높이는 것이다. 사각형 메시는 이 과정에

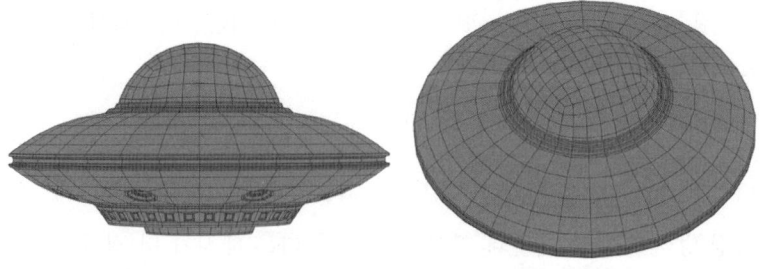

스타십 루퍼스 Starship Loopers: 에지 루프가 깔끔하게 배열된 CGI UFO의 사각형 격자.

더 잘 반응하여 훨씬 매끄러운 결과를 내놓는다.

마지막으로 전통이 있다. VFX에서 초기의 3D 표면은 공학자들이 사각형으로 표면을 만들어야 할 때 사용하는 평행이동 표면과 정확하게 똑같이 만들어졌다. 두 곡선을 곱하는 이 과정은 항상 사각형 메시를 생성하며, 임의의 표면을 메시로 변환하기가 계산적으로 불가능할 때 많이 사용되었다. 이 방법은 이제 정착되었고, 영화 산업은 계속 사각형을 선호하며, 이를 다루기 위해 더 발전된 도구까지 갖추고 있다. 더 너그러운 관점에서 말한다면, 사각형 격자는 만들고 조작하기가 아주 쉬워서 애초에 CGI 세계를 시작하게 한 것도 바로 사각형 격자였다.

하지만 업계에서 사각형 메시 산업만 유일하게 승승장구하는 상황 때문에 치러야 하는 대가도 있다. 유제니는 3D 모델링과 컴퓨터 게임이 모두 삼각형 메시를 사용하기 때문에, 대다수 의뢰인은 기존의 3D 모형을 갖고 있으며, 이상적인 스톡 모형을 자산 라이브러리 asset library에서 찾았을 경우, 그것은 거의 예외 없이 전부 삼각형 메시라고 설명했다. 물론 삼각형 메시를 사각형 메시로 바꾸는 '리토폴로지 re-topologize' 기법이 있지만, 유제니는 이 변환이 그렇게 쉽지 않으며, 메시를 수동으로 조작해야 하는 일종의 예술이라고 설명했다. VFX 업계 사람들은 사각형 메시라고 해서 그냥 아무거나 쓰진 않는다. 그들은 적절한 에지 루프와 사각형 분포를 갖춘 좋은 사각형 메시를 원하며, 그런 메시를 완성하는 데는 꽤 많은 수고가 들 수 있다.(예컨대 입자를 기반으로 한 물을 시뮬레이션할 때처럼 극단적인 경우에만 삼각형 메시가 사용되는데, 그 경우에도 메시의 삼각형이 거의 보이지 않을 정도로 아주 작아야 한다.)

그리고 마지막 폭탄선언이 나왔다. VFX 아티스트들은 그들의 사각형이 평면인지(즉, 평평한지) 아닌지에 신경 쓰지 않는다. 하지만 공학자들은 매우 신경을 쓰는데, 유리 조각이나 정말로 평평한 다른 물체를 그들의 메시에 끼워 넣어야 하기 때문이다. 하지만 가상 세계에서 이것은 전혀 중요하지 않다.

우리는 '평면이 아닌 사각형'을 허용하는데, 이것은 데이터 관점에서는 여전히 사각형으로 간주되지만, 수학적으로는…… 글쎄, 그것은 그냥 두 개의 삼각형이 아닌가?

그렇다, 이 문장은 유제니가 한 말이다. 사각형 메시에 대해 이 모든 이야기를 하고 나서 유제니는 그것들이 실제로는 처음부터 그냥 삼각형 메시였다는, 아이러니에 가까운 비밀을 알려주었다. 다만, 모든 삼각형이 짝을 이루어 하나의 사각형을 만들도록 연결된 특별한 형태의 삼각형 메시라는 점이 일반적인 임의의 삼각형 메시와는 다르다. 그래서 나는 이해했다. 이 메시를 정의하는 요소는 바로 사각형적 특성이라는 것을. 하지만 실제로 그 격자가 처리되고 렌더링될 때, 컴퓨터는 모든 사각형을 2개의 삼각형으로 취급한다.

나는 사용된 삼각형의 수가 얼마나 되는지 알고 싶었는데, 이번이 처음은 아니지만, 한 친구가 비밀 유지 서약 때문에 내 책에 자신들의 작업물을 예로 사용할 수 없다고 말했다. 유제니는 '쥐라기 월드' 프랜차이즈에서 상을 받은 이력이 있는 작업을 했지만, 티라

노사우루스 렉스에 사용된 삼각형의 수를 말할 수 없었다. 원한다면 '삼각형사우루스 렉스'라는 뜻으로 '트리앙굴로사우루스 렉스 Triangulosaurus rex'라고 불러도 좋을 것이다. 하지만 유제니는 일반적으로 현대 영화에서 인간 캐릭터는 약 50만 개의 메시로 형태를 이룬다고 알려주었다. 그러니 단 1000개의 삼각형으로 이루어진 나의 셀카 메시가 이상해 보인 것은 전혀 이상한 일이 아니다.

공학

공학자들도 표면을 삼각형으로 분할하는데, 삼각형으로 구조물을 만들고 싶어서 그러는 게 아니라, 구조가 무너지지 않도록 확실히 보장하기 위해 그런다.

'유한 요소 해석 finite element analysis'은 구조나 물체를 개별적으로 분석할 수 있는 구성 부분들로 쪼개는 과정이다. 인간은 수백 년 동안 힘들을 잘 이해해왔지만, 공학자들은 컴퓨팅 파워 부족 때문에 이 지식을 전체 구조에 적용하는 데 제약이 있었다. 다행히도 컴퓨팅 파워는 컴퓨터 성능이 향상되면서 점점 증가하고 있다. 직육면체에서 벗어난 건축물이 등장한 시기가 전자 컴퓨터 시대와 맞물린 것은 결코 우연이 아니다.

완벽한 세계에서는 슈퍼컴퓨터가 (어쩌면 원자 하나하나에 이르기까지) 전체 구조에 걸쳐 변하는 힘들을 모두 계산할 수 있겠지만, 현재로서는 건물을 완벽하진 않아도 계산에 적합할 정도로 충분히 작은 단위로 나누는 것이 최선이다. 이러한 유한 요소를 건물이나 엔진 부품, 날개 혹은 작용하는 힘을 계산해야 하는 모든 대상의 '픽셀'로 생각할 수 있다.

여기서 익숙한 반전이 등장한다. 모든 유한 요소 해석이 삼각형 메시로 이루어지는 것은 아니다. 건물이나 들보는 사실상 직사각형에 아주 가까운 형태를 띠는 경우가 가끔 있는데, 이 경우에는 사각형 메시가 더 적합하다. 이것은 VFX의 에지 루프 문제와 매우 비슷하다. 건물에서 흔히 나타나는 직각 가장자리에는 사각형 메시가 더 쉽게 일치하기 때문이다. 그래서 사각형 팀이 1승 추가! 게다가 이것들은 VFX에서 활개 치는 두 삼각형이 아니라, 진짜 사각형이다.

하지만 이것은 특정 구조에만 해당한다. 만약 공학자가 복잡한 형태를 지닌 기계나 건물 일부를 분석해야 한다면, 결국에는 삼각형 메시가 필수적이다.

나는 다시 폴에게 연락해, (비밀 유지 서약에 묶이지 않아!) 내게

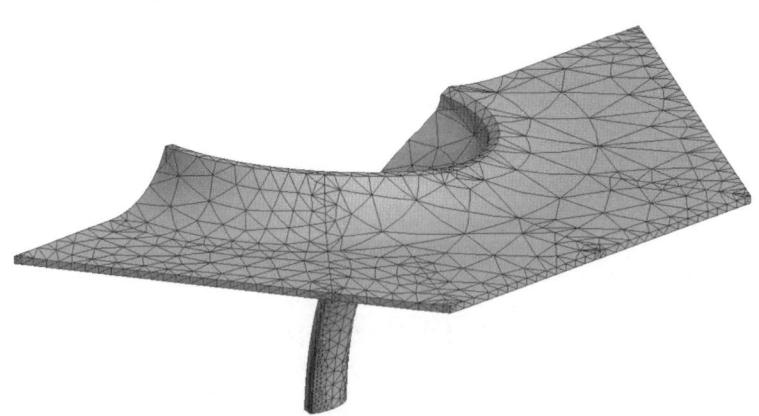

육각형을 만드는 데 표준적으로 필요한 6개보다 더 많은 삼각형이 사용되었다.

제공할 수 있는 구조 중에서 유한 요소 해석을 한 게 있는지 물었다. 그러자 그는 독일 슈투트가르트의 한 기차역에서 햇빛 차단막 역할을 하는 육각형 콘크리트 셸 파일을 보내주었다. 이 구조물은 한 축을 따라 대칭적이었기 때문에, 그는 절반만 설계한 뒤에 그것을 반전시켜 나머지 절반을 완성할 수 있었다. 그리고 그 구조물은 흐르는 유기적 형태여서, 모든 것이 삼각형으로 만들어졌다.

이미지에서는 볼 수 없지만, 사실이 육각형 콘크리트 구조의 모든 것이 사면체, 즉 3D 삼각형들로 분할돼 있었다! 표면 메시뿐만 아니라, 구조 전체를 채우고 있는 3D 메시도 전부 다 삼각형으로 이루어져 있었다.

잡음

1997년에 무작위적 잡음이 아카데미상을 받았다. 여기서 나는 '잡음noise'이란 단어를 청각적이건 시각적이건 무작위적 신호를 가리키는 수학적 의미로 사용한다. 낡은 TV에서 주파수가 맞지 않아 지지직거리는 흑백 화면도 그러한 잡음의 한 예이다. 현대 세계에서는 디지털 신호가 오류를 일으킬 때 나타나는 이상한 색상 패턴도 잡음으로 간주할 수 있다. 무의미하면서 매우 분주한 신호는 모두 잡음이다.

잡음이 아카데미상을 받은 것은 현대 영화에 대한 신랄한 비평처럼 들릴 수 있지만, 기술적 측면에서는 엄연한 사실이다. 컴퓨터과학 교수 켄 펄린Ken Perlin은 1982년에 영화 〈트론Tron〉을 제작하는 과정에 참여했는데, 일부 시각 효과에 사용된 '무작위적' 잡음에 만족하지 못했다. 우리는 평생을 무작위성의 바다에서 헤엄치며 살아가는데, 무작위성에 너무나도 푹 젖어 살다 보니 그것이 존재한다는 사실조차 종종 잊어버린다. 그러다가 컴퓨터 그래픽스를 사용해 현실을 처음부터 끝까지 있는 그대로 시뮬레이션하는 작업을 하게 되면 상황이 달라진다. 갑자기 작업한 모든 것이 인공적으로 보인다. 작업물에 현실적인 무작위성을 도입해야만 자연스러운 모습을 회복할 수 있다. 나무에 달린 잎의 위치, 닳고 파인 보도의 질감, 손으로 그린 선의 미세한 흔들림— 이 모든 것이 자연스럽게 보이려면 어느 정도의 무작위성이 필요하다.

켄은 정말로 훌륭한 방법을 개발해 현실감 있는 무작위적 잡음을 생성함으로써 디지털 효과를 높였다. 그가 받은 아카데미상은 특정 영화에 주어진 것이 아니라, 그의 잡음 뒤에 숨어 있는 개념 자체에 주어진 것이었다. 그는 '영화 시각 효과용 컴퓨터 생성 표면에 자연스럽게 보이는 질감을 생성하는 기술'을 개발한 공로로 아카데미 기술 공로상(일반적으로 TV로 중계되지 않는 부문)을 수상했다.

나는 VFX 전문가 친구인 유제니에게 켄의 무작위적 잡음을 자신의 작업에 얼마나 자주 사용하느냐고 물어보았다. 유제니는 너무 자주 사용하다 보니 특정 예를 떠올리기 어려울 정도로 광범위하게 사용한다고 말했다. 그러고는 머리에 떠오르는 대로 여러 가지 예를 줄줄 이야기했다. "자동차가 너무 새것처럼 보이지 않게 반짝이는 페인트를 약간 거칠게 만들 때, 풍경 여기저기에 나무를 배치할 때, 산꼭대기에 눈을 흩뿌릴 때에도 사용할 수 있지. 또 바위의 형태를 만들고 색을 입히는 데에도 사용할 수 있어." 훌륭한 무작위적 잡음이 없다면 현대 영화와 TV의 특수 효과는 존재할 수 없다.

무작위적 잡음 문제의 답은 단순히 '무작위 수의 사용'처럼 보일 수 있다. 그리고 솔직히 말해, 나는 무작위 수의 열렬한 팬이다. 만약 이 문제를 120면 주사위를 반복적으로 굴림으로써 해결할 수 있다면, 나는 당장이라도 그렇게 할 것이다. 하지만 그렇게 해서 해결할 수 있는 문제가 아니다.

디지털 아티스트 세브 리-델리슬Seb Lee-Delisle이 레이저 설치물을 프로그래밍할 때, 번개가 치는 장면을 현실감 있게 재현할 방법이 필요했다. 현실감 있게 보이려면 번개가 하나의 직선이 아니라, 전후좌우로 지그재그 형태로 움직여야 했다. 하지만 순수한 무작위 수를 사용하면, 번개는 좌우로 불규칙하게 건너뛰면서 단절된 형태가 되고 만다. 자연스러운 무작위성은 값이 무작위적이지만 연속적으로 변하면서 부드러움을 어느 정도 지녀야 한다. 이를 재현하려면 상당한 천재성이 필요하다. 세브는 또한 번개가 연속적으로 움직이는 동작을 반복 재생하고 싶었기 때문에, 연속적인 일련의 무작위성이 완벽하게 출발점으로 돌아가게 할 방법이 필요했는데, 이것은 결코 무작위적 작업이 아니다.

켄 펄린이 떠올린 통찰은 무작위성의 전체 풍경을 만드는 방법을 찾는 것이었는데, 그러면 사람들은 거기서 자신이 원하는 무작위성을 선택해 사용할 수 있을 것이다. 켄을 거대한 '자연적 무작위성' 들판을 가꾸는 농부라고 생각해보자. 누구든 필요하면 그 들판에서 자신이 원하는 무작위성 경로를 수확할 수 있다. 세브의 경우, 출발점으로 되돌아오는 원형의 무작위성이 필요했고, 이것은 시작과 끝이 같은 값으로 끝나는 무작위성이었다. 실제 풍경에서 무작위성 가꾸기를 실행하는 장면을 상상해볼 수 있다. 언덕과 계곡을 지나가면서 자신의 정확한 고도를 계속 기록하는 하이킹과 같다. 이것이 바로 펄린 잡음의 본질인데, 풍경이 수학적으로 생성되어 끝없이 뻗어 있다는 장점이 있다.

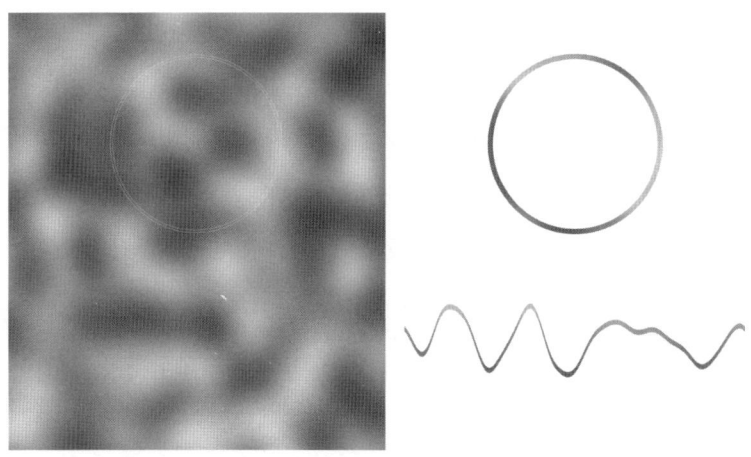

왼쪽은 펄린 잡음장인데, 거기서 한 원형 잡음을 추출했다. 그 원을 '풀어서 펼치면' 그 값들을 그래프로 나타낼 수 있고, 훌륭하고 자연스러운 무작위적 신호를 얻을 수 있다.

자세한 세부 내용을 알고 싶은 사람은 이 수학적 풍경을 배회한다고 상상해보라. 한참 걷다 보면, 이 풍경이 끝없이 펼쳐진 울타리 격자에 의해 정사각형 밭들로 나누어져 있다는 사실을 발견하게 된다. 현재 서 있는 밭의 네 모퉁이를 살펴보니, 모퉁이마다 무작위적 값이 표시돼 있다. 현재 서 있는 밭의 무작위성 값을 얻으려면, 네 모퉁이까지의 거리를 계산한 값을 해당 모퉁이의 무작위 값과 곱하고, 네 결과를 합쳐 최종 값을 얻는다.(이 과정에는 벡터와 그 밖의 재미있는 것이 많이 포함되지만, 우리는 거기까지 신경 쓸 필요는 없다.)

이것이 켄 펄린의 천재적인 아이디어였다. 어떤 장소의 값은 가장 가까운 네 모퉁이와 그 거리에 따라 정해진다. 하지만 이 값들은 한 모퉁이에서 멀어질수록 그 영향력이 점점 줄어들도록 설정돼 있다. 울타리를 뛰어넘어 다음 밭으로 들어서면, 떠난 밭에서 먼 쪽에 있는 두 모퉁이의 영향력은 0이 되고, 새로운 밭의 먼 쪽에 있는 두 모퉁이의 영향력이 커지기 시작한다. 밭에서 밭으로 이동하는 동안 격자 모퉁이들의 영향력은 내가 가까이 다가가거나 멀어짐에 따라 점점 커지거나 작아진다. 이렇게 해서 매우 부드럽게 변하는 무작위성 표면이 형성된다.

내가 음악 친구인 헬렌 아니Helen Arney와 함께 무작위성에 관한 팟캐스트를 녹음할 때, 펄린 잡음에 관해 이야기하고 싶었지만, 오직 오디오만 사용할 수 있다는 제약이 있었다.(이것은 책을 쓰는 것과는 정반대 상황이다.) 나는 펄린 잡음장을 지나가는 원형 경로를 선택하고, 무작위적 값을 음악의 음계에 매핑하여 무작위적 곡조를 만들었다. 펄린 잡음은 부드럽게 변화하기 때문에, 음을 완전히 무작위로 고른 것보다 훨씬 더 자연스럽고 흐르는 느낌의 무작위적 곡조를 만들 수 있었다. 나는 음악적 재능이 전혀 없지만, 만약 헬렌처럼 다음 기호들을 이해할 수 있다면, 그 차이를 경험할 수 있을 것이다. 아니면 이 책을 가지고 음악을 잘 아는 친구나 가족 중 가장 가까이 있는 사람에게 가서 "이 곡조를 노래로 불러봐!"라고 외쳐보라.

- 완전한 무작위적 곡조

A4, A3, A4, A3, F#4, E5, B4, D5, C#4, C#5, C#4, G#4, B3, G#4, A4, B4, F#3, F#4, G#3, E5, A4

- 펄린 무작위적 곡조

A4, D4, B3, A4, A4, F#4, B3, D4, E4, C#4, D4, G#4, F#4, A4, E4, B3, E4, D4, B3, D4, A4

이것은 유연한 시스템이었다. 나는 원형 경로를 이동시켜 다른 곡조를 만들 수도 있었고, 경로의 크기를 변화시켜 더 많은 음을 포함하거나, 음 간의 간격을 좁히거나 넓힐 수도 있었다. 유일하게 할 수 없는 것은, 각 곡조가 이전 곡조와 조금씩 다르면서도 결국 원래의 출발점으로 되돌아오는 연속적인 곡조들을 만드는 것이었다. 이것은 세브가 번개 레이저를 만들 때 직면했던 문제와 정확히 똑같다. 이것은 유기적인 잡음 세계에서 흔히 맞닥뜨리는 문제인데, 다행히도 '세 번째 차원'을 사용해 해결할 수 있다!

자유도가 3차원인 경우, 원형 경로 자체가 원을 따라 움직일 수 있다. 상상하기 어렵다면, 도넛이 공중에 떠 있다고 상상해보라. 원이 원형 경로를 따라 움직이면 도넛 모양을 그리게 된다. 하지만 그러려면 삼각형이 몇 개 필요하다. 지금까지 펄린 잡음은 의심스럽게도 사각형 메시하고만 관련이 있었지만, 더 높은 차원으로 올라가려면 삼각형이 필요하다.

펄린 잡음은 3차원으로 확장할 수 있지만, 그러려면 3D 정육면체 격자가 필요하다. 그렇게 되면 추가로 꼭짓점이 많이 만들어지고,

꼭짓점이 추가될 때마다 다시 복잡한 계산이 추가된다. 사각형과 비교한 삼각형의 장점이 여기서 나타나는데, 바로 꼭짓점 수가 더 적다는 점이다. 이것은 어떤 차원에도 적용된다! 정사각형의 3차원 버전은 꼭짓점이 8개인 정육면체이다. 삼각형의 3차원 버전은 밑변이 삼각형인 피라미드(즉, 사면체)인데, 꼭짓점이 단 4개만 있다.

인간은 네 번째 공간 차원을 직접 경험하지 못하지만, 수학은 그것을 아주 간단하게 다룰 수 있다. 아래 그림은 여러 차원에서의 형태를 근사한 것인데, 이러한 초차원 형태가 어떻게 보일지 시각화하려고 애쓰면서 스트레스를 받을 필요는 없다. 어떤 'n'차원에서도 정사각형에 해당하는 'n-큐브'라는 형태와 삼각형에 해당하는 'n-심플렉스 n-simplex'라는 형태가 존재한다. 삼각형 형태는 차원이 하나씩 증가할 때마다 꼭짓점이 하나씩 늘어나지만, 정사각형의 꼭짓점은

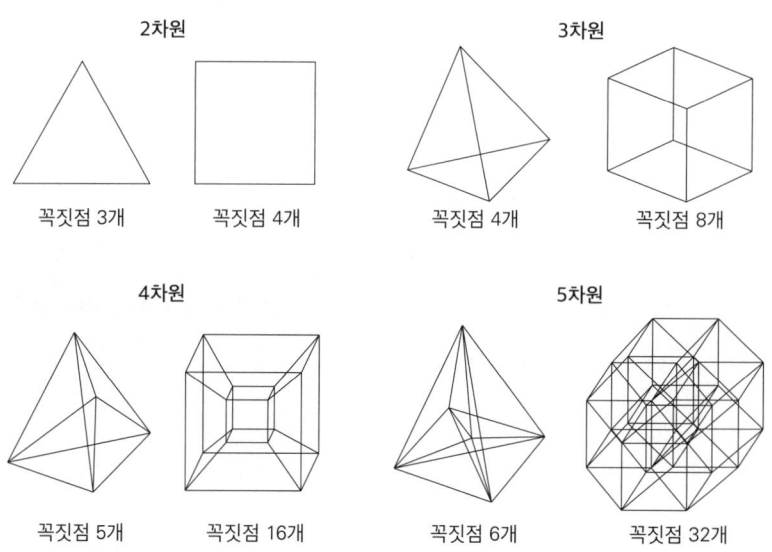

두 배씩 늘어난다. 즉, 삼각형은 관리 가능한 수준에 머무는 반면, 사각형은 폭발적으로 증가한다.

켄 펄린은 1983년에 펄린 잡음을 발표하고 나서 그것에 대해 계속 깊이 생각하다가 2001년에 후속 연구인 심플렉스 잡음simplex noise을 발표했다. 펄린 잡음과 비교했을 때 몇 가지 사소한 업그레이드가 있었지만(이번에는 값들을 무작위에 가까운 방식으로 배정하는 대신에 꼭짓점에서 뒤섞는 방식을 사용했다), 큰 변화는 사각형 격자 대신에 삼각형 격자를 사용한 것이었다. 이제 3D, 4D 또는 그보다 높은 차원의 삼각형 메시를 사용할 수 있게 되어, 누구나 어떤 수준의 복잡성을 가진 잡음에도 접근할 수 있게 되었다. 나는 헬렌을 위해 무작위적 곡조를 만들 때 3D 버전의 심플렉스 잡음을 사용했다.

A4, D4, B3, A4, A4, F#4, B3, D4, E4, C#4, D4, G#4, F#4, A4, E4, B3, E4, D4, B3, D4, A4

A4, D4, A3, G#4, C#5, G#4, D4, C#4, D4, D4, F#4, G#4, C#4, B3, E4, E4, B4, G#4, C#4, D4, A4

A4, D4, G#3, C#4, E4, E4, D4, C#4, A4, D4, E4, E4, F#4, A4, E4, B3, A4, A4, D4, E4, A4

A4, D4, A3, C#4, A4, F#4, G#4, G#4, A4, B3, C#4, C#4, A3, G#4, A4, F#4, A4, G#4, D4, E4, A4

A4, D4, C#4, F#4, A4, C#4, G#4, E4, E4, G#4, B4, D4, F#4, F#4, A4, B4, F#4, G#4, E4, E4, A4

A4, D4, E4, F#4, G#4, A4, G#4, G#4, D5, G#4, A3, C#4, A4, G#4, E4, B3, A3, E4, E4, E4, A4

A4, E4, E4, A4, B3, E4, G#4, B3, C#4, F#4, F#4, D4, G#4, E4, C#4, F#4, A4, D4, E4, D4, A4

A4, E4, E4, F#4, B3, G#4, A4, E4, C#4, A4, A4, A4, C#5, E4, E4, A4, C#4, D4, E4, D4, A4

A4, E4, C#4, E4, D4, F#4, G#4, G#4, E4, F#4, E4, E4, C#4, B3, E4, C#4, D4, B4, E4, C#4, A4

A4, E4, C#4, G#4, F#4, C#4, E4, B4, A4, D4, D4, F#4, E4, C#4, D4, E4, E4, E4, C#4, C#4, A4

A4, D4, B3, A4, A4, F#4, B3, D4, E4, C#4, D4, G#4, F#4, A4, E4, B3, E4, D4, B3, D4, A4

이 일련의 곡조들은 모두 A 음으로 시작해 A 음으로 끝나는데, 모두 잡음 속에서 원형 경로를 따라 이동했기 때문이다. 이 원은 도넛(원환체) 표면을 따라 빙 돌아가는데, 따라서 각 곡은 첫 번째 곡에서부터 부드럽게 변하면서 도중에 반복되는 곡조가 전혀 없이 결국에는 출발점으로 되돌아간다. 이것은 수학적으로는 매우 똑똑한 방식이지만, 음악의 질을 보장하지는 않는다. 도넛 표면에서 생성된 곡조가 달콤하게 들릴 것이라고는 전혀 보장할 수 없다.

나의 무작위적 곡조가 형편없다는 사실만 제외한다면, 이것은 바로 세브가 레이저로 했던 일이다. 관객이 밝은 인터랙티브 레이저 번개에 감탄했을 때, 그들은 사실 3D 무작위성 들판에서 뽑아낸 도넛 주위를 원이 돌아가는 모습을 본 것이다. 마찬가지로 온갖 디지털 효과에서도 심플렉스 잡음이 이름 없는(때로는 이름이 알려진) 영웅 역할을 한다. 삼각형 메시는 사각형 메시보다 적은 정점으로 더 높은 차원의 공간을 더 효율적으로 채울 수 있으므로, 잡음 들판을 지나가는 복잡한 경로들을 모두 계산할 수 있다. VFX 아티스트는 3D 무작위성 덩어리를 가지고 시작해 원하는 대로 그것을 이동시키면서 절대로 교차하지 않는 여러 경로를 거쳐 출발점으로 돌아올 수 있다. 만약 이것이 아카데미상을 받을 자격이 없다면, 무엇이 자격이 있겠는가?

색 언어

여러분은 스마트폰에서 사진을 한 장 골라 프린트하는 행동은 아주 단순하다고 생각할 것이다. 스마트폰으로 그 이미지를 프린터로 보내기만 하면, 프린터가 알아서 그것을 프린트한다. 하지만 문제는 스마트폰— 그리고 모든 디지털카메라— 이 사용하는 색 언어가 프린터가 사용하는 색 언어와 다르다는 점이다. 그리고 그 번역의 책임을 누가 져야 하느냐를 놓고 장비 사이에 논쟁이 벌어진다. 이 논쟁은 삼각형 메시를 통해 해결된다.

디지털카메라가 사진을 찍을 때, 그 이미지를 '빨간색', '파란색', '암갈색' 같은 색 이름이 붙은 픽셀 목록으로 저장하지 않는다. 디지털 장비인 이 카메라는 색을 숫자가 아닌 다른 방식으로 표현하는 것을 완전히 어리석다고 여긴다. 그래서 숫자를 사용한다. 나는 이전 책들에서 디지털 이미지가 각각의 픽셀을 빨간색, 초록색, 파란색 값들의 집합으로 저장하는 방법을 길게 이야기했지만, 빨간색, 초록색, 파란색이 실제로 무엇인지에 대해서는 전혀 이야기하지 않았다. 그리고 그것은 장비마다 제각각 다르다.

만약 아이폰으로 사진을 찍는다면, 그 이미지는 DCI-P3라는 컬러 인코딩 방식으로 저장된다. 그 사진을 컴퓨터로 전송해 화면으로 보면, 그 이미지는 아마도 sRGB로 변환되었을 것이다. 그것을 프린트하려고 하면, 사진은 이번엔 CMYK로 변환되어 프린터로 전송된다. 이렇게 색을 표현하는 각각의 방식을 '색 공간 colour space'이라고 부르는데, 한 색 공간에서 다른 색 공간으로 변환하는 것(즉, 이미지의 각 색에 해당하는 컬러 인코딩을 계산하는 것)은 놀랍도록 복잡하다.

위의 가상 상황에서 성공의 비결은 바로 컴퓨터 중개자에 있다. 컴퓨터는 아이폰이 DCI-P3로 말하는 것을 듣고 그것을 CMYK로 변환하여 프린터가 이해할 수 있게 해준다. 하지만 중간에 컴퓨터의 중개 작업 없이 아이폰의 사진을 직접 프린터로 보내 프린트하려고 하면 문제가 생기는데, 아이폰과 프린터 둘 다 어려운 수학적 계산을 처리하도록 설계되지 않았기 때문이다. 이들 장비는 컴퓨터보다는 비교적 낮은 성능의 프로세서를 갖고 있어서 서로 다른 색 공간 사이에서 번역하는 데 어려움을 겪는다.

이 문제는 2000년대 초에 처음 나타났는데, 스마트폰의 성능이 향상됨에 따라 이 문제가 해결될 것이라고 생각하기 쉽다. 하지만 우리는 그저 해상도가 점점 더 높은 사진을 찍기만 할 뿐이다. 게다가 어느 장비도 그 번역 일을 하길 원치 않는다! 스마트폰은 색 공간을 프린터가 해결해야 할 문제라고 생각하고, 프린터는 스마트폰이 최종 파일을 프린트하기에 적합한 형태로 보내야 한다고 생각한다.

이 모든 문제를 제쳐두더라도, 이미지를 프린트하기에 적합하게 준비하는 작업을 적은 처리 시간으로 할 수 있다면, 프로세서의 처리 능력이 더 중요한 일, 예컨대 더 많은 셀카를 찍는 것과 같은 일에 사용될 수 있다는 데에는 모두가 동의할 것이다.

해결책은 두 부분으로 이루어져 있었다. 먼저, sRGB를 공동의 중간 언어로 사용하기로 합의되었다. sRGB는 훌륭한 표준 RGB 버전인데, 그래서 모든 사람은 's'가 표준standard을 의미한다고 생각한다. 이런 문제들의 담당 기관인 국제컬러협회International Color Consortium에 직접 물어봤다. 그들은 's'가 공식적으로 무엇을 나타내는 것은 아니라고 확인해주었다. 그러자 내 머릿속에서는 'sRGB'가 'supercalibratinglogisticredgreenblueydocious'(직역하면 '슈퍼 보정 계산 빨강 초록 파랑'이라는 뜻)의 약자가 아닐까 하는 엉뚱한 생각이 떠올랐다. 나의 뇌피셜은 아무도 막을 수 없지.

두 번째 단계는 사전에 모든 계산을 하는 것이었다. 매번 모든 픽셀에 대해 계산 부담이 큰 변환 작업을 하는 대신에, HP 같은 회사가 10억 개의 DCI-P3 색상 전부를 담은 거대한 표를 만들어놓는다. 그러면 스마트폰은 주어진 픽셀과 일치하는 sRGB 값을 표에서 찾기만 하면 된다. 그리고 2002년에 HP 직원이던 피터 헤밍웨이Peter Hemingway는 「n-심플렉스 보간법$_n$-Simplex Interpolation」이라는 연구 논문을 발표해 색상 변환 문제를 획기적으로 해결했다. 피터는 필요한 변환표를 예상보다 훨씬 적은 하드 드라이브 공간에 담는 방법을 찾아냈고, 그것도 스마트폰 시대가 시작되기 바로 직전에 이 일을 해냈다.

가능한 전체 색상을 거대한 표에 저장하려면 스마트폰의 저장 공간을 아주 많이 차지한다. 그렇다면 HP가 하나씩 건너뛰면서 매 두 번째 값의 표만 만들고, 스마트폰에 중간값이 필요할 때에는 인접한 두 값의 평균을 구하면 어떨까? 아니면 매 네 번째 값만 표에 넣고, 그 사이의 값들을 보간법으로 구해 스마트폰이 사용하는 방법은 어떨까? 이것은 훌륭한 계획인데, 그러면 표를 훨씬 작게 만들 수 있고, 보간법 계산은 원래의 색 공간 변환보다 훨씬 간단하기 때문이다. 보간법 계산이 효율적일 수 있는 이유 두 가지는 HP의 노고와 삼각형이다.

그러려면 알려진 두 값으로 중간값을 빠르게 추정하는 방법이 필요하다. 논리적으로, 어떤 점의 값은 알려진 어느 값에 더 가까울수록 그 값과 더 비슷할 것이다. HP가 사용한 핵심 개념은, 미지의 점이 알려진 한 값에 가까이 다가갈수록 반대편에 있는 다른 값과의 거리가 멀어진다는 것이다. 이를 이용해 '가중 평균'을 계산할 수 있는데, 알려진 각각의 값에 반대편 값까지의 거리를 곱하여 계산한다. 만약 'A'와 'B'의 값을 알고, 그 중간에 있는 'x' 값을 추정하려고 한다면, 그 가중 평균을 계산하는 방법은 다음과 같다.

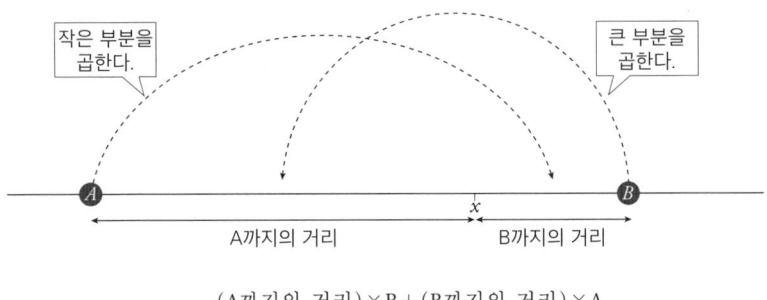

$$x = \frac{(\text{A까지의 거리}) \times B + (\text{B까지의 거리}) \times A}{\text{A에서 B까지의 거리}}$$

이 방법은 값들이 깔끔하고 정렬된 직선 위에 놓여 있으면 잘 성립한다. 하지만 색은 RGB의 빨강, 초록, 파랑 값처럼 세 가지 값으로 이루어져 있다. 이것은 값들의 3D 시스템으로 생각할 수 있으며, R, G, B는 각각 자신만의 축이 있다. 나는 이 시스템이 RGB를(사실은 어떤 세 가지 색 공간이라도) 시각화하는 데 아주 흥미로운 방법이라고 생각한다. 우리 눈에 세 가지 색 수용체가 있고, 우리가 3차원 공간 현실을 경험한다는 것은 환상적인 우연의 일치이다.

R, G, B를 공간 차원으로 상상한다는 것은 개념적으로 RGB 변환 값의 전체 표가 거대한 3D 큐브 격자에 불과하다는 것을 의미한다. 이것은 상상하기가 약간 어려울 수 있지만, 우리가 가진 기하학

적 도구들을 사용해 거대한 변환표를 길들일 수 있는 방법을 보여준다. 그렇게 하면 운율이나 아무 이유도 없이 무작위로 나열된 숫자들의 긴 목록에 질서를 부여할 수 있다.

3차원 공간을 시각화하는 능력을 확대할 준비가 되었다면, 더 높은 차원들에서도 앞에 나왔던 것과 동일한 보간법이 여전히 성립한다. 2차원 공간의 경우, 각 꼭짓점의 값은 반대쪽 영역의 면적에 따라 가중치가 부여되는데, 이것은 우리가 원하는 3차원의 경우보다 상상하기가 더 쉽다. 실제로 3차원상의 점을 보간법으로 그 값을 구하려면, 반대쪽 사면체의 부피로 가중치를 계산해야 한다.

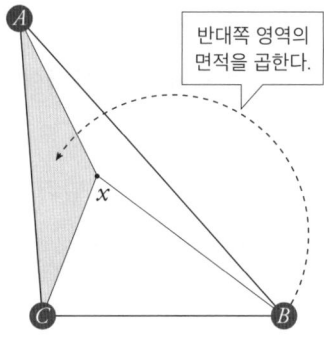

A, B, C 모두에 반대쪽 영역의 면적을 곱한 뒤, 그 값을 전체 면적으로 나눈다.

염려하지 마라. 나는 지금 정육면체에 대해 말하고 있지만, 일부러 삼각형을 보여주고 있다. 그 이유는 HP의 피터 헤밍웨이가 켄 펄린과 동일한 통찰을 떠올렸기 때문인데, 그 통찰은 정사각형과 정육면체는 꼭짓점이 너무 많다는 것이다. 만약 빠진 색상의 값을 정육면체 대신에 사면체로부터 보간법으로 구할 수 있다면, 8개의 입력값 대신에 4개의 값만 처리하면 된다. 그가 개발한 방법은 주변을 둘러 싼 정육면체에서 가장 가까운 네 꼭짓점을 선택해 그것들을 사면체로 취급하는 것이다.

이 과정은 빠르게 일어나야 하고, 최소한의 계산으로 처리되어야 한다. 그 중간값은 최소한의 프로세서 부하를 사용해 얻어야 하는데, 그렇지 않다면 프린터를 창밖으로 던지고 싶은 이유가 또 하나 생길 것이다. 피터는 사면체의 부피를 빨리 계산하는 방법이 필요했다. 사실, 피터는 삼각형의 면적, 사면체의 부피, 또는 어떤 심플렉스의 '콘텐츠 크기'라도 빨리 계산해야 했다. 그는 이 방법이 어떤 차원의 어떤 데이터 애플리케이션에서도 성립하길 원했다. 그래서 이 부피들을 초고속으로 계산하기 위해 그가 사용한 방법은 무엇이었을까?

농담이 아니다. 그것은 바로 **헤론의 면적 공식**이다.

죄송하다. 나는 이 장에서 감정이 수시로 크게 요동치는 걸 억제할 수 없다. 처음에는 롤러코스터처럼 널뛰는 유제니의 이야기가 나왔는데, 이번에는 헤론의 공식이 실제로 적용되는 예를 들고 난 입했다.

2D 데이터 외삽법의 경우에는 이 방법은 앞에서 본 것과 정확히 똑같은 헤론의 공식을 사용한다. 그리고 3D 버전 헤론의 공식도 있는데, 이것은 단지 변 6개의 길이만 사용해 사면체의 부피를 계산할 수 있다. 그 과정에는 어떤 각도도 알 필요가 없으며, 변의 길이만 가지고 간단한 연산을 하면 되므로 아주 빨리 계산할 수 있다.

친애하는 독자 여러분, 내 말을 믿어주길 바란다. 나는 삼각형 법칙에 관한 장에서 헤론의 공식을 멍청하다고(왜냐하면 정말로 그렇기에) 부르면서 그 장을 이미 끝냈는데, 그러고 나서 이 기술에 관한 HP의 공식 문서를 보았다. 그리고 거기서 "삼각형의 면적은 헤론의 공식으로 구한다."라는 문장을 마주쳤다. 솔직히 말하면, 나는 그 자리에서 일어나 의자를 밀어 넣고 조용히 방을 나와 산책을 하러 갔다.

다음번에 스마트폰 속 이미지를 프린트할 때, 스마트폰과 프린터 둘 다 사면체 메시를 탐색하면서 이제 더는 멍청하지 않은 헤론의 공식을 적용하고 있다는 사실을 상기하기 바란다.

기구의 위치를 알아내는 데 사용되는 색 변환 보간법

이 장을 약간 희망적인 소식으로 마무리하는 게 좋지 않을까 생각한다. 피터 헤밍웨이의 색 변환 보간법은 이 기술이 온갖 상황에 적용될 수 있음을 분명히 하기 위해 'n-심플렉스 보간법'이라는 제목으로 발표되었다. 그리고 수백만 개의 삼각형으로 이루어진 이 삼각형 메시는…… 바로 기구의 위치를 알아내는 데 쓰이고 있다.

오스트레일리아 로열멜버른공과대학교의 한 연구자가 내게 연락을 해왔는데, 그들은 n-심플렉스 보간법을 사용해 고고도 기구(일종의 준위성)를 추적하고 있었다. 이들은 기구가 발사 후에 어디로 이동했는지 추적하기 위해 바람 벡터, 온도, 기압, 밀도 같은 요소들을 고려해야 했다. 물론 이들은 하늘에서 가능한 모든 위치에 대해 이 모든 요소의 값을 알지는 못하므로 보간법으로 그 값을 알아내려 했고, 이를 위해 특별히 4차원 사면체 메시를 사용했다.

그들은 이렇게 설명했다. "제대로 하기만 한다면, 상승 속도를 초당 수 cm 이내의 오차로, 몇 시간(그리고 수백 km) 비행한 후의 위치를 수백 m 이내의 오차로 알아낼 수 있습니다." 따라서 이제는 수십 배 혹은 수백 배 많은 삼각형이 있고, 그것들이 가상의 4차원 메시에 존재하지만, 여전히 기구의 위치를 알아내는 데 사용되고 있다. 그리고 헤론의 공식도 여기에 동참하고 있다.

5

빈틈없이 공간 채우기

삼각형주의자 비밀 결사를 앞에서 언급했지만(도처에 존재하는 피타고라스의 정리를 설명하기 위해), 만약 실제로 진행되는 음모가 있다면 그것은 단연코 '육각형 음모Hexagon Conspiracy'일 것이다. 나는 여전히 삼각형이 기하학의 얼굴이라는 신념을 고수하지만, 육각형도 분명히 중요한 역할을 한다. 어디를 바라보건, 도저히 있을 법하지 않은 곳들에 육각형이 존재한다. 북아일랜드의 자이언츠 코즈웨이Giant's Causeway('거인의 방죽길'이란 뜻)에 있는 주상절리柱狀節理(마그마의 냉각과 응고에 따른 부피 수축에서 생기는 다각형 기둥 모양의 금)는 정육각형으로 이루어져 있다. 토성은 육각형 모자를 쓰고 있는 것처럼 보인다.(토성의 북극 상공을 뒤덮고 있는 육각형 모양의 구름을 가리킨다. 다음 페이지 사진 참고―옮긴이) 눈송이는 마법의 작은 육각형이다. 그리고 벌이 있다! 벌의 세계는 온통 육각형으로 가득 차 있다.

나는 정육각형처럼 완벽하고 정밀한 형태가 우주 곳곳에서 마치

토성의 육각형!

자연 발생적인 것처럼 나타나는 현상이 참으로 기묘하다고 생각한다. 자연에서 저절로 나타나는 형태는 정삼각형보다 정육각형이 분명히 더 많다. 인간도 문명이 시작되던 순간부터 육각형을 사용해왔다. 고대 로마 문명 유적에서도 정육각형 타일이 발견되었다. 그리고 최첨단 기술에도 육각형이 계속 등장한다. 그래핀이 육각형 격자로 이루어져 있고, 제임스 웹 우주 망원경의 주 거울도 18개의 육각형으로 이루어져 있다. 이 모든 것이 과연 우연일까?

 이 모든 것의 기하학을 자세히 들여다보면, 벌과 로마인과 NASA 공학자 모두 정확하게 같은 이유로 육각형을 사용했다는 사실이 드러난다. NASA는 육각형을 '최고의 형태'라고 표현했는데, 그 이유는 '충전율(공간을 입자 등이 채우고 있는 비율)이 높기' 때문이다. 즉, 육각형은 서로 완벽하게 딱 맞물려 빈틈없이 공간을 채운다.

 2021년에 발사된 제임스 웹 우주 망원경은 지금까지 우주에 설치된 것 중 가장 큰 망원경이다. 그 거울이 너무 크다 보니 지구 밖으로 운송을 쉽게 하기 위해 작은 거울들로 쪼개야 했다. 이 거울들은 우주 공간에서 다시 조립되었는데, 모서리의 수를 줄이는 최적의 방법이 육각형 형태였다. 빛이 거울의 단단한 가장자리에 닿으면 회절이 일어나면서 퍼져나가는데, 이것은 망원경에서 일어나는 집속(빛이 한군데로 모여 초점을 맺는 현상)의 정반대 현상이다. 육각형은 이 현상을 완전히 없애지는 못하지만, 최소화한다. 제임스 웹 우주 망원경이 촬영한 이미지를 보면, 별 주위에 6개의 스파이크가 뻗어 나오

공간을 빈틈없이 채우는 육각형!

별 주위에 6개의 스파이크가 뻗어 나오는 것은 거울의 육각형 형태 때문이다.

는 것을 볼 수 있다. 이 6개의 스파이크는 육각형 거울의 6개 가장자리가 만들어내는 회절 패턴이다.(흥미롭게도, 허블 우주 망원경은 하나의 원형 주 거울을 사용하지만, 보조 거울을 지지하는 4개의 팔 때문에 네 갈래의 스파이크가 나타난다.)

벌은 최소한의 밀랍으로 최대 부피의 벌집을 만들어야 하는 문제에 맞닥뜨렸다. 옛날의 타일 제조공들은 회반죽 사용을 최소화할 수 있는 타일을 원했다. 이것들은 모두 같은 문제이다. 이음매를 최소화하면서 서로 깔끔하게 맞물리는 형태는 무엇일까? 같은 문제의 답은 항상 같을 수밖에 없으며, 그 답은 바로 육각형이다. 육각형은 틈이 전혀 없이 서로 맞물릴 뿐만 아니라(사각형, 삼각형을 비롯한 여러 도형의 공통 성질), 가장 효율적인 형태이기도 하다.

나는 앞에서 직각삼각형이 아닌 삼각형도 위장한 두 직각삼각형이라고 말했는데, 사실 나는 많은 형태를 삼각형의 집합이라고 본다. 육각형은 6개의 정삼각형이 서로 아주 친한 친구처럼 모여 있는 것으로 볼 수 있다. 삼각형은 나머지 모든 기하학의 기초이다. 하지만 삼각형에만 너무 집착하면, 나무만 보고 숲을 못 볼 수 있다. 다른 형태들이 삼각형으로 이루어질 수는 있어도, 일단 결합하고 나면 각자 나름의 새로운, 그리고 때로는 독특한 특성을 갖게 된다.

우주 비행사와 벌이 정삼각형 대신에 육각형을 사용하는 이유가 바로 여기에 있다. 육각형의 면적은 둘레가 같은 정삼각형의 면적보다 50%나 더 크다. 형태는 그것을 이루는 삼각형 부분들의 합에 그치지 않고 그 이상의 결과를 낳는다. 그러니 삼각형이 만들어낼 수 있는 다른 형태들을 잠시 돌아보면서 그것들이 서로 어떻게 잘 들어맞는지 살펴볼 가치가 있다.

벌집의 비밀

벌이 수학에 뛰어나다는 주장은 반복적으로 제기되었다. 심지어 수백 년 동안 사람들은 벌이 만든 기하학적 구조를 두고 신이 벌에게 각도를 가르친 증거라고 주장하기까지 했다. 하지만 단도직입적으로 말해, 벌은 기하학을 하지 않는다. 벌은 작은 각도기를 꺼내 각도를 재지 않는다. 그런다면 아주 사랑스러워 보이긴 하겠지만 말이다. 벌은 그냥 우연히 육각형을 만든다. 그것은 토성이나 자이언츠 코즈웨이를 형성한 용암이 육각형을 만들어낸 방식과 유사하다.

벌이 수학을 하지 않는다면, 무엇을 할까? 답을 찾기 위해 나는 벌 전문가에게 문의했다. 빈센트 갈로Vincent Gallo는 소프트웨어 개발자로 일하다가 은퇴했는데, 런던의 퀸메리대학교에서 벌을 전문적으로 연구해 박사 학위를 받았다. 벌이 벌집을 만들 때 따르는 논리를 파악하기 위해 그는 두 가지 일을 한다. 벌이 정상적으로 벌집을 만드는 모습을 관찰하고, 그다음에는 이상한 출발 조건(즉, 사전에 만든 이상한 모양의 밀랍)을 주고서 벌이 어떻게 행동하는지 살핀다.

아래의 두 사진은 빈센트가 동일한 벌집 부분을 찍은 것이다. 왼쪽은 아직도 짓는 중인 벌집인데, 일부 구멍은 기이하게도 원형이다. 자신들의 장비만 사용하도록 내버려두면, 벌은 실제로는 벌집 구멍을 육각형이 아니라 원형으로 만든다. 그렇다! 벌에게 밀랍 방을 하나만 만들라고 한다면, 원기둥 모양으로 만들 것이다. 하지만 벌은 방을 하나만 만드는 게 아니라, 다닥다닥 붙어 있는 방을 많이 만든다. 육각형은 인접한 방들의 상호 작용 때문에 나타나는 결과물이다

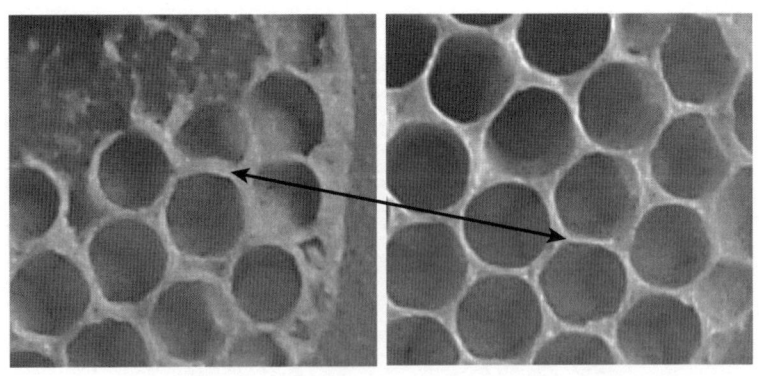

동일한 벽 부분. 그 위에 다른 방들을 완성하기 전과 후의 모습.

밀랍은 유연한 물질인데, 벌은 이 성질을 활용해 끊임없이 밀랍을 밀고 당기면서 벌집을 건설하며, 때로는 밀랍을 다시 긁어내 모양을 수정한다. 벌은 방을 만들 때, 모든 벽을 바깥쪽으로 밀어내 원기둥 모양으로 만들지만, 바로 옆방의 벌은 그 방의 벽을 반대 방향으로 민다. 이렇게 벌들이 밀랍을 서로 밀어내는 상호 작용 때문에 결국 방들은 육각형 형태를 이루게 된다. 육각형은 이처럼 자연스럽게 생겨날 수 있는 형태이고, 자연에서 그토록 자주 나타나는 이유도 이 때문이다.

이처럼 벌들이 밀랍을 서로 밀어내는 과정 때문에 인접한 방들은 일종의 평형 상태에 이르러 공간을 공평하게 나누어 가지게 된다. 벌들은 육각형을 만들지 않으며, 120° 각도가 무엇인지도 모른다. 벌들은 각도를 이등분하는 물리적 시스템을 발견했을 뿐이다. 빈센트가 벌들에게 이상한 출발 각도를 주면 벌들은 새로운 밀랍 벽을 만들며, 정확하게 중간 지점에서 평형을 이룰 때까지 벽을 계속 밀어낸다. 이

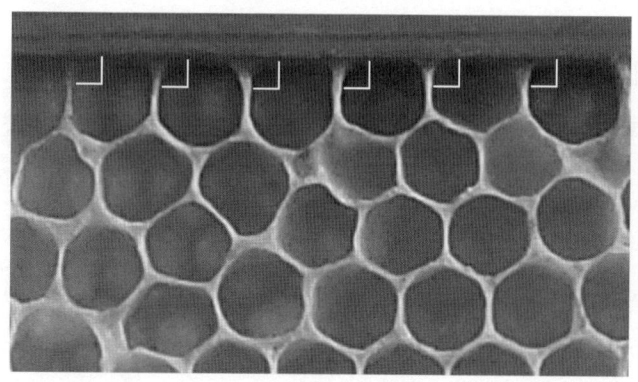

직각.

과정은 벌들이 평평한 벽에 만드는 벌집 가장자리에서도 볼 수 있으며, 이때 방들은 완벽한 직각(90°)을 이루며 일렬로 죽 이어져 있다. 벌들의 노고에 박수를 보내자.

타일 덮기

형태들을 딱 들어맞게 해 공간을 빈틈없이 채우는 개념을 수학에서는 '타일 덮기tiling'라고 부르는데, 이는 인간이 적어도 3000년 전부터 건물을 장식하는 데 사용해온 실제 타일에서 유래한 이름이다. 그보다 더 전으로 거슬러 올라가면, 고대 수메르인은 5000여 년 전에 반복 패턴을 사용해 건물을 장식했고, 1만 년도 더 전에는 사람들이 매머드 어금니에 반복적인 육각형 패턴을 새겨 넣었다. 벌과 마찬가지로 인간은 본능적으로 사물을 깔끔한 반복 패턴으로 배열하려는 욕구가 있지만, 벌과 달리 우리는 온갖 흥미로운 형태를 선택할 수 있다.

나는 오늘날의 타일과 포장 패턴이 사각형에 너무 집착하는 경향이 안타깝다. 사각형도 괜찮긴 하지만, 우리는 훨씬 더 나은 선택을 할 수 있다. 우리 집 뒤편의 안뜰을 재포장할 때, 나는 새롭고 흥미로운 포장 패턴을 선택하려고 마음먹었다.(아내 루시는 내가 건축업자와 벌이는 협상을 전적으로 책임지는 한 아무런 불만이 없었다.) 나는 근사하고 규칙적인 패턴으로 타일을 깔 수 있는 모든 형태를 재빨리 점검해봤는데, 선택지가 너무 많아 오히려 고민이었다.

모서리가 직선인 평면도형은 다각형이다. 나는 곡선 모서리가 문제를 복잡하게 만드는 상황을 피하고 싶어 선택지를 다각형에 한정하기로 했다. 그래도 여전히 선택지가 많았다. 어떤 종류의 삼각형이라도 표면을 완전히 덮도록 배열할 수 있다. 정삼각형뿐만 아니라 어떤 삼각형이라도 상관없다. 마찬가지로, 변이 4개인 사각형도 반복 배열함으로써 타일 덮기 패턴을 만들 수 있다. 모서리가 안쪽으로 움푹 들어간 '오목'사각형도 상관없다. 만약 삼각형이나 사각형 타일을 배송받았다면, 그것이 어떤 형태여도 상관없다. 모든 타일 모양이 동일하기만 하다면, 그 타일로 욕실 벽을 완전히 깔끔하게 덮을 수 있다.

나는 오목다각형을 사용하면 돌에서 그 형태를 잘라내는 작업이 불필요하게 복잡해질 것 같은 생각이 들어, 오로지 '볼록'다각형만 찾기로 했다. 그러자 단번에 변이 7개 이상인 다각형은 모두 배제되었다. 칠각형 이상의 볼록다각형은 어떤 것도 표면을 빈틈없이 덮을 수 없다. 그래서 오각형과 육각형만 남았다.

볼록육각형 중에서 타일 덮기에 성공하는 가족은 셋뿐인데, 다음 그림이 그것들을 보여준다. 각자는 자기 나름의 제약 조건이 있다. 길이가 같은 변들이 있어야 하며, 각의 합이 특정 값이 되어야 한다. 세 번째 경우는 미묘한 차이점이 있는데, 일부 육각형을 뒤집어서 거울상을 얻어야 한다는 점이다. 흥미롭게도 정육각형(모든 변과 각도가 동일한)은 이 세 범주의 기준을 모두 충족한다. 나는 정육각형을 표준적인 타일 덮기 육각형이라고 생각하는데, 그림의 세 육각형은 정육각형을 변형해 타일 덮기를 완성할 수 있는 세 가지 방법이다.

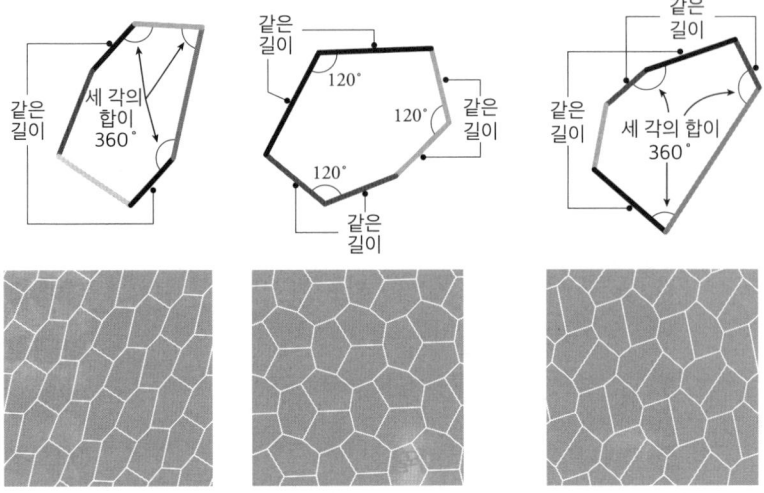

나는 (수학을 사랑하는 사람들로 이루어진 엘리트 집단으로 나의 유튜브 영상에 자금을 후원해주는) 페이트리언Patreon 후원자 중 한 명인 티몬Timon과 대화를 나누었는데, 티몬은 자신과 약혼자가 모두 수학을 좋아해서 결혼 케이크를 육각형들로 장식하기로 했다고 말했다. 타일 덮기의 끝판왕인 육각형은 모든 것이 딱 들어맞는 결혼을 상징할 뿐만 아니라, 케이크를 빈틈없이 덮기에 완벽한 형태이다. 심지어 그들은 정육각형들이 원통형 케이크를 깔끔하게 덮고 있는 모습을 보여주는 렌더링 이미지를 제빵사에게 보냈다. 그런데 결혼식 날에 그들이 본 케이크는 아주 다른 모습이었다.

육각형 라벨을 붙인 팔각형 비스킷과 같은 상황이 연출되었는데, 제빵사는 '육각형hexagon'을 만들어달라는 주문을 받았지만, 정작 만든 것은 팔각형octagon이었다. 도대체 제빵사들은 왜 육각형과 팔각형을 제대로 구분하지 못하는 걸까? 앞에서 설명했듯이, 팔각형으로는 아무리 해도 표면을 빈틈없이 덮을 수 없으니, 제빵사는 그저 팔각형들을 되는대로 케이크 위에 얹어놓았다. 다행히도, 유머 감각이 있는 티몬 부부는 그렇게 만든 결혼 케이크를 고맙게 받아들였고, 제빵사가 팔각형들이 렌더링 이미지에서 본 육각형들처럼 빈틈없이 딱 들어맞지 않아 머리를 쥐어뜯었을 장면을 상상하며 웃었다. 결국 평소에 형태의 이름에 주의를 기울이지 않는 태도가 이런 결과를 낳았다!

안뜰을 포장할 타일을 찾는 과정에서 나는 오각형을 마지막까지 남겨두었는데, 오각형에는 예상 밖의 복잡한 이야기가 숨어 있기 때문이다. 1918년까지만 해도 타일 덮기가 가능한 볼록오각형은 다섯 가지만 알려져 있었다. 그 후 수십 년 동안 세 가지가 더 발견되었고,

나라면 분노를 참을 수 없었을 것이다.

1975년에 수학 작가 마틴 가드너Martin Gardner가 오각형 타일 덮기 패턴은 이 여덟 가지밖에 없다고 보고했다. 그런데 6개월이 지나기 전에 하나가 더 발견되었다. 결국 기존의 증명이 모두가 기대했던 것만큼 완벽하지 않았던 것으로 드러났고, 지금은 이 아홉 가지도 겨우 절반 정도에 불과한 것으로 드러났다.

그 후 전문 수학자들이 타일 덮기가 가능한 볼록오각형을 몇 가지 더 발견했고, 아마추어 수학자들도 몇 가지를 발견했다. 1970년대 후반과 1980년대에 아마추어 수학자 마저리 라이스Marjorie Rice가 전문 수학자들이 놓친 오각형 타일 덮기 패턴을 네 가지 더 발견했다. 마저리는 식탁 위에서 색인 카드에 그림을 그리는 방법으로 오각형 타일 덮기 패턴을 발견했다. 1985년까지 볼록오각형으로 표면을 완전히 덮는 방법은 모두 열네 가지가 알려졌고, 그 뒤로는 침묵이 이어졌다. 그렇게 시간이 흘러갔다. 모두가 축하하면서 새천년을 맞이했다. 나는 타일 덮기 패턴에 한 절을 할애한 책을 썼다(이제는 모든 것이 확정되었다고 잘못 생각하고서). 그랬는데 2015년에 새로운 타일 덮기 패턴이 나타났다!

이번 발견자는 컴퓨터였다. 워싱턴대학교 보셀 캠퍼스의 수학 교수 제니퍼 매클라우드-만Jennifer McLoud-Mann과 케이시 만Casey Mann이 (그 당시 대학생이던 데이비드 본 드라우David Von Derau와 함께) 그전 30년 동안 모두가 놓쳤던 타일 덮기 오각형을 추적하는 데 필요한 코딩 작업을 했다.

그리고 마침내 2017년, 더 많은 코딩 작업 끝에 프랑스 수학자 미카엘 라오Michaël Rao는 오각형이 한 꼭짓점에서 만날 수 있는 371가지 방법을 모두 찾아 확인한 후, 타일 덮기가 가능한 방법은 열다섯 가지밖에 없다는 사실을 확정지었다. 워싱턴대학교 보셀 캠퍼스 팀도 그와 비슷하게 철저한 검색 작업을 했지만, 근소한 차이로 한발 늦고 말았다. 평면을 타일로 빈틈없이 덮을 수 있는 볼록다각형 형태의 발견과 분류가 이로써 완성되었다— 이론적으로는.

라오의 증명이 정확하다고 믿고 있지만, 그 증명이 발표된 지 7년이 지나 이 글을 쓰고 있는 지금도 완벽하게 확인하려는 작업이 진행 중이라는 사실을 덧붙이고 싶다. 그토록 복잡한 컴퓨터 증명을 확인하기란 쉽지 않다. 그래서 수학자들이 우리가 놓쳤을지 모르는 열여섯 번째 타일 덮기 패턴이 없다는 사실을 99.9%만 확신한다는 점을 강조하고 싶다.

방대한 조사를 마친 나는 드디어 건축업자들과 대화를 시작했다. 그 결과, 기성품으로 판매되는 포장용 석재는 사각형과 직사각형 형태밖에 없으며, 돌을 추가로 자를 때마다 시간, 노력, 건축업자의 호의에 비용을 치러야 한다는 사실을 알게 되었다. 하지만 미리 잘라놓은 사각형들과 쉽게 자를 수 있는 다른 형태를 결합한다면, 여전히 내가 원하는 계획을 실행에 옮기는 것이 여전히 가능했다. 아쉽게도 나는 단일 형태 패턴에 대한 모든 연구를 포기해야 했지만, 그래도 긍정적인 점이라면 내가 가장 좋아하는 두 가지 형태의 타일을 사용할 수 있었다는 점이다. 그 형태는 바로 스너브-정사각형 snub-square 타일 덮기이다. 이 타일 덮기에는 정사각형과 정삼각형만 필요하다. 나는 절단과 포장 과정을 간단하게 하려고 삼각형 쌍을 결합해 마름모로 만들기로 했다. 직사각형을 세 번만 자르면 마름모가 만들어진다.

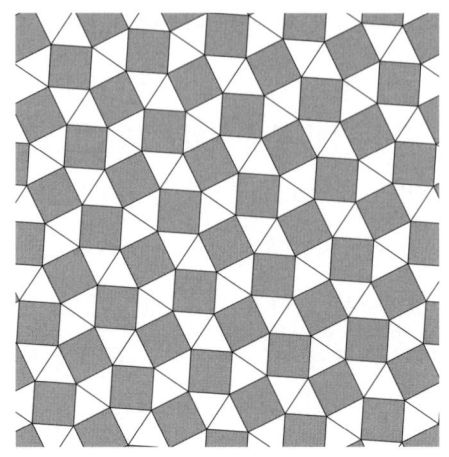

이 타일 덮기 패턴이 여러분 마음에 들었으면 좋겠다.

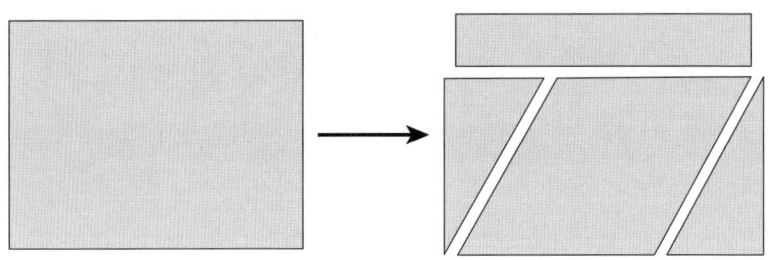

직사각형을 석재 절단 톱으로 이렇게 세 번 자르면 마름모가 나온다.

    이 패턴은 타일 덮기 형태 중 모든 면과 각이 똑같은 두 가지 형태인 정삼각형과 정사각형을 기반으로 한다. 이것은 볼록다각형을 연구하면서 허비한 많은 시간을 보상해주었지만, 타일 덮기가 가능한 세 가지 정다각형 중 세 번째 정다각형, 즉 우리의 오랜 친구인 정육각형을 포함시키지 못한 것이 아쉬웠다. 그런데 마름모를 만드는 과정에서 생겨난 여분의 조각들을 보고서 좋은 생각이 떠올랐다.

많은 개고생의 결과물과 개가 함께 있는 사진.

정삼각형 6개를 합치면 정육각형을 만들 수 있는데, 둘의 각도가 딱 들어맞기 때문이다. 정육각형은 모든 각이 120°이고, 정삼각형은 모든 각이 60°이다. 남은 조각 중 가늘고 긴 직사각형은 재활용할 수 없었지만, 남은 삼각형들은 60°와 30°의 각도를 가지고 있어 육각형을 만드는 데 사용할 수 있었다. 나는 남은 조각들을 결합해 집 옆의

이제 보행로에 육각형의 일부가 포함되었다.

보행로를 포장할 패턴을 스케치했다. 자세히 들여다보면, 여기저기에 육각형의 일부가 숨어 있는 것을 볼 수 있다.

포장 문제

2018년에 나는 진공청소기 회사의 최신 모델 출시 행사를 진행했다. 배터리 수명에 대한 통계와 수치 등 전달해야 할 내용이 많았는데, 무대에서 이야기하며 수학자에게 진공청소기를 분해하는 방법을 가르치는 편이 확실히 진공청소기 판매원에게 숫자들을 일관성 있게 기억하는 방법을 가르치는 편보다 더 쉬웠을 것이다.

공학자들과 대화를 나누면서 나는 그들이 포장 디자인도 담당하고 있다는 사실을 알게 되었다. 나는 제품이 디자인되고 나면 그다음 작업은 다른 포장 팀에서 진행할 것이라고 늘 생각했지만, 실상은 그렇지 않았다. 그 작업은 전기공학 팀과 기계공학 팀이 함께 참여해 진행했다. 속으로 '직육면체 때문에 이렇게 많은 노력을 쏟아부을 필요가 있나?' 하는 생각이 들었다.

그런데 나는 공급망을 간과했다. 회사는 이 기계들을 한 나라에서 생산한 뒤, 다양한 시장으로 운송해 판매했다. 운송비는 결코 저렴하지 않으며, 운송 과정은 환경에도 좋지 않다. 제품을 운송에 최대한 편리한 형태로 만드는 비결은 기본적으로 한 가지 요소로 귀결된다. 바로 운송 컨테이너에 최대한 많은 제품을 집어넣는 방법이다.

운송 컨테이너의 크기는 매우 표준화되어 있다. 대부분은 폭이

8피트, 높이가 8.5피트, 그리고 길이는 10피트의 배수이다. 먼저 폭부터 살펴보면, 8피트는 244cm이므로, 폭이 정확하게 48.8cm인 상자 5개가 컨테이너의 폭과 완벽하게 들어맞는다. 하지만 만약 어떤 회사가 운송 컨테이너를 전혀 고려하지 않고, 무심코 상자의 폭을 깔끔하게 50cm로 제작했다면, 컨테이너에 4개만 들어가고 다섯 번째 상자는 공간이 조금 모자라 들어가지 않을 것이다. 포장 상자의 폭을 1.2cm만 줄였더라면, 이 가상의 회사는 같은 크기의 운송 컨테이너에 25%나 더 많은 제품을 실을 수 있었을 것이다. 그런데 이것은 단지 한 차원만 살펴본 것이다!

공학자들은 최종 포장의 크기를 운송 컨테이너의 세 가지 길이와 깔끔한 정수비로 만들어야 한다는 사실을 잘 안다. 하지만 그러려면 세 가지 길이 사이에서 균형을 잘 잡아야 한다. 진공청소기는 여러 고체 부품으로 이루어져 있는데, 각각은 특정 크기의 공간이 필요하다. 이것들을 차곡차곡 쌓아 운송 컨테이너 공간을 정확하게 꽉 채우는 직육면체로 만드는 것은 복잡한 테트리스 춤과 같으며, 회사는 다른 공학 문제와 마찬가지로 이 문제를 해결하기 위해 최고의 공학자를 동원한다. 다음에 진공청소기를 사용할 기회가 있거든, 손잡이와 호스, 그리고 통의 정확한 크기가 1950년대에 누군가가 운송 컨테이너의 폭을 8피트로 정한 결정 때문에 정해졌다는 사실을 떠올려 보라.

나는 영국의 대형 유통업체인 테스코의 포장 부문 책임자인 제임스 불James Bull에게 운송의 편의를 위해 제품의 크기를 조정하느냐고 물어보았다. 그 대답은 분명한 '예스'였지만, 테스코는 정작 운송 컨테이너보다는 대신 화물 운반대와 제품 진열대를 더 신경 쓴다. 제임스는 화물 운반대와 깔끔한 정수비를 이루면서 가능한 한 많은 제품 진열대에 잘 들어맞는 제품을 만들어야 한다고 설명했다. 그리고 리들 같은 최신 슈퍼마켓을 극도로 부러워했는데, 이들 슈퍼마켓은 현대적이고 맞춤 설계된 영업점과 표준 크기의 제품 진열대를 갖고 있다. 테스코는 제품 진열대 크기가 제각각인 오래된 영업점이 많아 제품을 모든 영업점에 맞는 크기로 디자인하기가 매우 어렵다고 했다.

우리는 특히 치즈 포장에 대해 대화를 나누었다. 애덤이라는 고객은 테스코에서 치즈를 구매했는데, 포장지에 이전보다 플라스틱을 41% 덜 사용했다고 적혀 있는 문구를 발견했다. 애덤은 내가 운영하는 문제 해결 팟캐스트 '어 프러블럼 스퀘어드 A Problem Squared'에 연락해 이것이 기하학적으로 맞는지 검증해줄 수 있느냐고 물었다. 내가 계산해보았더니, 단순히 치즈의 직육면체 형태를 바꾸는 것만으로는 포장지의 플라스틱 사용을 41% 줄일 가능성이 극히 낮다는 결론을 얻었다. 뭔가 석연치 않다고 의심한 나는 바로 테스코의 최고 책임자에게 연락했다.

제임스는 플라스틱을 절약한 일부 원인이 직육면체 형태 변화(그들의 표현이 아닌 나의 표현)에 있는 게 맞다고 설명했다. 그 외에도 조사를 통해 많은 사람이 사용하지 않는 것으로 밝혀진 지퍼 잠금 기능을 없애는 것처럼 다른 구조적 변화도 있었지만, 직육면체 형태 변화는 또 다른 효과가 있었다. 바로 최대 길이가 줄어든 것이었다. 이 새로운 형태는 최대 길이가 더 짧아졌는데, 최대 길이는 포장지의 두께를 결정하는 요소이다. 최대 길이가 길수록 포장지에 작용하는 인장력과 파열력이 더 커지므로 더 두꺼운 비닐이 필요하다.

하지만 두께를 아주 많이 줄일 수는 없다. 또다시 모든 것은 운송 문제로 귀결된다. 포장 자체는 제품의 생산과 판매 과정에서 발생하는 탄소 중 약 10%만 차지한다. 그런데 포장을 줄이는 것은 운송 중에 식품 변질을 줄이는 것과 상충 관계에 있다. 포장지의 두께를 줄이면 운송 중에 변질하는 제품이 증가하므로, 포장 절약에서 얻는 탄소 이득을 무위로 돌린다.

진공청소기 상자와 치즈 포장을 자유롭게 변경할 수 있는 이 자유는 모든 직육면체가 3차원 공간을 타일 덮기 방식으로 꽉 채울 수 있기 때문에 누릴 수 있다는 생각이 떠올랐다. 직육면체는 2차원 다각형처럼 직선 가장자리와 평평한 면을 가진 3차원 다면체이다. 일부 다면체는 서로 빈틈없이 딱 맞아떨어지지만, 일부 다면체는 그렇지 않다. 모든 사각형이 2차원 공간에서 타일 덮기를 할 수 있는 것처럼, 모든 직육면체는 3차원 공간에서 서로 딱 들어맞는다. 포장 디자이너는 상자의 정확한 치수를 변경할 때 상자들을 서로 딱 맞물리게 쌓을 수 있는지 염려할 필요조차 없다. 여기서 나는 디자이너들이 직육면체 대신 사용할 수 있는 더 기묘한 다면체가 있지 않을까 궁금한 생각이 들었다. 직육면체보다 더 실용적인 형태를 찾을 수 있으리라고는 생각하지 않았지만, 훨씬 더 재미있는 것을 발견할 수 있으리라고 확신했다.

2차원에서 타일 덮기를 할 수 있는 형태는 모두 3차원에서 타일 덮기를 할 수 있는 각기둥으로 바꿀 수 있다. 어떤 의미에서 각기둥은 3차원 형태를 만드는 방법 중 가장 간단한 것이다. 주변에 있는 어떤 2차원 형태의 복제본 2개를 가져와 여러 직사각형을 사용해 '기둥' 형태로 연결하기만 하면 된다. 모든 삼각기둥과 사각기둥은 타일 덮기를 할 수 있으며, 앞에 나왔던 오각형과 육각형 가족으로 만든 각기둥도 모두 그렇다. 하지만 나는 각기둥이 아닌 다면체가 훨씬 더 흥미롭다고 생각한다. 이 다면체들은 단순히 2차원에서 성립했던 것을 그대로 반복하는 대신에, 3차원에서 완전히 새로운 특징을 보여주기 때문이다.

사면체는 삼각형의 3차원 버전이지만(삼각형 밑면에 삼각형이 3개 붙어 있는 형태), 안타깝게도 모든 사면체를 3차원 공간에서 차곡차곡 쌓아 공간을 빈틈없이 채울 수는 없다. 모든 모서리 길이가 똑같은 정사면체도 마찬가지다. 우주가 미천한 정삼각형에게 완벽한 타일 덮기를 할 능력을 준 반면, 정사면체에게는 같은 능력을 주지 않은 것은 아주 잔인해 보인다. 정사면체에게 그런 능력이 있을 것이라고 잘못 생각했더라도 크게 비난받을 일은 아니다. 위대한 아리스토텔레스조차도 정사면체를 반복적으로 쌓으면 공간을 빈틈없이 채울 수 있다고 썼으니까 말이다.(켄 펄린의 사면체 격자와 HP의 색 변환 사면체는 둘 다 모든 변의 길이가 똑같지 않은 사면체였다.)

나는 또한 두 종류 이상의 형태가 필요한 타일 덮기 패턴은 제외할 것이다. 비록 두 가지 형태를 사용한 타일 덮기인 웨이어-펠란 구조Weaire-Phelan structure(1994년에 발견된)가 지금까지 인간이 발견한 가장 효율적인 면적 대비 부피 채우기 방식이긴 하지만 말이다. 같은 치즈 꾸러미 안에 여러 형태의 치즈가 서로 정확하게 맞물려 꽉 채워져 있길 원하는 사람은 아무도 없다. 게다가 두 가지 형태의 타일

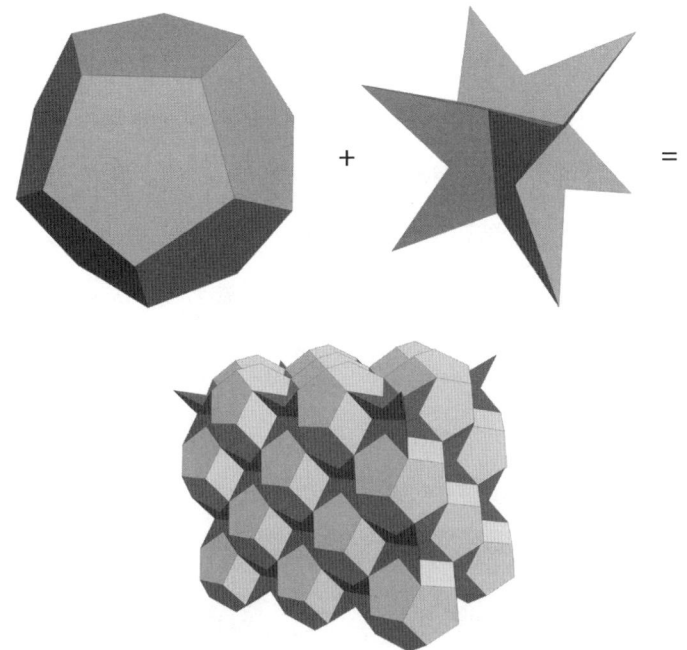

정십이면체와 엔도십이면체의 결합.

덮기는 성의가 없다. 어떤 형태를 반복해서 배열한 후, 빈틈을 정확히 채우는 두 번째 형태를 발견할 수 있다. 심지어 정십이면체조차도 '엔도십이면체endododecahedron'라는 형태와 결합하면 타일 덮기를 완벽하게 할 수 있다. '엔도endo'는 그리스어로 '내부'라는 뜻이다.

나는 궁극적인 3차원 채우기 형태로 모든 변의 길이가 동일한 단일 볼록다면체를 원한다. 나는 여러분에게 두 가지 중 하나를 고르라고 제안할 텐데, 둘 다 '육각형의 3차원 버전'에 해당한다. 그 두 가지는 마름모십이면체rhombic dodecahedron와 깎은 팔면체truncated octahedron로, 이 둘은 정면으로 맞서면서 치열한 경쟁을 벌인다.

마름모십이면체는 동일한 마름모 12개로 이루어져 있으며, '엔도-친구'가 없어도 매우 만족스러운 방식으로 공간을 채운다. 여러분도 각자 좋아하는 십이면체가 있겠지만, 내가 선택한 것은 마름모십이면체이다. 마름모십이면체는 멋진 육각형 단면을 갖고 있다. 마치 원기둥을 많이 쌓아놓고 누르면 육각형이 되는 것처럼(벌집에서 일어나는 것처럼), 구를 잔뜩 쌓아놓고 누르면 마름모십이면체가 된다.

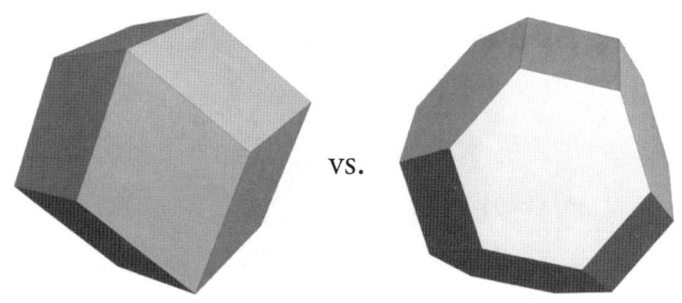

나는 마름모십이면체가 참 마음에 드는데, 특히 모든 면이 동일하고 서로 마주 보는 쌍들이 평행하기 때문이다. 이런 특성 때문에 마름모십이면체는 건축 계획에 사용하기에 이상적이다. 나는 (〈호기심 해결사Mythbusters〉의 진행자로 유명한) 애덤 새비지Adam Savage가 자신의 유튜브 채널 '테스티드Tested'를 위해 뭔가 재미있는 것을 만들려고 조직한 워크숍에 참석한 적이 있는데, 그때 단 하나의 제약은 그 일을 하루 만에 끝내야 한다는 것이었다. 나는 매직미러(단방향 투과성 거울)와 빛을 이용해 형태의 내부가 모든 방향으로 뻗어나가는 것처럼 보이게 만든 예술 설치물을 본 적이 있었다. 하지만 더 예술적인 작품은 정십이면체 같은 형태를 사용했는데, 이 형태는 화려하긴 하지만 공간을 완전히 채우지는 못한다. 나는 반사된 각각의 복제본이 나머지 모든 것과 딱 들어맞아 자기 자신만으로 공간을 완벽하게 채우는 형태를 사용하고 싶었다. 우리는 레이저로 절단한 아크릴 마름모로 무한한 보이드 램프를 디자인하기로 했다. 그 안을 들여다보면 모든 방향으로 사라지는 무한 격자를 엿볼 수 있다.

깎은 팔면체는 두 종류의 면을 갖고 있는데, 정육각형 8개와 정사각형 6개로 이루어져 있다. 이것은 12개의 동일한 면으로 이루어진 마름모십이면체만큼 깔끔하지 않다. 하지만 마름모십이면체의 꼭짓점은 두 종류가 있다. 어떤 것은 3개의 마름모가 만나고, 어떤 것은 4개의 마름모가 만난다. 반면에 깎은 팔면체의 꼭짓점은 모두 동일하다. 모든 꼭짓점에서 육각형 2개와 정사각형 1개가 만난다. 두 형태는 서로 다른 방식으로 균일한 형태를 유지한다.

마름모십이면체가 훨씬 으스스한데, 뭐 하러 직육면체를 사용하겠는가?

깎은 팔면체는 마름모십이면체보다 우위에 설 수도 있는데, 더 작은 표면적으로 동일한 부피를 만들 수 있기 때문이다. 즉, 같은 양의 치즈를 포장하는 데 플라스틱을 더 적게 쓸 수 있다.

이 문제는 1887년에 윌리엄 톰슨 William Thomson (켈빈 경)이 처음 제기했다. 그는 이 문제를 치즈 대신에 비눗방울 거품으로 표현했지만, 그 목표는 같았다. 즉, 빈틈없이 형태를 반복적으로 쌓아 부피를 최대화하고 표면적을 최소화하는 것이었다. 톰슨은 자신의 아이디어를 공책에 적는 강박적 습관이 있었는데, 그 덕분에 우리는 그가 9월 20일 아침에 침대에 누워 있을 때 이 문제를 처음 떠올렸으며, 11월 4일 무렵에 깎은 팔면체를 발견했다는 사실을 알게 되었다.

톰슨의 깎은 팔면체 해결책은 아직도 깨지지 않았다. 물론 두 가지 형태로 이루어진 웨이어-펠란 구조가 포장재를 0.3% 덜 사용하지만, 3차원을 단일 타일로 채우는 형태는 깎은 팔면체가 현재까지 챔피언 자리를 지키고 있다. 그렇긴 하지만, 수학자들은 이것이 최선의 해결책이라는 사실을 아직 증명하지 못했다. 그래서 이보다 더 나은 다면체가 저 어딘가에서 발견되길 기다리면서 숨어 있을 가능성이 여전히 남아 있다.

나는 깎은 팔면체가 직육면체의 궁극적인 장점인 '평평한 면으로 채우기' 특징을 모방하기에 가장 유리한 형태라고 생각한다. 어떤 형태를 선택해 치즈를 포장하건, 결국 그것은 직육면체 세상에서 살아가야 한다는 사실을 아무도 부인하지 못한다. 운송 컨테이너, 화물 운반대, 제품 진열대는 모두 직육면체이기 때문에, 직육면체 포장은 분명한 이점이 있다. 깎은 팔면체는 이 완벽함에 가까운데, 깎은 팔

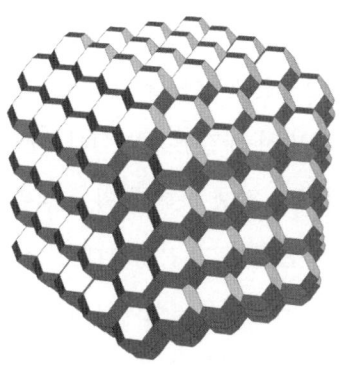

정말로 멋진 격자 구조가 아닌가!

면체는 정육면체 속에 쌓을 수 있고, 그것을 감싸는 상자에 함께 집어넣으면 바깥쪽 면들이 빈틈없이 딱 맞물리기 때문이다. 가장자리에 작은 틈이 있긴 하지만, 정육면체가 사용하는 포장 면적 중 88.6%를 사용한다. 포장 업계를 뒤집어놓을 정도는 아니다.

벌의 해결책

벌집의 고전적인 그림은 육각형 격자이지만, 이것은 방들로 통하는 입구, 즉 앞문에 불과하다. 벌집에는 뒷벽도 있어야 한다. 벌은 방들을 서로 벽을 공유하게 하면서 좌우 방향과 위아래 방향으로 쌓아갈 뿐만 아니라, 서로 딱 맞물리도록 배열한다. 그래서 각각의 방은 앞으로 튀어나와 있을 뿐만 아니라, 뒤쪽에 있는 방들과 격자 구조를 이룬다. 벌은 3차원 타일 덮기 문제도 해결해야 하는 것처럼 보인다.

여기서도 앞서와 같은 조건이 적용된다. 즉, 벌은 공간과 밀랍을 절약해야 한다. 벌은 2차원에서 육각형이라는 최적의 해결책을 찾았으니, 3차원 문제도 분명히 해결했을 것이다. 그렇다면 마름모십이면체와 깎은 팔면체 사이의 경쟁에 대해 최종 심판을 내릴 수 있을까? 음, 벌은 어느 한쪽을 선택한 게 분명한데, 벌집에서 방들의 끝부분이 어떤 모양이냐 하면…… 마름모십이면체이다.

앞쪽이 육각형 단면이니 뒤쪽도 육각형으로 끝나 전체가 육각기둥을 이루어야 완벽한 형태일 것 같다. 양봉 작업복을 전부 갖춰 입은 뒤 나는 양봉업자 친구와 함께 벌집 밀랍을 살펴보았고, 뒷면이 육각형 대신에 3개의 마름모로 변한 모습을 볼 수 있었다. 그런데 이것이 최적의 형태일까? 벌은 윙윙거리는 작은 수학 천재일까?

그렇지 않다. 1964년에 헝가리 수학자 페예시 토트 라슬로Fejes Tóth László는 「벌이 아는 것과 알지 못하는 것 *What the Bees Know and What They Do*

오른쪽이 나인데, 내 눈으로 직접 벌집의 마름모를 확인하고 있다. 그렇다. 나는 마분지로 만든 모형도 함께 가져갔다.

Not Know」이라는 제목의 논문을 발표했는데, 처음부터 강한 어조로 기선을 제압했다. 그 첫 문장은 다음과 같이 시작되었다. "이 논문 첫 부분에서, 우리는 문제에 관련된 어떤 매개변수에 대해서도 꿀벌보다 더 경제적인 벌집을 만든다." 이것은 벌들에게 심각한 도전장을 던진 것으로, 인간이 벌보다 더 잘할 수 있다고 주장한 것이다.

실제로 우리가 더 잘할 수 있다. 라슬로는 약간의 변경을 가하면 깎은 팔면체가 마름모십이면체보다 더 나은 형태라고 지적했다. 육각형을 찌부러뜨리고 정사각형을 약간 손대 변형시키면, 정육각형 단면을 갖게 할 수 있는데, 그러면 벌집의 육각형 방 입구와 딱 들어맞는다. 게다가 그러면 뒤에 있는 다른 방들의 층과도 완벽하게 맞물릴 뿐만 아니라, 밀랍을 0.14% 덜 사용하면서 마름모십이면체와 동일한 양의 부피를 제공할 수 있다.

마름모십이면체보다 나은 형태가 존재한다는 사실은 벌이 신성한 영감을 받아 수학 문제에 대한 최적의 해결책을 찾아냈다는 가능성을 부정한다. 벌은 그저 충분히 좋은 해결책을 진화시켰을 뿐이며, 그보다 약간 더 나은 해결책을 벌이 우연히 발견하기에는 충분히 좋은 해결책과 차이가 너무 컸다.

그리고 벌이 마름모십이면체를 만들려는 시도조차 하지 않는다는 사실을 기억할 필요가 있다. 벌은 단지 밀랍을 이리저리 밀 뿐이며, 그 결과가 우연히 벌집의 방 끝을 마름모 형태로 만들 뿐이다. 그렇다, 이 행동은 최적에 가까운 결과를 낳았기 때문에 특별히 진화했을 수 있지만, 그렇다고 해서 벌이 기하학을 하는 것은 아니다.

빈센트 갈로는 벌집 방들의 끝부분에 대한 실험도 했다. 다른 방들과 떨어져 고립된 상태에서 건설할 때, 벌은 방 끝의 밀랍을 밀어내 작은 구형 돔을 만든다. 그리고 벌에게 반대쪽 방과 정확하게 정렬시켜 만들도록 유도하면, 벌은 마치 당연하다는 듯이 방의 끝부분을 최악의 형태인 평평한 벽으로 만든다. 따라서 '벌은 기하학자'라는 이론은 무너지고 만다. 그렇다, 벌은 밀랍으로 매우 효율적인 벌집을 만들도록 진화했지만, 그렇다고 해서 수학을 하는 것은 아니다.

반복되지 않는 패턴으로 타일 덮기

오랫동안 수학적 타일 덮기 패턴의 성배는 표면을 완벽하게 덮지만 결코 반복되지 않는 방식으로 배열되는 다각형이었다. 지금까지 우리가 본 모든 타일 덮기 패턴의 공통점은 주기적 반복성이었다. 나는 건축업자에게 스너브-정사각형 타일 덮기를 나타낸 작은 그림만 제공하면 되었는데, 그들이 패턴을 올바르게 이해하기만 하면 그것을 끝없이 반복할 수 있기 때문이다. 아주 쉽다.

수학자들은 질서와 혼돈의 경계에 있는 형태를 꿈꾸었다. 어떤 다각형은 빈틈없이 깔끔한 패턴으로 표면을 덮을 수 있지만, 다른 것들은 빈틈없이 딱 들어맞지 않는다. 그러나 이 둘을 결합한 형태를 상상해보라. 이 형태는 반복되는 패턴을 만들지 않으면서 표면을 완전히 덮는다.

이 신비한 타일 덮기 패턴을 '비주기적$_{aperiodic}$' 타일 덮기 패턴이라고 부른다. '비주기적' 패턴을 만들어내는 타일은 많다. 정사각형 타일은 각 줄을 이전 줄과 서로 다른 무리수 거리만큼 차이가 나게 하는 방식으로 배열할 수 있다. 엄밀하게 보면, 이 배열은 반복되지 않는 패턴이다. 하지만 비주기적 패턴은 타일을 어떤 식으로 배열하더라도 주기적 패턴이 되는 것이 불가능해야 한다는 더 강한 조건을 포함한다. 정사각형 타일은 주기적 패턴으로 되돌릴 수 있으니 비주기적 패턴으로 간주하지 않는다.

최초의 비주기적 타일 집합은 1964년에 발견되었지만, 모두 2만 426가지 타일 형태를 결합하는 과정이 필요했다. 1974년에 이것은 펜로즈 타일Penrose tiles이라고 부르는 두 가지 형태로 줄어들었는데, 이 둘이 함께 짝을 지을 때에만 비주기적이었다. 그래서 독립적으로 비주기적 패턴이 될 수 있는 단일 타일을 찾는 노력이 계속 이어졌다. 이 신비로운 가상의 형태는 흔히 말장난으로 '아인슈타인einstein'이라고 불렸는데, 이 단어는 독일어로 '하나의 돌'이란 뜻이다.

수학자들은 그때까지 아직 아인슈타인 타일을 발견하지 못했지만, (만약 그것이 존재한다면) 그것이 어떤 형태일지에 대해 알고 있는 사실이 몇 가지 있었다. 2017년에 타일 덮기가 가능한 볼록오각형이 모두 발견되었다는 것을 보여준 라오의 증명을 떠올려보라. 이 증명으로 모든 볼록다각형을 찾는 작업이 끝났고, 표면을 완전히 덮을 수 있는 모든 볼록다각형은 깔끔한 주기적 방식으로 표면을 덮는다는 것이 확인되었다. 만약 비주기적 단일 타일이 있다면, 그것은 볼록다각형이 아니다. 거기에는 오목한 부분, 즉 안쪽으로 들어간 부분이 있어야 한다.

2010년에 아인슈타인이 발견되었다! 그러나 그것은 끔찍한 형태

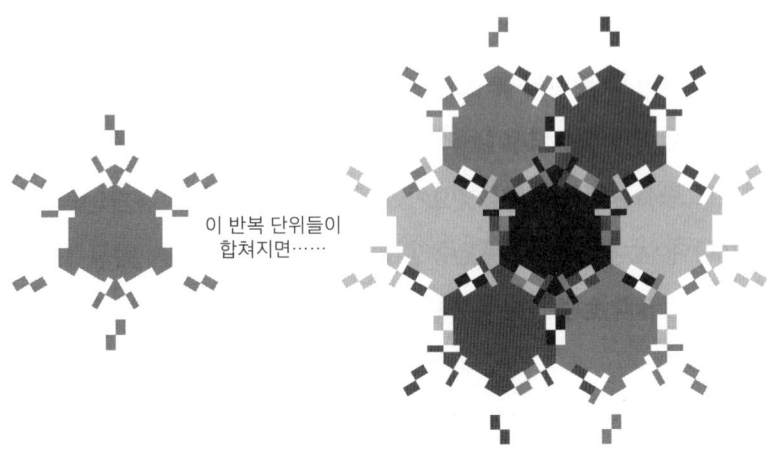

이 반복 단위들이 합쳐지면……

욕실 바닥을 이런 타일로 깔려는 사람이 있을까? 나는 그랬다.

였다. 발견자들의 이름을 따서 소콜라-테일러 타일 Socolar-Taylor tile 로 명명된 그것은 비주기적 단일 타일이었지만 연속적이지 않았다. 불연속적인 작은 조각이 여러 개 모여 '하나의 타일'을 이루었다. 각각의 타일이 여러 개의 이질적인 부분으로 이루어져 있다는 것은 분명히 불만족스러웠다. 후속 발표에서 발견자들은 이를 '합리적인 정의에 따른 아인슈타인'이라고 표현했다. 이 말은 전적으로 옳다. 하지만 수학자와 건축가는 각각의 타일이 하나의 단단한 조각이어야 한다는 것이 더 합리적인 정의라는 데 동의했다.

그런데 2023년 3월에 그러한 타일이 발견되었다. 최초의 비주기적 단일 타일이! 식탁에서 재미로 이것저것 만지고 있던 사람이 발견했는지, 아니면 고도의 컴퓨터 검색을 통해 발견되었는지 한번 추측해보라! 정답을 바로 공개하겠다. 나는 그 발표 장면을 생생하게 기억한다. 뉴스 발표는 3월 21일에 있었고, 3월 22일에 나는 런던 왕립학회에서 '지금까지 수학 분야에서 일어난 흥미로운 발견'이라는 제목으로 공개 강연을 하기로 돼 있었다. 그래서 부랴부랴 강연 내용을 수정했다.

흥분이 즉각적으로 퍼져나갔다. 그것은 수학계를 빠르게 휩쓸고 지나갔으며, 주류 미디어도 그 뒤를 따랐다. 그 형태를 발견한 수학자들은 그것이 모자처럼 생겼다고 생각해 '모자the Hat'라고 이름 붙였다. 그것이 셔츠를 많이 닮았다고 주장하는 사람들도 있었다. 중요한 것은 그 형태가 멋지고 깔끔하고 대중 친화적 형태라는 점이었다. 얼마 지나지 않아 사람들은 '모자'를 3D 프린팅으로 만들고, '모자'와 같은 모양의 쿠키를 굽기 시작했다. 내 친구인 아일리언 맥도널드 Ayliean MacDonald는 내가 왕립학회에서 강연할 때, 직접 만든 '모자' 문양으로 뒤덮인 드레스를 입고 나타났다.

모자는 대중과 수학자 모두에게 인기를 끄는 요소가 있었는데, 바로 놀라울 정도로 단순하다는 점이었다. 50년이 넘도록 수학계가 이 형태를 알아채지 못했다는 사실을 감안할 때, 비주기적 단일 타일이 이토록 단순한 형태일 거라고는 아무도 예상하지 못했다. 그것은 13변 다각형으로, 내가 예상했던 것보다 변의 수가 훨씬 적었다. 예상한 대로 오목한 형태이긴 하지만, 분리되거나 조각난 부분이나 구멍은 전혀 없다. 그 형태를 바라볼 때, 나는 변형된 정삼각형이라는 느낌을 받는다. 그 발견을 발표한 연구 논문도 "그 형태는 단순성 면에서 지극히 평범하다."라고 묘사했다.

이 모든 이야기는 모자를 발견한 업적을 깎아내리려는 것이 아니다. 모자를 발견한 사람은 은퇴한 인쇄 기술자 데이비드 스미스David

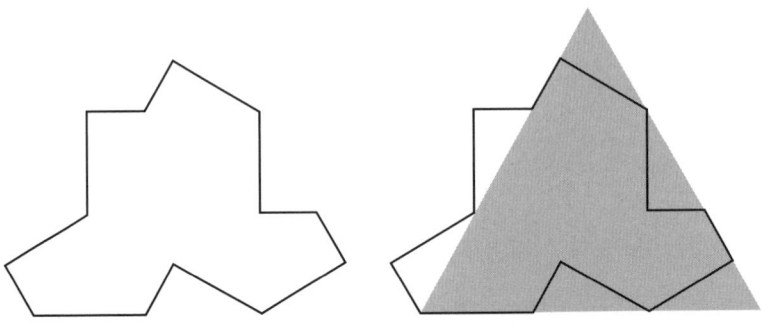

내가 보기에 모자는 네 조각이 잘려 나가고 두 조각이 추가된 정삼각형으로 보인다.

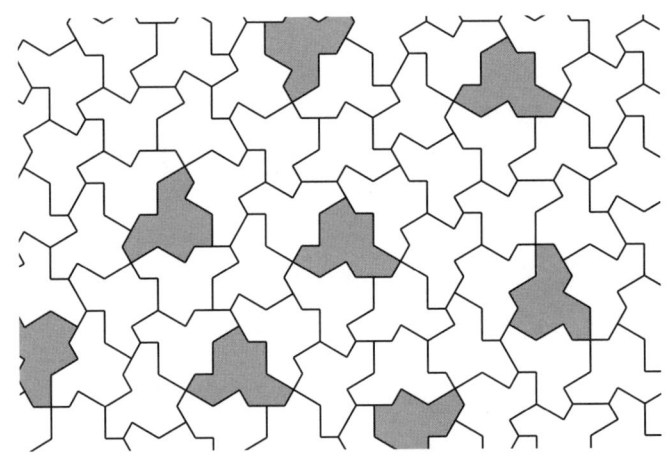

모자 타일 덮기(회색은 뒤집힌 타일). 모욕적일 정도로 단순하다.

Smith로, 식탁에서 레크리에이션 수학을 하다가 모자를 발견했다. 그는 타일 덮기 소프트웨어로 여러 가지 형태를 디자인하고 있었는데, 모자 모양의 윤곽을 그린 후, 그것을 타일 덮기 패턴으로 명백하게 배열하는 방법이 없다는 사실을 깨달았다. 하지만 왠지 그 형태는 딱 들어맞을 것만 같았다. 데이비드는 마분지에서 그 형태를 30개 잘라낸 뒤, 그것들을 딱 들어맞게 하는 데 성공했는데, 분명한 패턴은 나타나지 않았다. 그는 또다시 30개를 잘라내 타일 덮기 작업을 계속 이어갔지만, 여전히 분명한 패턴은 나타나지 않았다.

데이비드는 수학자 크레이그 캐플런Craig Kaplan에게 연락했는데, 캐플런은 그 목적에 맞게 개조한 소프트웨어를 사용해 모자로 얼마나 멀리까지 타일 덮기를 이어갈 수 있는지 탐구했다. 그 결과, 모자는 완벽한 타일 덮기를 할 수 없다고 알려진 나머지 형태들보다 더 멀리까지 타일 덮기를 하는 데 성공했는데, 이 사실은 모자로 실제로 무한한 표면을 덮을 수 있음을 시사하는 강력한 증거로 보였다. 하지만 모자가 만들어내는 패턴은 주기적이지 않았다. 더 많은 수학자가 참여했고, 곧 그들은 모자가 정말로 비주기적 단일 타일이라는 것을 증명했다. 완전을 기하기 위해 그들은 두 가지 방법으로 증명하기까지 했다. 첫 번째 증명은 컴퓨터를 사용한 것이었는데, 증명에는 성공했지만 왜 그 형태가 비주기적인지에 대해서는 아무런 통찰도 제공하지 않았다. 그들도 논문에서 "이 계산은 필연적으로 임시방편적이며, 본질적으로 아무 통찰도 제공하지 않는다."라고 썼다. 그래서 그들은 이번에는 훨씬 더 만족스러운 방법으로 그것을 다시 증명했다. 이제 이것이 모두가 찾고 있던 아인슈타인 형태라는 것이 의심의 여지가 없이 증명되었다.

그러자 데이비드가 하나를 더 발견했다.

'거북the Turtle'이라고 명명된 그 형태는 두 번째 아인슈타인 사례였다. 서로 아무 관련이 없는 아인슈타인 2개를 한 사람이, 그것도 첫 번째를 발견한 지 얼마 지나지 않아 두 번째까지 발견할 확률은 매우

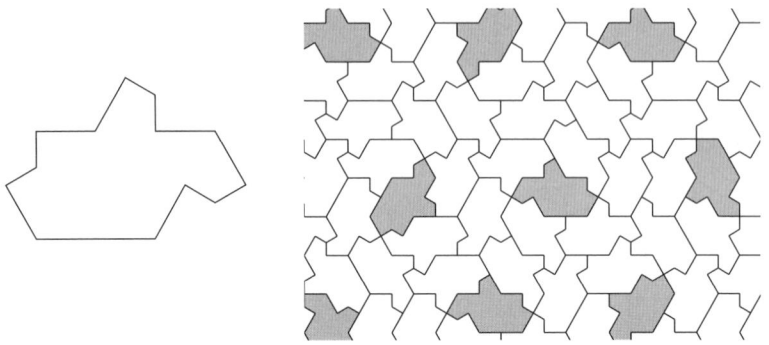

나는 이것이 모자를 쓴 거북 형태라는 데 모두가 동의하리라고 생각한다.

희박하다. 그리고 조금 더 깊이 연구한 결과, 모자와 거북은 사실 같은 타일 '가족'의 두 구성원이라는 사실이 드러났다. 이것은 모든 직사각형을 동일한 형태 가족의 일원으로 보는 것과 같은데, 직사각형 가족 구성원들은 가로세로 두 변의 길이 비율이 제각각 다를 뿐이다. 실제로 직사각형에서 그 비율은 무엇이 되어도 상관없으므로, 직사각형 가족의 수는 무한하다. 모자 가족도 마찬가지이지만, 그 비율이 덜 단순하다. 원래의 모자는 서로 다른 두 변의 길이(1과 $\sqrt{3}$)로 만들어지는데, 이 길이를 변화시키면 다른 아인슈타인을 만들 수 있다.

변의 길이를 반대로 $\sqrt{3}$ 과 1로 바꾸면 그 결과로 나오는 형태가 바로 거북이다. 나머지 모든 비율도 잘 성립하지만, 세 가지 예외가 있다. 만약 무한한 모자 타일 가족 전체를 일렬로 늘어세우고, 각 타일을 정의하는 두 변의 길이로 라벨을 붙인다면, 타일 0, 1로 시작해 타일 1, 0으로 끝날 것이다. 양 끝에 있는 두 타일은 엄밀하게는 비주기적이지 않다. 이 둘은 비주기적으로 배열할 수 있지만, 주기적인 배열도 가능하다.

　기묘하게도 정확히 중간에 있는 1, 1 타일도 비주기적이지 않다. 어떤 형태가 비주기적이려면, 질서와 혼돈 사이에 놓여 있는 매우 가느다란 경계선을 걸어가야 한다. 질서가 너무 많으면 주기적 형태가 되고, 혼돈이 너무 많으면 표면을 완전히 덮을 수 없게 된다. 정확하게 중간에 위치해 두 변의 길이가 같은 이 경우는 충분한 질서를 갖게 되어 주기적 형태가 되고 만다. 그래도 긍정적인 측면은 비주기적 속성을 지닌 그 밖의 형태들이 무한히 많이 있다는 사실이다.

　이것은 수학에서 흔한 일이다. 반세기 동안 하나의 비주기적 단일 타일을 기다렸는데, 갑자기 무한히 많은 타일이 동시에 나타났다. 유일하게 약간 실망스러운 점이 있다면, 이 모든 타일 덮기가 타일 덮기 과정에서 타일의 반사 형태를 사용한다는 점이었다. 수학자들은 여기에 아무 문제를 못 느끼지만, 실제 욕실 타일이나 보도블록은 앞뒤의 구분이 있다. 그래서 실망스럽게도 모자는 좋은 욕실 타일이 될 수 없다. 그러니 반사 형태를 사용하지 않고 타일 덮기를 할 수 있는 새로운 아인슈타인을 발견해야 한다. 우리는 그저 희망을 갖고 기다릴 수밖에 없다.

　그리고 그 희망은 이미 결실을 거두었다! 2023년 5월, 첫 번째

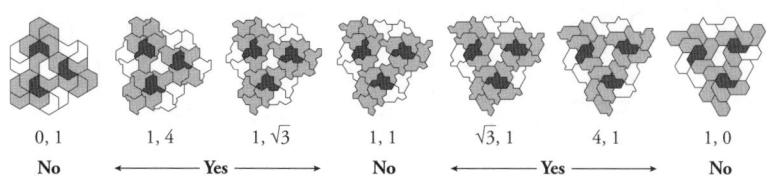

모자 가족을 대표하는 몇몇 구성원.

아인슈타인이 발표된 지 불과 두 달 후에 같은 팀이 '카이랄 비주기적 단일 타일chiral aperiodic monotile'을 발표했는데, 이것은 반사를 사용하지 않고 타일 덮기를 할 수 있는 비주기적 단일 타일이었다. 덧붙이자면, 두 달이라는 시간은 수학 커뮤니티에서 아인슈타인에 관한 '결정적' 이야기를 모든 종류의 팟캐스트, 비디오, 블로그, 잡지 기사를 통해 널리 퍼뜨리기에 충분한 시간이었다. 그랬는데 이 발표로 '와장창!' 하고 모든 것이 무너져버리고 말았다.(이 책이 출판될 때, 또 무엇이 발표될지는 아무도 모른다.)

이 새로운 형태는 '유령'이란 뜻으로 '스펙터Spectre'라는 이름이 붙었는데, 눈에 잘 띄지 않게 숨어 있었기 때문이었다. 데이비드는 모자 가족 한가운데에서 그것을 발견했다. 그것은 우리가 이전에 무시했던 1, 1 모서리를 가진 형태였다! 비주기적 모자 타일 덮기에서는 모두 자신의 반사 형태를 함께 사용해야 했지만, 1, 1 타일에서는

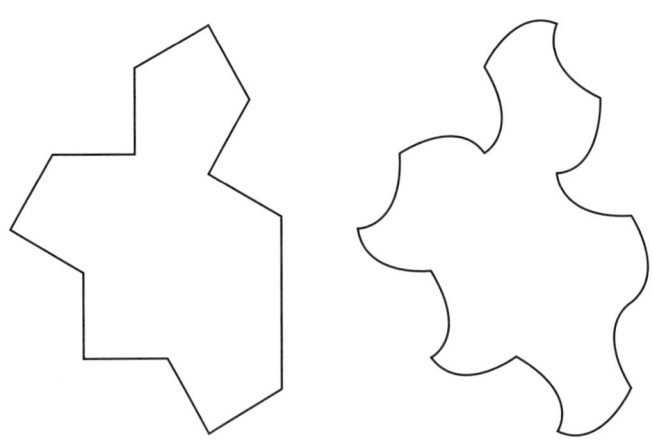

왼쪽은 1, 1 타일, 오른쪽은 스펙터로 변장한 형태.

반사 버전이 비주기성을 막는 원인이었다. 만약 반사 형태를 금지한다면, 그것은 비주기적 형태가 될 것이다. 데이비드와 팀은 모서리를 특별한 방식으로 곡선으로 만들면, 반사 형태가 전혀 맞물리지 못하게 만들 수 있다는 사실을 깨달았고, 그럼으로써 스펙터를 '엄밀한 카이랄 비주기적 단일 타일'로 바꾸었다. 임무 완료!

시간이 지나면서, 나는 일반 대중이 수학계의 최신 소식에 주의를 기울이는 능력이 (비디오 게임의 파워 바처럼) 점점 높아지고 있는 이 적절한 시기에 모자가 등장해 흥분의 저수지를 고갈시킨 게 아닌가 하는 느낌이 들었다. 두 달 뒤에 스펙터가 발표되었을 때, 주류 미디어나 대중은 그 소식에 아예 눈길조차 주지 않았다. 물론 수학계 사람들은 크게 흥분했지만(어쩌면 이 소식이 더 놀라운 결과일지 모르니까), 일반 대중은 그렇게 빨리 또 하나의 새로운 형태가 발견된 것에 환호할 필요를 느끼지 않았다. 비록 이 형태가 욕실 타일 덮기에 이상적이라 하더라도 말이다.

이 글을 쓰고 있는 현재, 나는 다음에는 또 어떤 놀라운 형태가 나올지 궁금하다. 그것은 어디에서든 나올 수 있다. 나는 모자 팀에 연락해 이 원고를 마무리하는 순간에 발표할 새로운 타일 덮기 형태가 없는지 재삼 확인했다. 그들은 전체 모자 가족을 발견하고 나서 그 형태들이 그렇게 특이한 것이 아님을 보았기 때문에, "따라서 우리는 그 뒤를 이어 흥미로운 단일 타일 동물원이 새로 나타날 것으로 기대합니다."라고 썼다.

나도 그러길 바란다. 하지만 적어도 이 책의 다음 판이 나오기 전까지는 그러지 않았으면 좋겠다.

6

형태는 어디서 나오는가

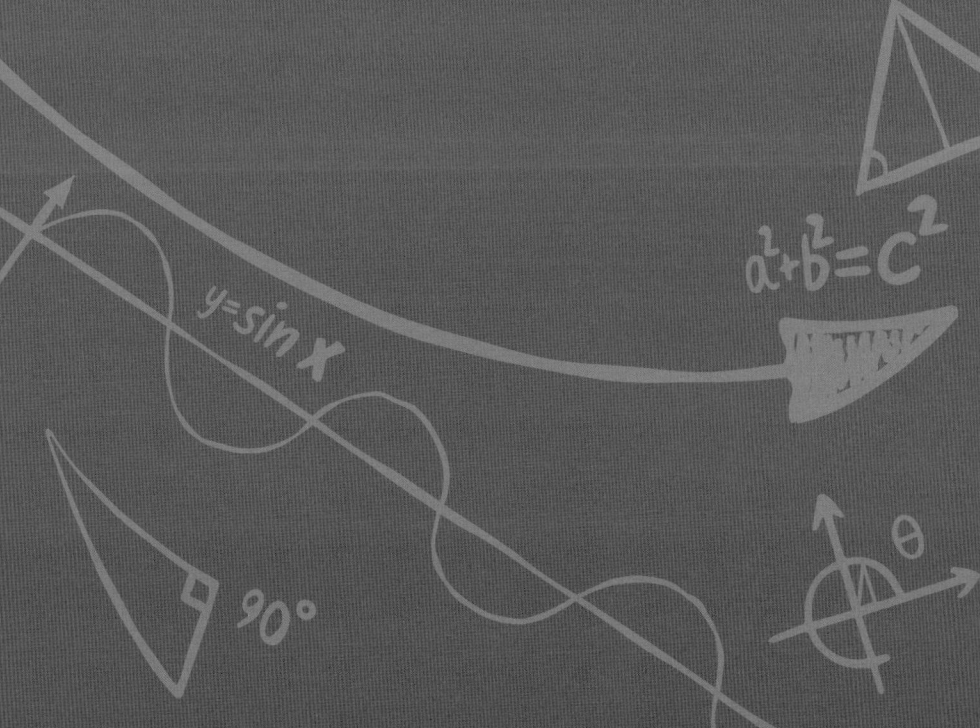

남아프리카 공화국의 라이징스타 동굴계에는 매우 좁은 통로가 있다. 특별한 방들이 모여 있는 장소는 가장 가까운 동굴 입구에서 120m나 떨어져 있고, 그곳에 가려면 방문객은 폭이 20cm도 안 되는 틈을 통과해야 한다. 처음으로 그곳을 탐험한 고인류학자는 다이어트로 25kg을 감량하고 나서야 간신히 틈을 통과할 수 있었다(그리고 다시 올라올 때에는 회전근개가 찢어졌다). 이 동굴을 찾은 이전 방문자들, 즉 지금은 멸종한 인류인 호모 날레디*Homo naledi*는 체격이 우리보다 작아 훨씬 쉽게 통과했을 것이다. 그들은 이 깊은 동굴의 방들을 자주 방문했던 것으로 보이며, 이곳에 최초의 인간 미술 작품으로 여겨지는 것을 남겼다.

우리가 호모 사피엔스로 진화할 준비를 할 무렵, 그리고 인간의 언어가 진화하기 훨씬 전인 약 30만 년 전에 우리의 이 사촌들은 돌을 집어 들고 힘든 작업 끝에 단단한 동굴 벽을 긁어 자국을 남겼다.

그 자국 중에서 기하학적 패턴이 눈길을 끄는데, 그중에는 삼각형도 포함돼 있다. 그렇다, 25만 년도 더 전에 인간이 남긴 최초의 낙서가 바로 삼각형이었다. 이것을 삼각형의 발명으로 보아야 할까? 본론에서 벗어나 한참 딴 길로 새야 할 만큼 이 질문에 답하는 것이 가치가 있다고 생각하진 않지만, 지능을 가진 동물이 우연히 동굴 벽에 삼각형을 새기기 전까지는 '삼각형' 개념이 우주에 존재하지 않았다고 생각하긴 어렵다. 그래서 나는 그저 이 책이 '수학이 발견되었다'라고 보는 진영에 속한다고 선언하고는, 그 문제에 관한 추가 질문에는 더 이상 답하지 않으려고 한다.

이제 우리는 우주에 모든 형태가 들어 있는 이론적 창고가 있다고 상상할 수 있다. 때때로 인간은 거기서 새로운 형태를 발견한다. 삼각형은 초기의 '쉬운' 발견이었고, 그 후 새로운 형태들이 줄지어 발견되었다. 내가 이 책을 쓰는 동안에도 새로운 형태가 둘 이상 발견되었고, 그래서 수학책을 쓰는 것은 마치 '형태 두더지 잡기' 게임 같다는 느낌이 든다.

그렇다면 어떤 것이 형태로 간주될까? 지금 당장 종이를 한 장 꺼내, 임의로 선과 곡선을 몇 개 슥슥 긋고는 그 결과물을 새로운 형태라고 선언할 수 있다. 당신이 그린 것과 똑같은 '프랑켄 선'을 다른 사람이 그린 적은 분명히 없을 것이다. 하지만 나는 우주의 창고를 차별화되는 '참된 형태'들의 집합으로 업그레이드하려고 한다. 참된 형태는 다음의 독특한 속성 중 적어도 하나를 지녀야 한다. 그것은 어떤 측면에서건 독특해야 하고, 흥미로운 일부 구속 조건을 충족해야 하고, 실용적인 문제를 해결해야 하고, 전체 형태 가족의 마스

코트가 되어야 한다. 이제 우주의 창고는 어느 정도 품질 관리가 유지되고 있다.

수학자들(그리고 수학 애호가들)이 발견해 끊임없이 유입되는 새로운 형태들은 가끔 더 광범위한 대중의 관심을 끈다. 예컨대 2018년 7월에 에스파냐의 수학자들이 '스쿠토이드scutoid'라는 새로운 형태를 발표했을 때 그런 일이 일어났다. 이 형태가 미디어 친화적인 데다가 때마침 기삿거리가 별로 없던 날이어서 스쿠토이드는 대중매체에 소개되었고, 그러자 금방 전형적인 반응이 나타났다. 아직도 발견될 새로운 형태가 남아 있다는 사실에 대한 불신과 의심이었다.

이 새로운 형태는 생물학자들이 앞에서 우리가 본 문제에 도전한 결과로 발견되었는데, 그 문제는 바로 형태들을 빈틈없이 딱 맞춰 공간을 완전히 채우는 것이다. 이 연구 결과는 "스쿠토이드는 상피세포의 3차원 채우기에 대한 기하학적 해결책"이라는 제목으로 발표되었다. 여기서 우리가 해독해야 할 유일한 생물학적 단어는 '상피세포'인데, 논문의 첫 번째 줄에 "상피세포는 후생동물의 기본 구성 요소이다."라고 설명돼 있다. 참 고마워요, 생물학자 여러분. 우리가 이해하지 못한 단어를 우리가 이해하지 못하는 또 다른 단어를 사용해 설명해주다니. 이것은 마치 내가 "스쿠토이드는 그냥 일종의 프리즈마토이드prismatoid이다."라고 말하는 것과 같다.

'후생동물'은 사실 동물을 조금 근사하게 표현하는 단어이다.(후생동물은 엄밀하게는 2개 이상의 세포로 된 동물을 말한다. 따라서 하나의 세포로만 이루어진 원생동물을 제외한 나머지 모든 동물이 후생동물에 속한다.─옮긴이) 그들이 왜 그냥 동물이라고 말하지 않았는지 잘 모르겠다. 중요한 점은 여기서 말하는 후생동물이 바로 우리라는 것이다. 상피세포는 층층이 쌓이며 형성되고, 피부와 눈알에서부터 폐, 그리고 생각할 수 있는 거의 모든 체강의 바깥 표면을 이룬다. 생물학자들은 서로 결합해 3차원을 꽉 채우는 이 상피세포들이 정확히 어떤 형태인지 알고 싶었다.

나는 앞에서 3차원 공간을 채우는 방법으로 각기둥$_{prism}$을 무시했지만, 그 이유는 순전히 내가 수학적으로 흥미로운 것을 찾고 있었기 때문이다. 상피세포는 벌과 마찬가지로 흥미로운 것에 신경 쓰지 않는다. 그들은 단지 효율적인 방식으로 공간을 채우도록 진화했을 뿐이고, 그걸 잘 해내는 방법 중 하나가 각기둥이다. 각기둥은 양 끝이 2차원에서 딱 들어맞는 형태를 하고 있고, 그 표면들이 직사각형들과 이어져 3차원 형태를 만든다. 이 세포들이 층층이 쌓여 조직의 층을 형성하려면 당연히 이 방법을 사용해야 하는 것처럼 보인다.

하지만 각기둥만으로는 생물학자들이 이 세포들이 만드는 구조에서 관찰되는 형태와 곡률을 설명할 수 없다. 상피세포의 층들은 평평하지 않고, 완벽한 각기둥(옆면들이 평행하고 양 끝이 같은 모양인 구조)으로는 설명할 수 없는 방식으로 구부러져 있다.

마치 직육면체가 변의 길이가 다른, 더 일반적인 종류의 정육면체인 것처럼, 프리즈마토이드('유사 각기둥'이라고도 함)는 제약 조건이 더 적은 각기둥이다. 한쪽 끝 면이 다른 쪽보다 작은 형태의 프리즈마토이드를 '절두체$_{截頭體, frustum}$'라고 부른다. 이것은 갈수록 점점 가늘어지는 각기둥 또는 꼭대기를 잘라낸 피라미드로 생각할 수 있다. 그리고 이 형태는 결코 무의미한 것으로 간주되지 않으며, 오히려 생물학자들은 상피세포층이 곡선 모양을 이루는 것은 바로 이 형태 때문이라고 생각했다.

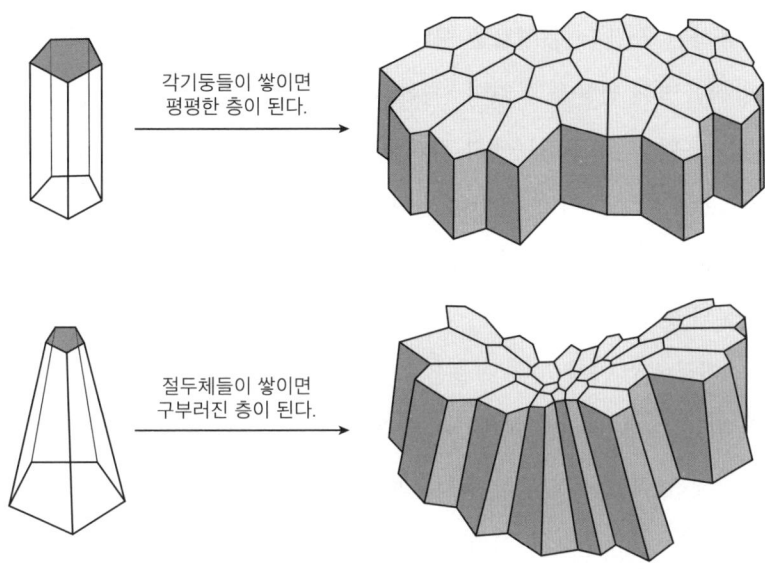

각기둥들이 쌓이면 평평한 층이 된다.

절두체들이 쌓이면 구부러진 층이 된다.

이러한 세포층들은 앞에서 본 타일 덮기보다 조금 더 지저분한데, 개개 세포의 모양이 모두 제각각 다르기 때문이다. 생물학자들은 어떤 종류의 형태들이 모여 이러한 층을 만드는지 분류하는 것을 목표로 삼았고, 한쪽 면의 세포 표면이 점점 작아짐에 따라 표면이 구부러지면서 각기둥 형태의 세포가 절두체 형태가 된다고 추론했다. 하지만 이것만으로는 실제 동물 조직에서 관찰되는 것을 다 설명할 수 없었다. 퍼즐에서 새로운 형태 조각이 빠져 있었다.

각기둥 가족의 다음 구성원은 한 면이 축소되는 대신에 회전할 때 생겨난다. '엇각기둥antiprism'은 한 면이 회전하여 반대 면과 정렬이 어긋날 때 생기는데, 각 꼭짓점이 반대 면의 꼭짓점들 사이의 중간에 위치한다. 그리고 양면의 두 다각형이 직사각형으로 연결되는 대신에 우리의 좋은 친구인 삼각형으로 연결된다. 이렇게 삼각형을 사용하면 훨씬 더 흥미로운 형태가 생긴다! 우리는 지루한 현대 건축이 직육면체 건물을 끝없이 만들어내는 것을 이미 보아왔다. 물론 우리는 흥미를 위해 절두체와 각기둥 형태의 건축을 시도해볼 수 있지만, 그런 시도는 이미 4000년 전의 건축물에서 볼 수 있다. 정말로 흥미로운 시도는 엇각기둥 건물이다. 그리고 아주 대단한 사례가 이미 건설되었다!

미국에서 가장 높은 건물은 뉴욕시의 재건된 금융 지구에 위치한 원 월드 트레이드 센터이다. 이 건물의 높이는 541.32m로, 일부는 직육면체 형태이고, 일부는 첨탑으로 이루어져 있다. 건물 대부분은 엇사각기둥이다. 건물은 정사각형 형태로 시작해 8개의 유리 삼각형이 하늘로 치솟는다. 4개는 모서리에서, 그리고 각 꼭짓점에서 1개씩 출발한다. 이것들은 결국 위쪽 정사각형에 도달하는데, 위쪽 정사각형은 아래쪽 정사각형과 45° 틀어져 있다. 그 결과, 그 사이의 모든 층은 팔각형이며, 중간층은 모든 변의 길이가 같은 정팔각형이다.

원 월드 트레이드 센터는 위로 올라갈수록 가늘어진다.(이 형태는 엇각기둥인 동시에 절두체이다. 그러니 '엇절두체antifrustum'라고 부를 수 있다.) 지상에서는 그 형태를 명확하게 보기가 조금 어려워서, 내가 친구 로라 탈먼과 함께 뉴욕시에 갔을 때, 로라는 그 건물의 기하학적 구조를 좀 더 명확하게 볼 수 있도록 건물 모형을 3D 프린팅으로 만들어주었다. 실로 로라다운 행동이다! 건물 꼭대기 부분은 정확

한 크기 비율로 제작되어, 45° 회전된 상태에서도 모퉁이들이 삐져나오지 않았다.

이 여행을 떠나기 전에 우리는 이러한 종류의 엇절두체는 부피가 얼마인지를 놓고 토론을 벌였는데, 그 계산은 다소 복잡해 보였다. 그때 로라는 건물 꼭대기 부분의 특별한 크기 때문에 이 엇절두체 건물의 부피는 같은 밑면을 가진 직육면체 부피에서 건물 꼭대기 부분과 같은 밑면을 가진 각뿔의 부피를 뺀 것과 같다는 사실을 발견했다. 나는 이 통찰이 정말 대단하다고 인정하지 않을 수 없지만, 로라가 모형으로 그것을 보여주기 전까지는 이해하기 어려웠다. 이것은 매우 즐겁지만 불필요한 것일 수도 있는 기하학일까? 그렇다. 이것은 기하학자들의 그림자 집단이 세상을 좌지우지하고 있다는 것을 보여줄까? 여기에 대해서는 답변하지 않겠다.

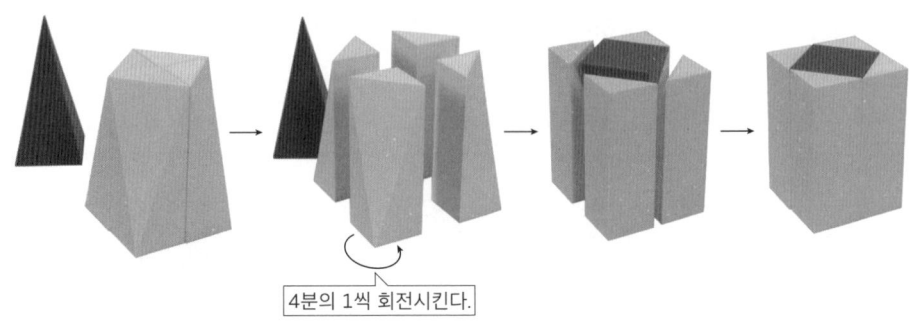

탑과 각뿔을 합친 것은 같은 발자국을 가진 직육면체와 같다.

상피세포의 형태를 찾는 과정에서 우리는 엇각기둥(그리고 엇절두체) 다음에 어울리지 않는 형태들끼리 뒤섞인 '프리즈마토이드'를 만나게 된다. 이 형태는 서로 다른 두 평면 다각형을 평행하게 배치한 뒤, 다양한 직사각형과 사다리꼴과 삼각형을 사용해 두 다각형을 연결한 것이다. 이것은 과학자들이 관을 형성한 상피세포를 조사하면서 등장했다. 과학자들은 각각의 세포가 관의 벽 양쪽에서 하나의 면을 이루고 있어야 한다는 사실을 알고 있었고, 세포들의 배열 방식도 상당히 잘 이해하고 있었다.(전문 지식이 약간 있는 사람들을 위해 말한다면, 세포들은 보로노이 배열Voronoi arrangement 을 따른다.) 그들은 각 세포의 안쪽 면과 바깥쪽 면의 중심점들을 가지고 시작해 컴퓨터 모형을 돌렸다. 그리고 세포들이 이웃 세포들과 연결되는 방식은 표면 양쪽이 서로 다르다는 사실을 발견했다.

표면 한쪽에서는 세포가 주변 세포 5개와 접촉할 수 있지만, 다른 쪽에서는 6개와 접촉한다! 즉, 세포들은 층을 따라 지나가면서 단순히 커지거나 작아지는 데 그치지 않고, 이웃 세포의 수도 변한다.

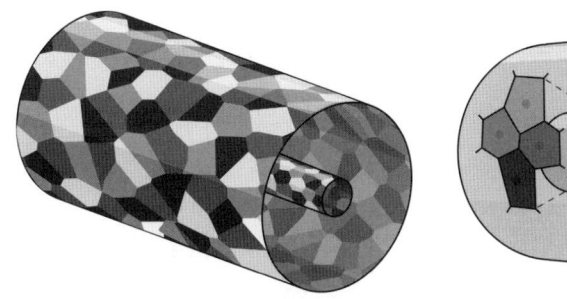
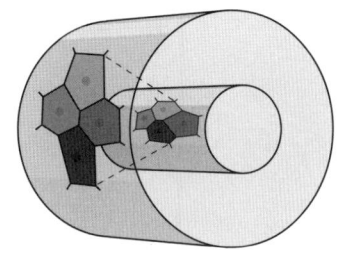

세포들로 이루어진 완전한 관, 그리고 바깥쪽 표면과 안쪽 표면이 일치하는 곳에 있는 몇몇 세포를 확대한 모습.

이것은 한쪽 끝은 오각형, 다른 쪽 끝은 육각형인 형태의 존재 가능성을 의미하며, 각기둥에 삼각형 하나를 끼워 넣음으로써 그 형태를 만들 수 있다.

그런데 실제로는 일이 이렇게 진행되는 것 같지 않았다. 나는 생물학자들을 돕기 위해 초빙한 수학자 중 한 명인 클라라 그리마Clara Grima와 대화를 나눴다. 클라라는 수학적 모형을 반복적으로 실행하여 결국 현미경 아래에서 보이는 것과 일치하게 했다. 이것은 과학에서 흔히 일어나는 상호 작용이다. 수학자들이 현실의 작용 방식을 설명하는 수학적 가설을 제시하면서 그 모형을 사용해 예측을 하면, 관찰 과학자들은 그 모형이 실제로 자신들이 보는 것과 같은지 확인한다. 세포 옆면의 길이에 맞는 삼각형을 사용한 모형은 생물학자들이 세포들의 행동에서 관찰한 모습과 정확히 일치하지 않았다. 몇 번의 반복 후에 그들은 세포의 형태가, Y자 모양을 사용해 두 정점을 하나로 잇는 완전히 새로운 것이라는 사실을 알아냈다. 그들은 그 형태를 '스쿠토이드'라고 명명했다.

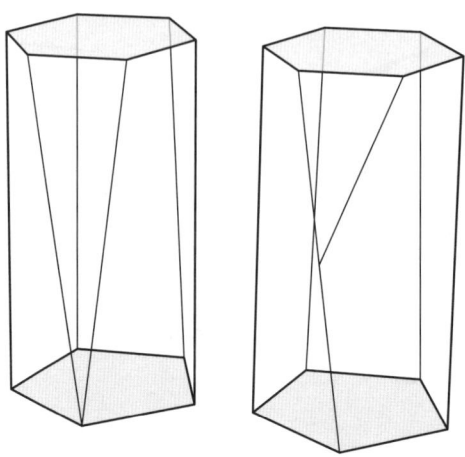

육각형에서 오각형으로 가는 게으른 프리즈마토이드와 자연이 실제로 사용하는 약간 더 흥미로운 해결책.

이것은 내가 아까 의도적으로 모호하게 표현했던 말이 틀렸음을 의미한다. 스쿠토이드는 사실 비록 매우 밀접한 관련이 있긴 하지만 프리즈마토이드의 한 종류가 아니다. 프리즈마토이드는 모든 정점이 평행한 두 평면 끝에 있다. 반면에 스쿠토이드는 가운데에 외따로 떨어진 정점이 하나 더 숨어 있다. 이 정점은 상피세포층들 사이에 숨어 영겁의 세월 동안 생물학자들의 눈을 피해왔다. 이것은 오로지 훌륭한 수학적 연구를 통해 드러났다.

스쿠토이드가 프리즈마토이드와 구별되는 특징이 하나 더 있다. 스쿠토이드는 면들이 평평하지 않다. 로라 탈먼은 최초로 스쿠토이드를 3D 프린팅으로 만들려고 시도했을 때 이 사실을 발견했는데, 그 결과로 만들어진 형태들이 실제 세포들과는 달리 딱 들어맞지 않았다. 로라는 곡면을 허용하도록 코드를 수정했고, 그러자 모든 것이 제대로 들어맞았다. 이것은 스쿠토이드가 형태로 볼 때 더 엄격한 '다면체'보다는 더 포괄적인 '입체solid'에 속한다는 것을 의미한다. 로라의 STL 파일은 인터넷에서 찾아볼 수 있다(스쿠토이드 하나당 삼각형 2208개).

 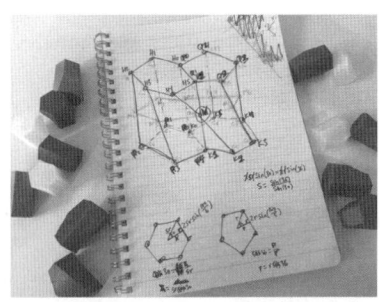

로라가 3D 프린팅으로 만든 스쿠토이드와 그것을 실현하는 데 필요한 수학을 적은 페이지.

스쿠토이드는 전문적이고 과학적인 간행물에서 시작해 대중 과학 매체와 주류 미디어까지 퍼져갔다. 영국의 타블로이드 신문 『미러』가 거울 대칭이 없는 형태에 대해 보도하는 일은 드물지만, 이번에는 "과학자들이 피부세포에서 발견한 완전히 새로운 '스쿠토이드' 형태"라는 매우 직설적인 헤드라인을 단 기사를 실었다. 『뉴욕 포스트』는 조금 불길한 느낌을 주는 "과학자들이 우리 모두의 몸속에서 살고 있는 완전히 새로운 형태를 발견하다"라는 제목의 기사를 실었고, 『포브스』에 실린 기사는 "스쿠토이드란 무엇인가? 그것은 당신을 포함해 모든 사람에게 있는 새로운 형태이다"라는 좀 더 진지하지만 상당히 흥미로운 제목을 달았다.

내가 제안한 "새로운 스쿠토이드 형태가 당신에게서 자랄 것이다."를 쓴 곳은 한 군데도 없었다.

입체

형태 발견이라는 부문에서는 세 사람의 이름이 나머지 모든 이름을 압도하는데, 그 세 사람은 플라톤Platon과 아르키메데스Archimedes와 존슨Johnson이다. 이들은 모두 완전한 형태를 찾으려고 했고, 각자의 이름이 붙어 있는 특정 3차원 다면체들이 있다. 완전한 형태란 그 속성이 한결같이 유지되는 형태를 말한다.

우리는 이미 등변삼각형(정삼각형)을 만났는데, '등변'이란 모든 변의 길이가 같다는 뜻이다. 그 밖에도 변의 길이가 모두 같고 모든 각이 같은 나머지 정다각형들도 만나보았다. 플라톤과 아르키메데스, 존슨은 3차원에서 이 이상을 얼마나 멀리 확장할 수 있는지 제각각 나름의 방식으로 탐구했다.

플라톤은 기원전 427년에서 기원전 347년까지 살았으며, 고대 아테네 철학자 중에서 거물이었다. 그의 모든 지적 사상을 한 문장으로 요약하려는 시도에 많은 사람이 분개하리라는 점은 충분히 이해하지만, 그의 핵심 사상은 우리가 지저분한 현실에서 하는 부정확한 수학적 사고는 진정하고 아름다운 수학적 이상의 근사에 불과하다는 것이었다. 그는 추상적인 수학이 얼마나 깔끔하고 잘 정돈되어 있는지 강조했다. 그래서 가장 표준적이고 순수한 3차원 형태들에 플라톤 입체Platonic solids(플라톤 다면체라고도 함)라는 이름이 붙은 것은 논리적인 귀결이다.(여기서 '입체'라는 단어는 '다면체polyhedron'보다 더 포괄적인 표현으로, 여기서 굳이 사용할 필요가 없지만, 역사적 맥락 탓에 어쩔 수 없이 사용했다.)

플라톤은 '시장에 최초로 진입한 사람'이었고, 자신의 철학 이론을 설명하기 위해 가장 규칙적인 형태들을 모두 다 선택해 사용했다. 정다각형은 그것과 연관된 2차원 형태 가족의 공식적 간판에 해당한다. '오각형'이나 '칠각형'을 이야기할 때, 대다수는 깔끔하고 잘 정돈된 정오각형이나 정칠각형을 상상한다.(실제로는 오각형은 다섯 변의 길이가 제각각 달라도 상관없고, 칠각형도 마찬가지다.) 2차원 정다각형은 무한히 많지만, 3차원 정다면체는 단 5개뿐인데, 이것들을 플라톤 입체라고 부른다.

3차원에서 정다면체 형태를 만드는 것은 2차원에서 정다각형을 만드는 것보다 약간 더 복잡하다. 각각의 2차원 면이 동일한 꼭짓점들을 가져야 할 뿐만 아니라, 3차원 형태에서는 면들이 만나는 곳에 추가적인 꼭짓점들이 존재한다. 모호성을 피하기 위해 이 3차원 꼭짓점들을 '정점vertice'이라고 부른다. 플라톤 입체는 2차원 정다각형들이 결합되어 훨씬 깔끔하게 잘 정돈된 3차원 다면체를 만드는 다섯 가지 형태로, 이웃한 정다각형들끼리는 동일한 정점을 공유한다. 여기서 압도적인 승자는 삼각형으로, 만들 수 있는 다섯 가지 정다면체 중 세 가지에 참여한다. 정삼각형 4개가 모여 정사면체를 만들고, 8개가 모여 정팔면체를, 20개가 모여 정이십면체를 만든다. 그 뒤를 이어 정사각형 6개가 모여 정육면체를 만들고, 정오각형 12개가 모여 정십이면체를 만든다.

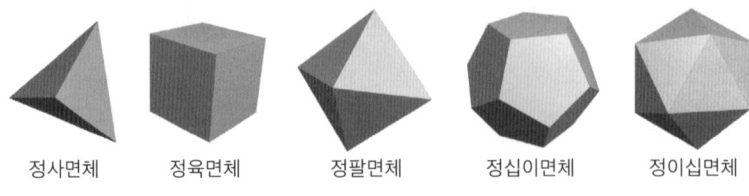

| 정사면체 | 정육면체 | 정팔면체 | 정십이면체 | 정이십면체 |

플라톤 입체 가족

흥미롭게도, 플라톤은 실제로 이 형태들을 처음 발견한 사람도 아니고, 정다면체가 5개만 존재한다고 증명한 사람도 아니다. 플라톤보다 훨씬 이전에 이 형태들(또는 우리가 나중에 이 형태들이라고 확신한 물체)을 만든 사람들이 있으며, 플라톤보다 100년 앞서 피타고라스가 이 다섯 가지 형태를 모두 연구한 것으로 보인다. 그리고 이들 형태에 확고한 이론적 기반을 제공한 것은 플라톤 이후 기원전 300년경에 나온 유클리드Euclid의 『기하학 원론』이었다. 아이러니하게도, 유클리드의 연구는 플라톤과 같은 시대에 살았던 그의 친구 테아이테토스Teaitetos의 연구를 기반으로 삼은 것으로 보인다. 그러니까 플라톤을 제외한 모두가 이 연구에 관여한 셈이다!

플라톤이 실제로 한 일은 이 형태들에 대해 아주 그럴듯해 보이는 글을 쓴 것이다. 플라톤은 대화편 중 하나인 『티마이오스』에서 각 원소가 정다면체 모양의 '원자'로 이루어져 있다고 설명했다. 흙은 매우 작은 정육면체, 불은 정사면체(뾰족한!), 공기는 정팔면체, 물은 정이십면체, 그리고 전체 우주는 거대한 정십이면체로 이루어져 있다고 주장했다. 이렇게 해서 플라톤의 이름은 이 이상적인 형태들과 영원히 연결되었는데, 다만 지금은 그의 친구 테아이테토스가 수학적인 기초를 제공했을 것으로 추정한다.

아테네에 갈 기회가 있어 이 수학적 선조들에게 경의를 표하고 싶다면, 플라톤이 철학을 가르치던 아카데메이아가 있던 장소가 지금은 공원으로 개방돼 있으니 한번 찾아가 보라. 그가 살던 시대에 그곳은 벽으로 둘러싸인 공원으로, 조각상과 신전이 있었고, 스포츠 활동과 축제 그리고 일반적으로 사람들이 한가하게 시간을 보내는 곳으로 사용되었다. 플라톤은 그 근처에 살았는데, 공원 안의 정원에서 제자들을 가르쳤다. 플라톤은 자신이 세운 학교를 고대 그리스 영웅 아카데모스Akademos의 이름을 따 아카데메이아Akademeia라고 불렀다. '교육 기관'을 뜻하는 현대적인 단어 '아카데미academy'는 여기서

플라톤 입체의 기반이 태동한 곳.

유래했다. 나는 아카데메이아를 한 번 방문한 적이 있는데, 플라톤과 테아이테토스가 함께 앉아 형태에 관해 대화를 나누던 장소였을 가능성이 높은 유적지를 발견했다. 지금은 그저 돌무더기만 널려 있을 뿐인데, 그 돌들은 단지 직육면체에 불과하다는 점이 안타깝다.

다음에 등장한 인물은 기원전 287년부터 기원전 212년까지 살았던 아르키메데스인데, 다행히도 플라톤 입체에 대한 혼란이 지나간 시대에 살았다. 시칠리아 출신의 아르키메데스는 믿기 힘들 정도로 놀라운 수학적 업적을 많이 남겼는데, 그중에서도 최초로 원주율 π 의 값을 거의 정확하게 구한 것으로 유명하다. 그는 π의 값을 $3\frac{1}{7}$ 과 $3\frac{10}{71}$ 사이로 구했는데, 그 당시로서는 상당히 인상적인 결과였다. 플라톤은 동일한 면과 동일한 정점 구조를 가진 형태를 모두 다 발견했다는 업적을 독차지했다. 이제 다음번 형태 가족을 발견하려면, 동일한 면이나 동일한 정점이라는 조건 중 하나를 선택해야 했다.

아르키메데스 입체(또는 아르키메데스 다면체)는 면은 무시하고 정점에 초점을 맞춘다. 모든 정점은 여전히 동일해야 하지만, 정점들을 만드는 정다각형은 여러 종류여도 괜찮다. 정삼각형과 정사각형은 각각의 다면체에 따로 존재해야 할 필요가 없으며, 육팔면체, 마름모육팔면체, 다듬은 정육면체에서처럼 함께 존재해도 괜찮다. 이렇게 플라톤 입체의 모든 규칙성을 유지하면서도 여러 면이 섞여 있는 새로운 형태가 열세 가지 있다. 내가 아르키메데스 입체를 좋아하는 이유는 플라톤 입체보다 맛과 향미가 조금 더 풍부하면서도 여전히 보기 좋은 대칭성을 유지하기 때문이다. 또한 앞에서 이미 만난 깎은 팔면체와 고전적인 축구공 모양인 깎은 정이십면체도 포함

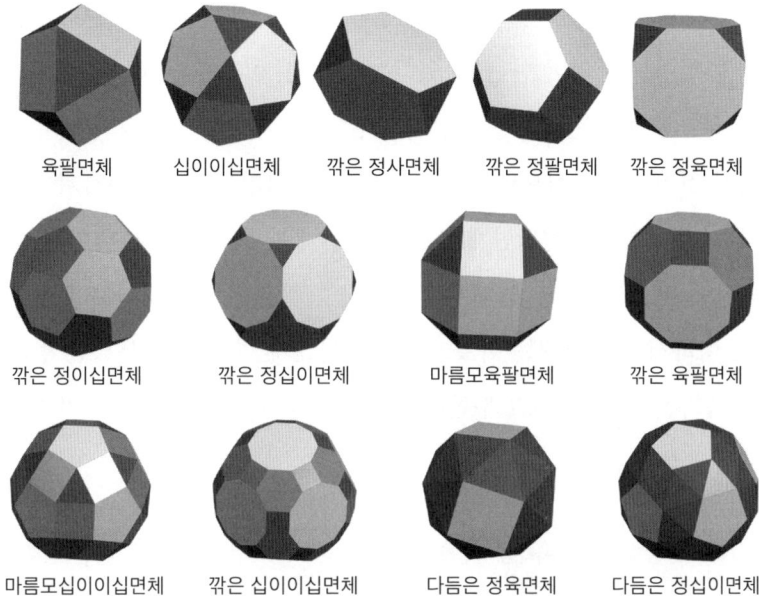

된다.

이 열세 가지 형태를 '아르키메데스 입체'라고 부르는 데 따르는 한 가지 문제는 무수히 많은 나머지 형태를 제외한다는 점이다. 특히 두 가지 형태 가족이 여기서 제외되는데, 이것은 다음의 네 가지 사실에서 비롯된 결과이다.

- 아르키메데스 입체는 정다각형들의 조합으로 만들어진다.
- 정다각형은 무수히 많다.
- 모든 정다각형은 정사각형을 사용해 각기둥으로 만들 수 있다.
- 모든 정다각형은 정삼각형을 사용해 엇각기둥으로 만들 수 있다.

이것은 동일한 면과 동일한 정점 구조를 가진 아르키메데스 입체를 얼마든지 많이 만들 수 있다는 뜻이다. 이들을 싹 배제할 수 있는 유일한 이유는 '그 종류가 너무 많다'는 데 있다. 그 밖의 이유는 어떤 것이건 수학적으로 솔직하지 않다. 사각기둥과 삼각엇각기둥은 각각 정육면체와 정팔면체로 플라톤 입체에 합류하는데, 나머지 형태들을 아르키메데스 입체에서 제외하는 것은 좀 부당하다고 생각한다. 따라서 엄밀하게는 아르키메데스 입체에 열세 가지 특별한 형태와 플라톤 입체, 그리고 무한히 많은 각기둥 가족과 엇각기둥 가족을 포함시켜야 한다고 본다.

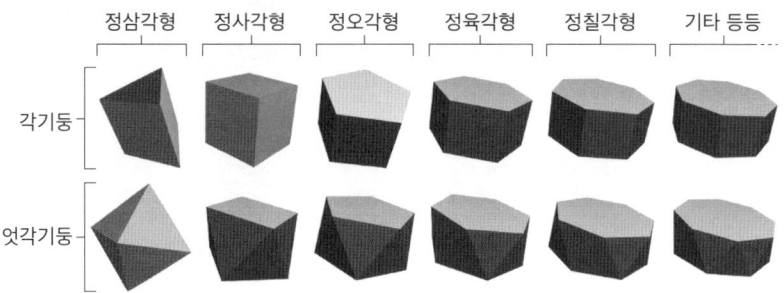

가족을 확장하는 과정에서 카탈랑 다면체Catalan solids도 만나보기로 하자. 카탈랑 다면체는 아르키메데스 입체의 반대 개념으로, 정점에는 신경 쓰지 않는 대신에 모든 면이 동일해야 한다는 조건에 초점을 맞춘다. 카탈랑 다면체는 1865년에 외젠 샤를 카탈랑Eugène Charles Catalan이 분류해 목록으로 만들었는데, 아르키메데스 입체에 정확하게 대응하는 카탈랑 다면체는 형태 분야의 그림자 사회에 해당한다. 다면체의 '쌍대雙對, dual'(서로 짝이 되거나 맞서는 관계를 나타내는 수학 용어-옮긴이)는 각 면의 중심에 점을 찍고 그 점들을 새로운 다면체의 정점으로 삼아 서로 이을 때 생겨나는 형태이다. 아르키메데스 입체를 대상으로 이렇게 하면, 그것에 대응하는 카탈랑 다면체가 생겨난다.

여기서 오래된 몇몇 친구를 보게 될 것이다. 마름모십이면체는 앞에서 등장했고, 120면체 주사위인 디스디아키스 트리아콘타헤드론도 또 만나게 된다. 이렇게 서로 구별되지 않는 동일한 면들을 가진 형태를 '면 추이 face-transitive'(한 면에서 모이는 면의 종류와 배열 순서가 동일한) 다면체라고 부르는데, 이런 속성 때문에 주사위로 쓰기에 좋다. 모든 면이 동일하다면, 던졌을 때 각 면이 나올 확률이 동일하기 때문이다. 아르키메데스 입체의 쌍대 다면체 외에 이러한 면 추이 형

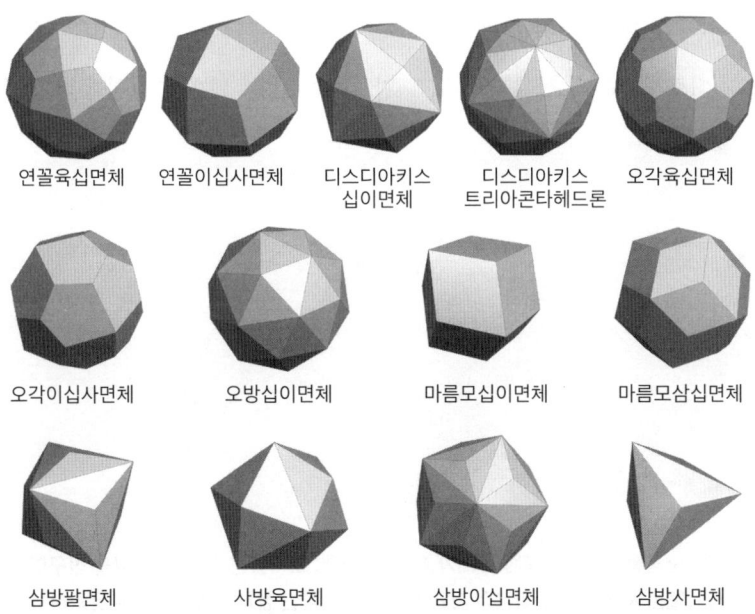

태는 플라톤 입체의 쌍대 다면체(이것 역시…… 플라톤 입체)와 무한히 많은 각기둥과 엇각기둥 가족의 모든 쌍대 다면체를 포함한다.

완결을 위해 마지막으로 존슨 다면체Johnson solids를 살펴보자. 플라톤과 아르키메데스 같은 거장들 다음에 1960년대의 수학자 노먼 존슨Norman Johnson이 등장하면서 이야기가 끝나는 것이 다소 조화롭지 않게 보인다는 점은 이해하지만, 어쩔 수 없다. 노먼은 추가적인 제약 조건 없이 정다각형으로 다면체를 만들 수 있는 모든 방법을 살펴보면서 긴 여정을 완성했다. 그는 1966년에 플라톤 입체와 아르키메데스 입체 외에 92개의 형태를 추가했다.(그리고 1969년에 러시아 수학자 빅토르 잘갈레르Victor Zalgaller는 그 과정에서 존슨이 하나도 놓치지 않았음을 증명했다.) 나는 92개의 형태를 다 보여주진 않을 테지만(개인적 생각으로는 그러면 다소 혼란스러울 것 같아서), 그중에서 재미있는 것 몇 가지를 소개한다.

이렇게 해서 정다각형으로 만들 수 있는 110가지 볼록다면체

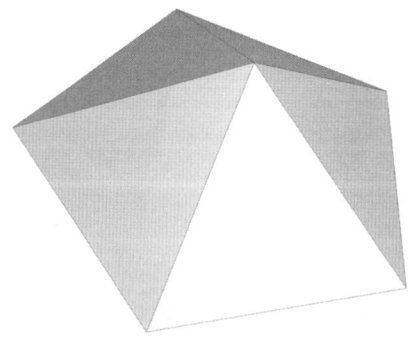

오각뿔: 오각형 위에 정삼각형 5개가 서 있는 형태. 오각뿔은 사각뿔, 삼각뿔 친구이다. 단, 삼각뿔은 사실 이미 플라톤이 자기 것이라고 주장한 정사면체라는 점에 유의하자.

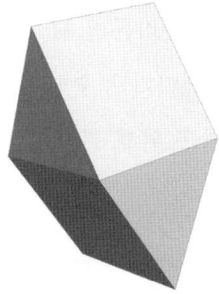

자이로바이패스티지움gyrobifastigium(비틀어 붙인 두 이각지붕): 두 삼각기둥을 비틀어 붙인 것.

기다랗게 비틀어 붙인 오각지붕과 오각둥근지붕elongated pentagonal gyrocupolarotunda: 이 형태는 아주 멍청해 보인다. 오각형 쿠폴라와 오각형 로툰다가 십각기둥 양쪽에 붙어 있는 형태이다. 나는 개인적으로 이 형태가 마음에 들지 않지만, 기술적으로 존슨 다면체에 포함된다.

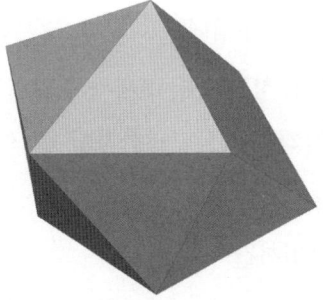

스페노코로나Sphenocorona: 단순히 다른 형태들을 조합한 것이 아닌 극소수 존슨 다면체 중 하나. 게다가 그 이름은 '쐐기꼴 왕관'이란 뜻인데, 꽤 멋있게 들린다.

를 살펴보았다. 그중 5개는 플라톤 입체, 13개는 아르키메데스 입체, 92개는 존슨 다면체이다. 게다가 무수히 많은 각기둥과 엇각기둥 가족이 있으며, 그리고 완결을 위해 카탈랑 다면체까지 추가할 수 있다. 휴. 드디어 끝났다.

모호한 경우

이걸로 모든 이야기가 끝났다고 생각했다면…… 오산이다! 흔히 사람들은 수학을 논란의 여지가 없는 정답과 오답을 제시하는 분야라고 생각하지만, 수학자들은 자신들이 옳다고 믿는 것을 놓고 논쟁을 벌이길 좋아한다. 이것은 기다란 비틀어 붙인 두 사각지붕elongated square gyrobicupola 이야기로 이어지는데, 이 형태의 이름은 그 분류만큼이나 성가시다.

다음 그림에서 왼쪽은 18개의 정사각형과 8개의 정삼각형으로 이루어진 마름모육팔면체rhombicuboctahedron인데, 모든 면은 정사각형 3개와 정삼각형 1개의 정점에서 만난다. 오른쪽은 기다란 비틀어 붙인 두 사각지붕인데, 정사각형 18개와 정삼각형 8개로 이루어져 있고, 모든 면은 정사각형 3개와 정삼각형 1개의 정점에서 만난다. 왼쪽은 아르키메데스 입체이다. 오른쪽은 무엇일 것 같은가? 이것도 아르키메데스 입체일까?

마름모정육면체rhombicube를 비틀어 붙인 두 지붕gyrobicupola으로 바꾸려면, '정사각형으로 둘러싸인 정사각형' 6개 중 하나를 붙잡고 세

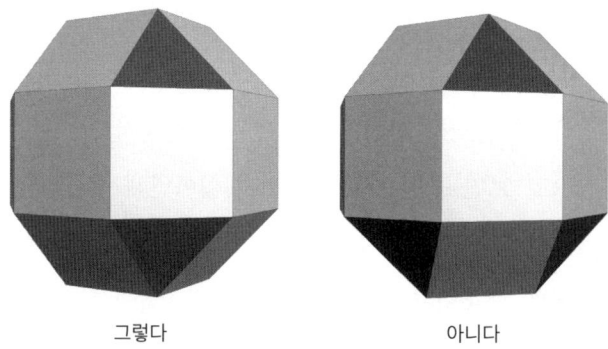

그렇다　　　　　　　　아니다

게 비틀기만 하면 된다. 그러면 찰칵하고 한 걸음 돌면서 인접한 정사각형과 정삼각형을 끌어당긴다. 이 두 형태를 충분히 오랫동안 바라보면, 왼쪽은 가까이 있는 한 쌍의 정삼각형이 정사각형을 둘러싸고 있지만, 오른쪽은 그렇지 않다는 것을 알 수 있다. 만약 이 두 형태를 내게 준다면, 나는 자세히 살펴본 뒤에 둘을 구별할 수 있다고 확신한다. 이 둘은 분명히 서로 다른 형태이다. 만약 두 형태 다 정다각형 면과 동일한 정점을 가져야 한다는 아르키메데스 입체의 기준을 충족한다면, 왜 어떤 모호성이 존재할까?

그것은 수학자들이 '동일한 정점'이 정확히 무엇을 의미하는지를 놓고 의견이 첨예하게 갈리기 때문이다. 비틀어 붙인 두 지붕의 모든 정점은 각자 따로 떼어놓고 볼 때에는 같아 보이지만, 그 이웃들을 살펴보면 두 집단으로 나뉜다.

나는 이것을 마름모십이면체와 1960년에 크로아티아 수학자 스탄코 빌린스키Stanko Bilinski가 발견한 형태인 빌린스키 십이면체Bilinski dodecahedron를 비교하는 것과 같다고 생각한다. 빌린스키 십이면체도

12개의 동일한 마름모 면을 갖고 있다. 하지만 마름모십이면체의 모든 면은 이웃을 고려하더라도 서로 구별할 수 없는 반면(면 추이의 진정한 정의), 빌린스키 십이면체의 면들은 국지적으로는 동일하지만 전체적으로 보면 구별된다. 빌린스키 십이면체 주사위는 아무도 원치 않을 텐데, 중간에 '평평한 부분'이 있어 그 부분이 아래로 갈 확률이 더 높기 때문이다.

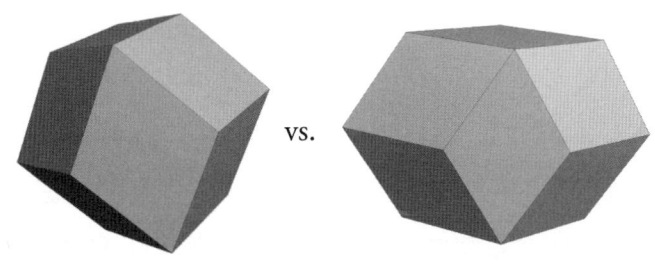

전체적인 대칭성의 결여 때문에 비틀어 붙인 두 지붕gyrobicupola을 존슨 다면체로 강등해야 한다는 것이 일반적인 견해이지만, 현대에 들어 이것을 다시 아르키메데스 입체로 승격시키려는 노력이 있었다.(가장 최근에는 2009년에 수학자 브랑코 그륀바움Branko Grünbaum과 2018년에 케이티 스테클스Katie Steckles가 그런 시도를 했다.) 논쟁은 아직도 계속되고 있다. 이에 대해 아르키메데스 자신은 뭐라고 말할지 알 수 없는데, 아르키메데스가 열세 가지 형태를 발견한 것은 분명하지만, 그것에 대해 남긴 글은 사라져버렸기 때문이다. 아르키메데스의 많은 저작은 오늘날까지 남아 있지만, 이 중요한 텍스트는 남아 있지 않다. 우리는 이 텍스트가 존재했다는 사실을 안다. 알렉산드리아의 수학자 파포스Pappos가 기원전 300년경에 쓴 글에서 아르키메데스가 쓴 이 텍스트를 언급하면서 거기에 열세 가지 형태가 모두 포함돼 있다고 말했기 때문이다. 하지만 이 열세 가지 형태를 선택한 아르키메데스의 논리가 무엇인지는 알 수가 없다.

나는 숫자 13이 자기실현적 예언이 되어, 우리가 총 개수가 아르키메데스의 생각과 일치하도록 아르키메데스 입체의 현대적 정의를 바꾼 것이 아닐까 의심한다. 같은 방식을 통해 같은 결과를 얻었는지, 아니면 우리가 그것을 비틀었는지 알아보기 위해 현대의 논리를 고대의 논리와 비교해보면 매우 흥미로울 것이다.

이제는 정말로 끝

수천 년의 탐구 끝에 이제는 모든 정다각형이 발견되고 깔끔하게 분류되었다고 생각할 것이다. 그런데 2011년에 15세 소년이 새로운 정다각형을 발견했으니, 온 세상 사람들이 얼마나 놀랐겠는가!

이번에 발견된 것은 등변 오각십이면체였다. 모든 정점이 동일한 오각십이면체(우리가 알고 있는 정십이면체)는 하나만 존재하지만, 등변 십이면체가 되려면 모든 변의 길이만 같으면 된다. 우리는 이러한 등변 오각십이면체를 이미 앞에서 만난 적이 있는데, 정십이면체 사이의 틈을 메우면서 3차원 타일 덮기를 할 수 있는 엔도십이면체가 그것이다. 엔도십이면체는 틈을 완전히 메우기 위해 오목하고 뾰족한 형태이며, 정다면체와 완벽하게 들어맞아야 하므로 변의 길이

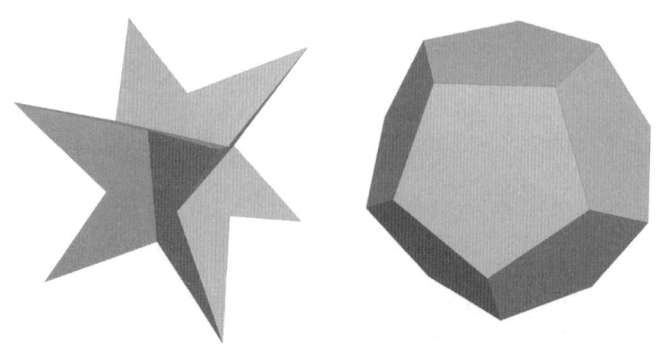

오목다면체와 볼록다면체

가 모두 같아야 한다.

2011년에 15세의 줄리언 지글러 헌츠Julian Ziegler Hunts가 발견한 형태가 바로 이것, 즉 또 하나의 등변 정십이면체였다. 줄리언은 면이 10개인 3차원 형태를 탐구하기 위해 코드를 만지작거리고 있었는데, 마틴 가드너를 기리기 위해 설립되고 내가 자주 참석하는 레크리에이션 수학 회의인 제10회 개더링 4 가드너Gathering 4 Gardner에 참석할 예정이었기 때문이다. 매년 참석자들은 기이한 최신 수학을 소개하며, 추가로 그때의 회의 차수와 관련이 있는 것을 찾으려는 동기를 느낀다. 미래의 회의를 기대하면서 줄리언은 더 많은 면을 가진 형태도 탐구하려고 코드를 실행했는데, 잠시 후 컴퓨터는 높이가 −1.0615284인 등변 십이면체가 있음을 보여주었다. 그랬다, 그 높이는 음수였다.

음수 높이는 고전적인 플라톤의 정십이면체를 0으로 정의한 결과인데, 반면에 양수 높이는 늘어난 형태에 해당한다. 정십이면체를 '붕괴'시키면 모든 변의 길이가 똑같아지는 마법 같은 지점이 존재하고, 톱니 모양의 새로운 면들이 완전히 평평해지도록 변들을 배치할 수 있다. 줄리언은 이 흥미로운 새 형태를 수학자 빌 고스퍼Bill Gosper와 공유했는데, 두 사람 다 이것을 이미 알려진 형태의 재발견이리라고 생각했다. 그런데 아무리 찾아봐도 이 정십이면체가 이전에 만들어졌다는 증거가 없었다! 그들은 그 형태를 '팀파노헤드론tympanohedron'이라고 불렀는데, '팀파눔tympanum'이 라틴어로 '드럼(북)'이라는 뜻이고, 그 형태가 드럼처럼 보였기 때문이다. 하지만 이 이름은 발음하기가 어려워 나는 '도데카헤드럼dodecahedrum'이라고 부르기 시작했다.

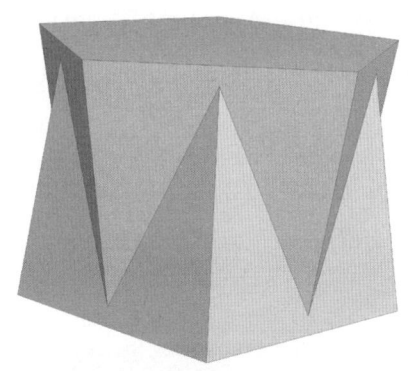

도데카헤드럼은 잠깐 관심을 끌었다.

이 이야기에서 나의 역할은 미약한데, 빌 고스퍼가 위키백과의 dodecahedrons(십이면체) 항목에 도데카헤드럼을 포함시키는 데 애를 먹고 있기 때문이다. 그럴 만도 한 것이 위키백과는 새로운 연구를 발표하는 장소가 아니며, 도데카헤드럼은 다른 인터넷 사이트에서 나타난 적이 없기 때문이다. 도데카헤드럼은 이것도 저것도 아닌 어정쩡한 상태에 놓여 있다. 그것은 사람들이 그 이야기를 듣고 싶어 할 만큼 중요하지만, 연구 결과를 논문으로 발표할 만큼 충분히 새로운 것은 아니었다.(아, 그리고 발견자는 더 이상 15세가 아니고, 자신의 삶을 살아갔다.) 이번이 처음은 아니지만, 새로운 수학 소식을 전하는 것은 유튜브에 맡겨야 했다.

영상을 만들기 위해 나는 재주 좋은 친구에게 도데카헤드럼의 3차원 모형을 만들어달라고 부탁했다. 그때 문득 그 형태를 드럼으로도 사용할 수 있는 모형으로 만들면 좋지 않을까 생각했다. 결국 나는 세 명의 제작자에게 도데카헤드럼 형태의 드럼을 만들어달라고 의뢰했다. 그러고 나서 한 드러머에게 이 드럼들을 모두 연주해보고, 나의 기하학적 평가와 함께 신기 위해 드럼 평가를 요청했다. 그 결과는 상당히 명확했다. 형태는 훌륭하지만, 드럼으로 쓰기에는 좋지 않다.

도데카헤드럼이 놀라운 이유는 "모든 변의 길이가 동일한 오각 정십이면체"라는 제약 조건의 문턱이 너무나도 낮다는 점을 감안할

때 그동안 아무도 발견하지 못했다는 사실이 신기할 정도였기 때문이다. 그것은 심지어 엔도정십이면체와 다소 비슷해 보이며, 실수로 정십이면체 위에 앉기만 해도 쉽게 만들어질 수 있다. 하지만 우리가 아는 한, 2011년 이전에 이런 형태를 생각한 사람은 아무도 없었고, 2023년에 내가 그러기 전까지는 물리적 모형을 만들겠다고 마음먹은 사람도 아무도 없었다. 줄리언의 등변 정십이면체 형태는 보기에도 즐거웠다(가지고 놀기에는 그다지 즐겁지 않았지만).

여기서 얻을 수 있는 일종의 교훈은, 흥미로운 제약 조건을 조사할 준비가 되어 있다면, 발견되길 기다리고 있는 형태가 많이 있다는 것이다. 실제로 새로운 형태를 발견하는 일이 너무나도 흔해서, 스쿠토이드나 모자 타일처럼 미디어에서 주목받는 경우는 일반적이라기보다는 오히려 예외에 속한다. 예를 들면, 2018년에 미국 수학 교사 로버트 오스틴Robert Austin은 오직 연꼴과 마름모로만 이루어진 형태가 있는지 궁금했다. 마름모는 앞에서 등장했는데, 네 변의 길이가 모두 같지만 비스듬하게 기울어진 정사각형이며, 연꼴은 이웃한 변끼리 길이가 같은 두 쌍의 변으로 이루어진 사각형이다. 그 모양은 이름이 시사하듯이 연처럼 생겼다.

로버트는 Stella 4d: Polyhedron Navigator(스텔라 4d: 다면체 내비게이터)라는 기하학 소프트웨어를 실행시키고 한동안 이것저것을 만지작거렸다. 그러다가 '연꼴-마름모 입체' 8개를 발견하고는 그 형태에 관한 블로그 게시물을 자신의 웹사이트에 올렸다. 그게 다였다.

로버트의 웹사이트에서 이 '새로운' 형태들은 2022년까지 그다지 주목받지 못했는데, 그 무렵에 나는 특이하지만 구체적인 특성을 지닌 형태를 찾고 있었다. 영국 코츠월드에서는 매년 4인조 록 밴드 블러Blur의 베이스 기타리스트 알렉스 제임스Alex James의 농장에서 빅 피스티벌The Big Feastival이라는 축제가 열린다. 빅 피스티벌은 이미 알렉스의 두 가지 열정인 음식과 음악을 기념하는 행사로 자리 잡았는데, 거기에는 치즈와 댄스 음악에 대한 알렉스의 특이한 관심을 강조하는 치즈 허브Cheese Hub라는 바 겸 댄스 공간이 있다. 하지만 여기에는 알렉스의 세 번째 열정인 수학이 빠져 있다. 알렉스는 항상 수학과 과학에 관심이 많았다. 화성 착륙선 비글 2호의 호출 신호는 그 특별한 순간을 위해 블러가 작곡한 곡조였다.

알렉스는 내게 DJ와 치즈를 보완하기에 알맞은 수학 설치물 아이디어가 있느냐고 물었다. 내게 그 답은 명백해 보였는데, 바로 기하학적 디스코 볼이었다. 전통적인 디스코 볼이 단순히 구에 정사각형 거울을 더덕더덕 붙여놓은 모양인 이유는 잘 알지만, 같은 효과를 얻을 수 있는 더 나은 방법이 아주 많다. 그래서 나는 구와 가깝지만 면이 그렇게 많지 않은 형태를 찾기 시작했는데, 면이 너무 많지 않아야 축제 동안 몇 개를 제작해 설치할 수 있었기 때문이다.(나는 축제 참가자들이 디스코 볼을 만드는 걸 도와주길 원했다.) 나는 또한 그것이 일반 대중에게 '수학적'으로 보이길 원했다. 사람들이 그냥 단순히 비정통적인 디스코 볼로 바라보길 원치 않았고, 거기에 뭔가 수학적 요소가 있다는 걸 쉽게 알아차리길 원했다.

마지막으로, 나는 그 형태가 손 대칭성chirality(카이랄성이라고도 함)을 가지길 원했다. 즉, 우리의 양손처럼 왼쪽과 오른쪽 버전이 있길 원했다. 거울에 비친 왼손을 보면, 그것은 더 이상 왼손처럼 보이

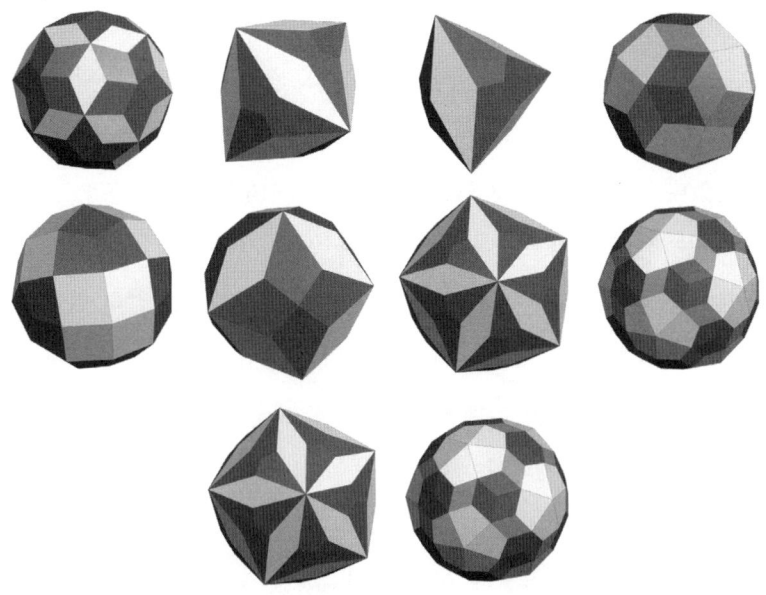

마름모들 사이에 연꼴들이 배치돼 있다!

지 않고 좌우가 뒤집혀 오른손처럼 보인다. 두 손은 다르지만 대칭적이다. 많은 형태는 이러한 손 대칭성을 갖고 있지 않다. 거울에 비친 정십이면체를 보면…… 정십이면체로 보인다. 그 거울상은 원래의 형태와 동일하다.

그렇게 찾다가 우연히 로버트의 웹사이트를 발견했다. 나는 구체적으로 연꼴-마름모 형태를 찾고 있었던 것은 아니며, 그저 적절한 미적 요소를 찾기 위해 끝없이 이미지를 검색하고 있었다. 그리고 로버트가 올린 입체 8개 중에서 여덟 번째 입체가 눈길을 끌었다.

로버트는 연꼴-마름모 선택지를 탐색할 때, 아르키메데스 입체와 그 쌍대인 카탈랑 다면체를 결합해 만들기로 결정했다. 그는 각각의 아르키메데스 입체를 그에 대응하는 카탈랑 다면체 안에 집어넣고, 노출된 모든 정점을 연결함으로써 새로운 형태를 만들었다. 선택한 열세 가지 중에서 여덟 가지는 연꼴과 마름모로 이루어진 형태를 만들었다.(나머지 다섯 가지는 마름모만으로 이루어졌다.)

나는 선택한 아르키메데스 입체가 열세 가지라고 말했지만, 로버트가 실제로 검토한 것은 열다섯 가지였다. 앞에서는 감히 말할 용기가 없었지만, 스너브 정사각형과 스너브 정십이면체는 두 가지 버전이 있다.(이것은 아르키메데스 입체의 총 개수 13개를 고수하고 싶다면 더 많은 형태를 제외해야 한다는 뜻이다.) 이 두 가지는 모두 정육면체/정십이면체의 각 면을 바깥으로 밀어낸 후, 빈틈을 정삼각형으로 채움으로써 만들어진다. 이 '스너빙snubbing' 과정에는 정사각형/정오각형 면들을 비트는 것이 필요한데, 그 회전 방향은 시계 방향이나 반시계 방향 어느 쪽이든 가능하다. 그 결과는 거울상을 이루는 쌍인데, 공식적으로는 이 둘을 하나의 입체로 간주한다. 하지만 엄밀하게는 서로 다른 형태이다. 이 쌍은 손 대칭성을 갖고 있다!

로버트의 연꼴-마름모 제작 과정은 스너브 정사각형의 두 가지 버전에 대해서도 동일한 결과를 내놓는다. 손 대칭성은 변환 과정에서 유지되지 않는다. 하지만 스너브 정십이면체의 경우에는 유지된다! 그 결과는 손 대칭성을 가진 150면체이다. 이것은 디스코 볼로 손색이 없을 만큼 충분히 많은 면을 가지고 있었고, 나는 이 미러볼 쌍을 만들 수 있었다. 나는 마치 하나가 거울에 비친 것처럼 서로 반대 방향으로 회전하는 이 둘을 나란히 걸어놓을 계획이었다. 그렇다면 이것은 미러 미러볼mirror mirror balls이라고 불러도 무방할 것이다. 지

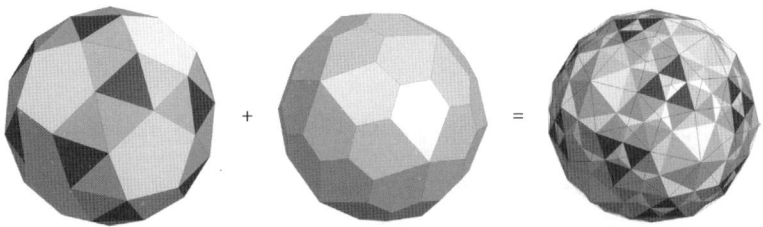

스너브 정십이면체와 오각육십면체가 정말로 잘 어울릴 때.

똑같지 않은 한 쌍의 공! 하지만 이것은 완전히 정상이다.

내가 만든 미러볼 아래에서 디제잉을 하는 사이먼 페그Simon Pegg.

금까지도 나는 거울에 비친 모습으로 미러볼을 만드는 이 개념을 매우 자랑스럽게 여긴다.

나에게 이것은 새로운 형태를 탄생시키는 과정의 마지막 단계이다. 이 과정은 누군가가 흥미로운 제약 조건이나 새로운 응용을 탐구하면서 시작되고, 누군가가 실제로 그 형태를 모형으로 만들면서 끝난다. 나는 물리적 모형이 엄밀한 의미에서 어떤 형태를 '더 실재적인' 것으로 만들어주지는 않는다는 걸 알지만, 인간적인 의미에서는 그런다고 생각한다. 사람들이 북적이는 댄스 플로어 위에서 미러 미러볼이 회전하는 모습을 보는 것은 아주 특별한 순간이었다. 알렉스 제임스는 "이것은 나의 가장 자랑스러운 업적일지도 몰라요."라고 말했는데, 나는 이 말이 과장되었다고 생각하지만, 그 말을 연꼴-마름모의 액면 그대로 받아들이려고 한다.

컴퓨터가 만들어내는 형태

최근에 발견된 형태들의 한 가지 주제는 바로 컴퓨터 활용이다. 형태를 발견하는 데 반드시 컴퓨터가 필요한 것은 아니지만(플라톤과 아르키메데스, 존슨은 모두 컴퓨터 없이도 완벽하게 잘 해냈다), 컴퓨터는 확실히 속도를 높여준다.

1965년, 스위스 수학자 장-피에르 시들레르Jean-Pierre Sydler는 면이 만나는 각도가 하나만 45°이고 나머지는 모두 90° 직각인 3차원 형태가 필요했다. 그것은 정사각형을 자를 때 생기는 부분들로 만들어지는 형태가 어떤 것이 있는지 증명하는 데 중요한 연결 고리였다. 여기서는 실제 증명을 깊이 다루지는 않겠지만, 시들레르는 아날로그 방식으로 많은 연구를 한 뒤, 요구되는 각도로 '시들레르 입체'를 만드는 방법을 기술할 수 있었다. 그것은 다소 에셔의 악몽처럼 보이지만, 그 입체에서 면이 만나는 단 하나의 45° 쐐기만 예외이고 모두 90°이다.

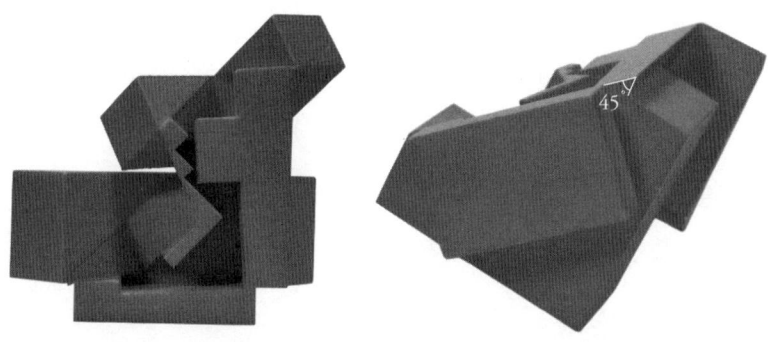

이 아름답고 혼란스러운 형태가 시들레르 입체이다. 뾰족하게 쐐기 모양으로 툭 튀어나온 부분의 각도가 바로 45°이다.

2022년, 수학자 로빈 휴스턴Robin Houston은 시들레르 입체의 3차원 모형을 우연히 발견하고는 분명히 더 나은 버전이 있을 것이라고 생각했다. 물론 그게 꼭 필요하지는 않았다. 1965년에 괴물 같은 형태가 이미 그런 모양이 가능하다는 것을 증명했으니 굳이 더 큰 증거가 필요하진 않았다. 아무도 그 탐색을 계속할 생각을 하지 않았다. 그러다가 로빈이 컴퓨터를 켜고 나서 얼마 지나지 않아 훨씬 더 멋진 형태를 발견했다.

로빈이 발견한 형태는 위쪽 돌출부에 45° 각도가 있다.

컴퓨터는 이런 방식으로 형태 발견 분야에서 게임 체인저 역할을 하고 있다. 가상의 새로운 형태에 필요한 제약 조건을 파악하고 탐색 방법을 고안하는 데에는 여전히 이전과 같은 수학적 통찰력이 필요하지만, 그 단계들은 연필과 종이보다 컴퓨터로 훨씬 더 빠르게 수행할 수 있다.

완벽한 예는 가장 큰 형태를 찾는 것이다. 여기서 말하는 가장 큰 형태는 갇히지 않은 가장 큰 형태(그것은 우리를 우주 구로 데려갈 것이다)가 아니라, 특정 수의 정점을 가지면서 구 안에 들어갈 수 있는 형태 중 가장 큰 것을 말한다. 가장 큰 다면체를 작은 구 안에 가둔다는 개념이 마음에 들지 않는다면, 임의로 큰 구를 상상해도 상관이 없으며, 당신을 가로막는 것은 아무것도 없다.

여기서 2차원의 경우는 건너뛰려고 하는데, 너무 지루하기 때문이다. 꼭짓점이 5개인 형태 중 원 안에 들어갈 수 있는 가장 큰 것은 무엇일까? 정오각형이다. 꼭짓점이 6개인 것은? 정육각형이다. 꼭짓점이 n개인 것은? 정n각형이다. 언제나 꼭짓점 개수가 같은 정다각형이 답이다. 면적을 최대화하려면 언제나 원 주위에 꼭짓점들을 균일하게 배치하는 방법이 답이다. 하지만 3차원에서는 일이 훨씬 복잡해진다.

우선 주어진 수의 점들을 구에 일정한 간격으로 배치하는 방법부터 알아내기가 쉽지 않다. 이 문제는 원자 안에 전자들을 배치하는 문제를 연구한 물리학자 톰슨 J. J. Thomson의 이름을 따 '톰슨 문제'라고 부른다. 그가 생각한 물리학 개념은 틀린 것이었지만(전자는 구면 위에 머물지 않는다), 그가 사용한 수학은 흥미로운 것으로 남았다. 배치할 점의 수가 4, 6, 8, 12, 20개일 때에는 답을 쉽게 구할 수 있는데, 플라톤 입체의 정점 수와 같기 때문이다. 이 경우에는 정점들을 완벽하게 동일한 간격으로 배치할 수 있다. 하지만 그 외의 경우들이 무한히 많이 남아 있다. 오늘날까지도 톰슨 문제는 해결되지 않았다. 골프공 제조업체들이 큰 관심을 가지고 추이를 지켜보고 있을 것이다.

언젠가 어떤 수학자가 톰슨 문제를 해결하더라도, 가장 큰 형태 문제가 즉각 해결되지는 않을 것이다. 정점들을 균일한 간격으로 배치한다고 해서 반드시 그 형태가 최대 부피를 가지는 것은 아니다. 정육면체의 꼭짓점 8개는 구 위에 균일한 간격으로 배치할 수 있다. 하지만 정육면체는 가능한 형태 중 최대 부피를 가진 것이 아니다!

정육면체가 아니라면, 꼭짓점이 8개인 형태 중 가장 큰 것은 무엇일까? 두 육각뿔이 서로 바닥을 맞댄 형태가 정육면체보다 부피가 더 크다. 구 안의 정육면체는 부피가 약 1.5396(구의 반지름이 1일 때)인 반면, 두 각뿔은 약 1.732이다.(이것은 실제로는 3의 제곱근이다. 직접 계산해보라!) 바닥을 맞댄 각뿔의 부피는 정육면체보다 약

12.5% 더 크다! 이렇게 일단 정육면체가 정답이 아니라는 것이 증명되었으므로, 육각뿔보다 더 나은 형태가 존재할 가능성이 열린다.

1960년대 초에 스탠퍼드대학교에서 전산 분석(지금은 흔히 컴퓨터과학이라 부른다) 석사 과정을 밟고 있던 도널드 그레이스Donald W. Grace는 컴퓨터를 사용해 바로 이 문제를 해결할 수 있다는 사실을 알아냈다. 45° 형태를 찾던 로빈과 달리, 도널드는 사용할 수 있는 자신만의 컴퓨터가 없었다. 스탠퍼드대학교는 1960년에 값비싸고 방 하나를 가득 채울 만큼 거대한 최신형 컴퓨터인 버로스 220을 막 들여왔지만, 그것을 사용할 기회를 얻기가 어려웠는데, 45° 형태를 찾으려는 꿈을 좇고 있는 석사 과정 학생이라면 더더욱 그랬다. 도널드는 야간 근무를 자원해 아무도 없는 시간에 자신의 코드를 돌렸다.

도널드는 구 위에서 8개의 점을 이리저리 이동하는 작업을 컴퓨터에 맡기려고 했다. 처음에 8개의 점을 임의의 위치에 배치한 후, 매 단계마다 컴퓨터가 점들로 둘러싸인 부피를 계산하도록 했다. 다음 단계에서는 어떻게 될지 알기 위해, 코드는 각 점이 가능한 모든 방향으로 약간씩 이동할 때마다 생겨날 수 있는 새로운 형태의 부피를 모두 계산했다. 그 결과로 생겨날 수 있는 형태는 어마어마하게 많았다!

이를 통해 컴퓨터는 어느 점 하나가 아주 조금이라도 이동할 때 부피가 어떻게 변하는지를 나타내는 '기울기'를 계산할 수 있었다. 그런 다음, 점들은 가장 큰 부피를 만드는 방향으로 이동하고(도널드는 이것을 '가장 가파른 기울기를 따라 올라가는 것'으로 상상했다), 이 과정이 계속 반복되었다. 사소한 변경으로는 더 이상 부피가 증가하지 않을 때까지 이 작업을 계속 반복함으로써 점점 더 큰 부피를 가

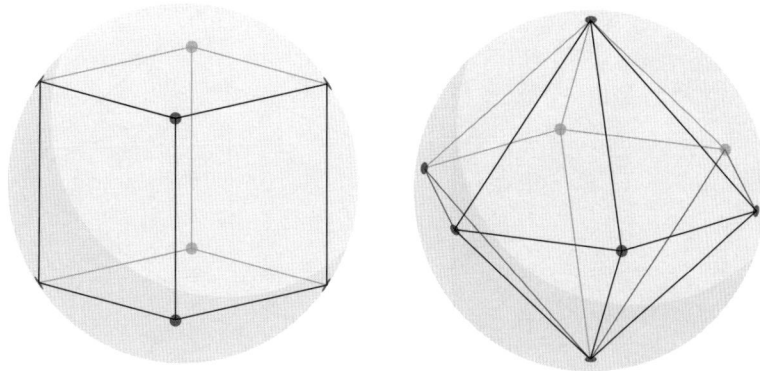

진 다면체가 생겨났다. 여기에는 인간이 평생 할 수 있는 것보다 더 많은 계산이 필요했지만, 최신 전자 컴퓨터로는 그렇게 어려운 일이 아니었다.

나는 도널드 그레이스가 버로스 220으로 자신의 코드를 실행했을 때 정확히 어떤 일이 일어났는지 모른다. 천공 카드가 척척 넘어가고, 자기 테이프 릴이 돌아가는 모습이 상상된다. 평소 같으면 쥐 죽은 듯이 조용했을 한밤중의 스탠퍼드대학교 캠퍼스에서 갑자기 컴퓨터가 요란하게 윙윙거렸을 것이다. 하지만 한바탕 소란이 이어진 뒤, 결국은 모든 것이 멈췄다. 그리고 그 결과로 새로운 형태가 튀어나왔다. 그때까지 인간이 전혀 본 적도 상상한 적도 없는 형태였다. 그것은 정점이 8개인 다면체였는데, 정점이 8개인 기존의 어떤 형태보다도 부피가 컸다.

그는 1962년에 이 연구 결과를 「가장 큰 다면체 탐구Search for Largest Polyhedra」라는 제목으로 발표했다. 논문에서 그는 자신이 사용한 수학적 방법을 요약·설명하면서 컴퓨터가 계산을 훨씬 더 빨리 하는 데

 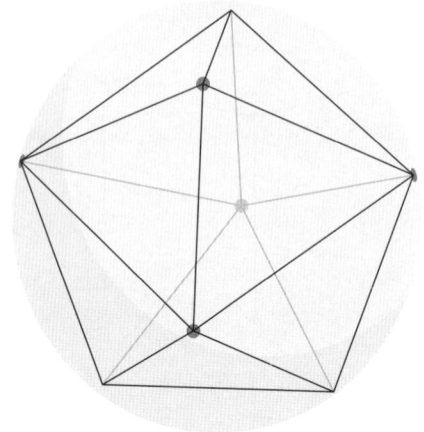

그레이스가 그 형태를 시각화하기 위해 사용한 모형. 흥미롭게도 그것은 완전히 삼각형들로 이루어져 있다.

도움을 주었다고 인정했다.

수렴 속도는 각 반복 시행마다 V[부피]를 가장 많이 증가시키는 승수 M을 컴퓨터가 직접 찾아내도록 함으로써 가속되었다.

나는 다양한 시대의 수학 연구 논문을 많이 읽었는데, 도널드의 논문을 살펴보면서 "이 탐색 작업은 버로스 220 컴퓨터로 기울기 방법을 사용해 이루어졌다."라는 문장을 보고서 이상한 느낌이 들었다. 이것은 완전히 시대에 맞지 않는 표현으로 보였는데, 그 당시의 수학 논문에서는 컴퓨터를 언급하는 일이 전혀 없었기 때문이다. 심지어 스탠퍼드대학교는 1965년 이전에는 컴퓨터과학과도 생기지 않았으니, 이는 실로 시대를 앞선 연구였다.

사실, 나는 도널드의 형태가 컴퓨터가 발견한 최초의 형태라고 생각한다.

물론 내 생각이 틀릴 가능성도 있다. 1962년 8월 28일 이전에 발표되었으면서 세상에 알려지지 않고 묻힌 기하학적 형태가 있을 수도 있겠지만, 나는 그런 것을 발견하지 못했다. 만약 반례를 아는 사람이 있다면 꼭 연락해주길 바란다. 하지만 반례가 나오지 않는 한, 나는 이것이 컴퓨터로 발견된 최초의 형태라고 선언하려고 한다.

그렇다면 버로스 220은 수학사에서 매우 중요한 컴퓨터로 자리매김하게 된다. 박물관에 보존될 가치가 충분히 있는 컴퓨터이다! 하지만 아쉽게도, 내가 컴퓨터 박물관을 철저히 조사해보았지만, 현재 남아 있는 버로스 220은 단 한 대도 없었다. 조금 더 자세히 조사한 결과, 이 컴퓨터의 생산 대수는 겨우 약 55대에 불과했던 것으로 보인다. 버로스 220은 마지막 진공관 컴퓨터 중 하나였으며, 곧이어 트랜지스터 컴퓨터로 대체되었다. 스탠퍼드대학교는 1960년에 이를 도입했고, 도널드는 1962년에 사용했지만, 1963년에는 이미 다른 것으로 교체되었다. 그 후 그 컴퓨터가 어디로 갔는지는 아무도 모른다.

나머지 버로스 220이 어디로 갔는지도 아무도 모른다. 그런데 딱 하나 예외가 있었다. 1970년 무렵에 일리노이주의 어느 대학교(정확히 어디인지는 알 수 없음)에서 이제 완전히 구닥다리가 된 버로스 220을 폐기하려고 했다. 그런데 한 직원이 그것을 고철처럼 폐기하는 것이 아까워 일부를 집으로 가져가 지하실에 50년 동안 보관했다. 그랬다가 이베이에 팔려고 내놓았는데, 네브래스카주의 한 영화사 소유주가 그것을 사들였다.

버로스 220은 진공관 시대 말기에 짧은 기간만 사용된 컴퓨터였지만, 진짜 컴퓨터다운 외형을 갖고 있었다. 그것은 실로 '컴퓨터처럼' 보였다. 만약 1960년대 스타일의 컴퓨터를 상상한다면, 그 모습은 사실상 버로스 220과 같다. 그래서 컴퓨터 관련 학과에서 이 컴퓨터를 더 이상 사용하지 않게 되었을 때, 그중 한 대가 일리노이주의 지하실로 갔을 뿐만 아니라, 여러 대가 할리우드로 가 영화 소품으로 사용되었다. 1960년대의 TV 프로그램인 〈해저 여행Voyage to the Bottom of the Sea〉과 〈거인들의 땅The Land of the Giants〉에는 버로스 220의 제어반이 등장한다. 심지어 한 대는 상당히 오랫동안 살아남아 1980년에 〈라번과 셜리Laverne & Shirley〉의 한 에피소드에 주연급 소품으로 등장하기까지 했다.

하지만 더 매력적이고 젊은 컴퓨터들이 등장하자, 할리우드도 결국 수십 년 전에 컴퓨터 관련 학과들이 그랬던 것처럼 버로스 220을 버렸다. 그러다가 20세기 중엽의 고전적인 SF 영화 분위기를 재현하길 원하는 영화 애호가들의 물결이 또 한 번 몰려왔다. 그중 한 사람이 바로 코스믹 영화사의 빌 헤지스Bill Hedges였다. 그는 이베이에 올라온 버로스 220을 발견했고, 기하학적 형태 발견이라는 역사적 가치 때문이 아니라, TV와 영화의 역사에서 소중한 소품으로 그 진가를 알아보았다. 그는 그 컴퓨터를 사들여 자신의 영화 스튜디오에 설치했는데, 그 결과 전 세계에서 유일하게 남아 있는 버로스 220의 일부가 네브래스카주의 한 영화 스튜디오에 남게 되었다. 나는 곧장 짐을 쌌다.

네브래스카주 라이언스(인구 824명)를 방문해야 할 딴 이유는 아무리 해도 떠오르지 않았다. 어쨌든 나는 그곳으로 갔다. 코스믹 영

버로스 220의 제어반. 깜박이는 불빛이 이 컴퓨터에서 남아 있는 것 중 모니터와 가장 가까운 것이었다.

화사를 방문하기 위해, 빌 헤지스는 은퇴 후에 고전적인 TV SF에 사용된 소품을 수집하고 제작하는 데 많은 시간을 쏟았으며, 1985년에 문을 닫은 라이언스 극장을 개조해 자신의 컬렉션을 위한 근사하고 실용적인 공간으로 만들었다. 그는 친절하게도 내게 스튜디오를 구경시켜 주었고, 지하 은신처럼 보이는 뒤쪽의 한 방으로 데려갔다. 그곳에는 전 세계에 4개만이 남아 있는 버로스 220 부품이 보관돼 있었다. 제어반과 테이프 드라이브 2개, 그리고 장롱 크기의 테이프 드라이브 컨트롤러였다. 아쉽게도 실제 프로세서를 포함해 많은 핵심 부품이 사라졌지만, 현재로서는 이것이 우리가 구할 수 있는 최선이었다. 비록 제대로 작동하지는 않았지만, 빌은 최소한 불이라도 들어오게 하려고 제어반의 배선을 연결해놓았고, 그 덕분에 마치 컴퓨터가 되살아난 것처럼 보였다.

테이프 드라이브 두 대와 이를 작동하는 데 필요한 전자 장비들이 들어 있는 수납장. 방 만 한 크기의 USB 드라이브 같다는 느낌을 준다.

긴 순례 여행으로 인한 피로 탓일 수도 있지만, 이것은 또 한 번 감정이 복받치는 순간이었다. 지금까지 기계가 발견한 최초의 형태를 찾아낸 컴퓨터 모델에서 유일하게 남아 있는 부품들이 내 앞에 있었다. 나는 버로스 220 위에 나의 공물을 올려놓았다. 그것은 도널드가 발견한 형태를 3D 프린팅으로 만든 모형이었고, 이제 이 컴퓨터와 함께 새로운 보금자리에서 머물게 되었다. 1962년 당시에 도널드는 자신이 그러한 탐색을 가능하게 한 컴퓨터를 사용해 온갖 종류의 흥미로운 형태를 발견하게 될 수많은 사람의 선구자가 되리라는 사실을 전혀 알지 못했다. 60년이 지난 지금도 나는 여전히 우리가 형태 발견 여행의 출발점에 서 있다고 생각한다.

7

삼각법의 마술

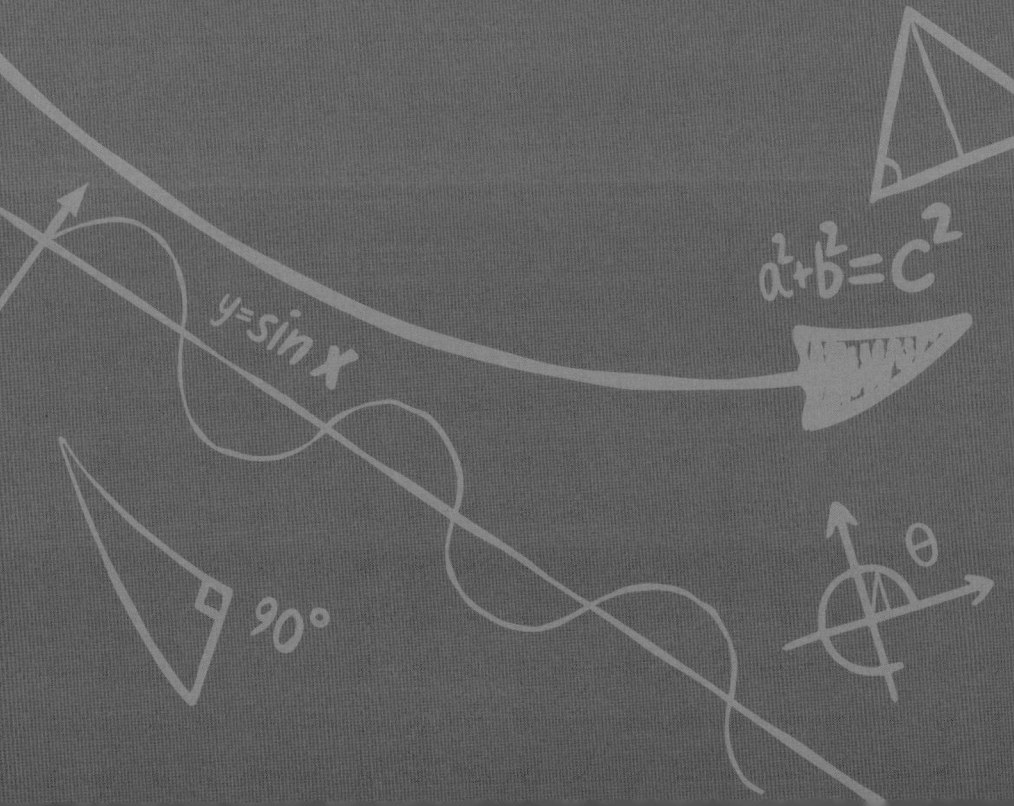

라스베이거스의 스피어Sphere는 매우 인상적인 건축물이다. 높이 약 112m의 이 구는 지금까지 이 도시에 세워진 건축물 중 가장 많은 건축비가 들었다. 그리고 스피어의 웹사이트를 읽어보면, 예상치 못한 각도와 '사인 법칙'에 대한 찬사가 포함돼 있다.

다른 세계적인 엔터테인먼트 아이콘과 마찬가지로, 스피어는 각도를 정확히 알지 못했더라면 존재할 수 없었을 것입니다. 사인 법칙은 아트리움 에스컬레이터의 기울기에서부터 여러분 앞에 보이는 아치형 입구의 곡선에 이르기까지 건물 전체의 건축학적 각도를 계산하는 데 사용되었습니다.

— 스피어 엔터테인먼트

이것은 그 웹사이트의 '과학' 부문에 있는 내용으로, 스피어가 삼각형 메시로 만들어졌다는 사실("세상에서 가장 큰 구형 건물을 짓는 데 무엇이 필요할까요? 바로 수많은 삼각형입니다.")을 강조하고, 심지어 이를 만드는 데 사용된 유한 요소 해석에 대해 찬사를 늘어놓고 있다. 하지만 내 눈길을 사로잡은 것은 '사인 법칙'이라는 구절인데, 각도에서 삼각함수의 하나인 사인함수로 자연스럽게 넘어가기 때문이다.

이 책은 삼각법이 등장하는 순간을 향해 점진적으로 나아가고 있다. 삼각법은 기하학에서 수준이 갑자기 확 높아지는 부문으로, 이해하기 어렵고 혼란스럽다는 평판이 자자하다. 하지만 실상은 자전거 타기만큼이나 쉽다.

갈수록 인생의 유한함을 절실히 느끼는 많은 중년처럼 나도 몇 년 전부터 자전거 타기를 시작했다. 자전거 타기는 대체로 건강에 온갖 종류의 이득을 가져다주는 취미 활동이다.(다만, 가끔 건강에 해로운 요소들이 한 덩어리로 응축되어 끔찍한 순간으로 다가올 때가 있다.) 영국에서 내가 사는 지역은 자전거 코스로 유명하지만, 네덜란드처럼 즐겁게 달릴 수 있는 부드럽고 평탄한 도로가 죽 뻗어 있는 대신에 마치 정신이 물질을 지배하는 능력을 시험하도록 설계된 듯 보이는 험난한 언덕이 곳곳에 널려 있다. 직선 도로를 건설하려고 했던 로마인의 야심을 좌절시켰던 바로 그 언덕들이다.

어느 날, 나는 자전거를 타고 허트숲Hurt Wood을 지나가기로 했다. 애초에 '다치게 하는 숲'이란 뜻을 담고 있는 이 숲의 이름에서 뭔가 눈치를 챘어야 했다. 나는 얼마 후 바해치 레인을 올라가고 있었는데(방향이 아주 중요하다), 그것이 서리힐스Surrey Hills에서 두 번째로 험난한 자전거 코스라는 사실은 꿈에도 몰랐다. 첫 번째 불길한 징후는 길가에 세워진 도로 표지판이었다. 그것은 잠깐 반가운 기분 전환이 되었지만, 앞으로 닥칠 일에 대한 불길한 경고가 담겨 있었다.

　표지판에는 단순한 삼각형 그림과 함께 21%라는 비율이 적혀 있었다. 나는 헐떡이는 와중에 '이건 기이할 정도로 너무 구체적인데?'라는 생각이 들었다. 도로 측량사가 20%로 표기하는 대신에 반올림을 적용해 21%로 정확하게 표시한 것에 존경스러운 마음이 들었다. 이 표지판은 이 도로를 따라 100m를 전진할 때마다 그 거리의 21%만큼 위로 올라간다는 경고였다. 즉, 0.21대1의 비율로 오르막길을 올라가야 한다는 뜻이다. 그다음에는 '아, 이 도로의 탄젠트는 0.21이네.'라는 생각이 떠올랐고, 그 뒤를 이어 '각도로 하면 얼마지?'라는 생각이 들었다. 그것은 바로 삼각법이었다. 이런저런 생각 끝에 갑자기 삼각법이란 주제가 튀어나온 것이다.

이것은 결코 반가운 표지판이 아니다.

삼각법은 비율(이 경우에는 '진행 거리'에 대한 '올라가는 거리'의 비율)을 다루며, 그 값은 각도의 크기를 측정하는 또 하나의 방법이다. 각도는 도, 라디안, 원의 일부를 나타내는 비율, 그레이드grade(평면각을 나타내는 단위. 1그레이드는 0.9°에 해당), 그리고 여기서는 '탄젠트tangent'로 표시할 수 있다. 이 비율을 '탄젠트'라고 부르는 이유는 수학에서는 '탄젠트'가 종종 '기울기'나 '경사'와 동의어로 사용되기 때문이다.

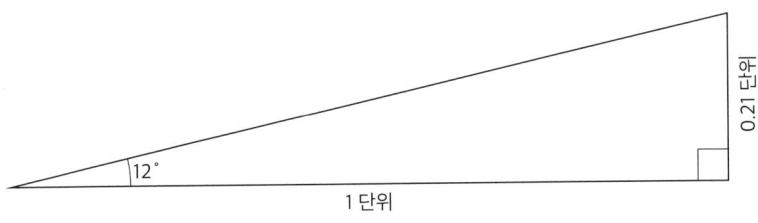

기울기 21%인 오르막길의 경사각을 계산하려면, 높이가 수평 거리의 21%인 삼각형을 그린 후 그 각도를 측정하면 된다. 하지만 이 방법은 다소 거추장스럽고 부정확할 것 같은 느낌이 든다. 그 대신에 그냥 그 값을 찾아보면 된다. 이 방법은 낡고 부정확하게 느껴지지만, 사실은 아주 효과적이다.

사실, 나는 두 가지 방법으로 그 값을 찾아봤다. 먼저 전통을 존중해 책에서 그것을 찾아봤다. 『체임버스의 간략한 여섯 자리 수학 표 일람Chambers's Shorter Six-Figure Mathematical Tables』에서 탄젠트 표를 펼쳤다. 죽 내려가다가 0.21 칸에서 11° 51′이라는 각도를 찾았다. 아, 표에 실린 값들은 이렇게 도와 분 단위로 표시돼 있었는데, 이 책은

1844년에 처음 출판되었기 때문이다.(내가 가진 건 상대적으로 현대적인 1959년 판이다.) 하지만 더 오래된 표가 실린 책도 있으며, 가장 오래된 삼각비 표는 기원전 1800년경에 만들어졌다. 나는 간단한 계산을 통해 $11 + \frac{51}{60} = 11.85°$로 바꿨다.

오랫동안 삼각비 표는 삼각비의 값을 빨리 구할 수 있는 유일한 방법이었다. 하지만 이것은 부정확한데, 각 값이 몇 자리에 불과한 수로 표시돼 있기 때문이다. 그러다가 마침내 컴퓨터가 등장했다. 그래서 완전함을 추구하기 위해 나는 최신 스마트폰 계산기에서 'tan' 단추를 눌러 내가 구하는 각도가 11.85977912°임을 알게 되었다. 나는 표지판을 만드는 사람이 정확성을 좋아한다는 사실을 잘 알지만, 이 값은 그들에게조차 지나치게 세밀한 정보일 것이다. 그러니까 그냥 나는 경사각이 약 12°인 삼각형을 오르고 있었다고 말하기로 하자. 여기서 중요한 것은, 21%라는 비율과 12°라는 각도가 동일한 각도를 나타내는 두 가지 방법이라는 점이다.

표지판을 만든 사람들은 그냥 12°라고 적고 끝낼 수도 있었다. 하지만 그 대신에 21%를 선택했다. 아마도 그들은 그 수치가 경사의 가파른 정도를 직관적으로 표현하기에 더 좋다고 판단했을 것이다. 나도 어느 정도 동의한다. 인간은 자신이 서 있는 땅의 각도를 추정하는 데 아주 서툴다. 예컨대 "이 도로의 경사는 20°이다."라고 말하면, 대다수는 눈 하나 깜짝하지 않을 것이다. 20°라고 하면 작은 각도처럼 들리지만, 사실 그것은 위험할 정도로 가파른 도로이다! 12°는 경고 표지판을 세우기에 충분한 각도인데, 영국에서 가장 가파른 도로의 경사는 약 18°이다.

영국에서 가장 가파른 도로의 경사가 18°(32.5%)이고, 그러한 도로를 달리는 것이 위험한데도, 18°라는 숫자가 그다지 무서운 것으로 들리지 않는다면 큰 문제가 될 수 있다. 18° 대신에 경사가 30%라고 적혀 있으면, 확실히 더 위험한 느낌이 든다. 따라서 도로 표지판에 표시되는 각도의 단위로 탄젠트를 사용한 이유가 충분히 이해된다. 하지만 영국의 도로 표지판에 사용되는 단위는 이것뿐만이 아니다. 영국『간선도로 법령 *Highway Code*』(영국 교통부에서 근무하는 나의 훌륭한 친구들이 출판한)에서 공식 교통 표지판을 찾아보면, 퍼센트 외에 "경사는 비로도 나타낼 수 있다. 예컨대 20%=1:5로."라고 적혀 있다.

영국 도로의 경사 표지판은 예전에는 1:5나 1:10 같은 비를 사용했는데, 이 수치는 수평 거리를 5나 10만큼 달리면 높이가 1만큼 높아진다는 뜻이다. 하지만 이 방식은 1970년대에 단계적으로 폐지되었다. 한 가지 이유는 '20%'처럼 짧고 분명한 수치에 비해 '1:5' 같은 수치를 읽고 이해하는 데 시간이 더 걸리기 때문이다. 더 중요한 이유가 있는데, 이 방식에서는 수치가 작을수록 경사가 더 가파르다. 예컨대 차가 1:10 구간에서 1:5 구간으로 진입하면, 수치는 작아졌는데도 실제 경사는 두 배나 가파르다.

약 50년 전부터 현대적인 표지판으로 교체가 일어나기 시작했지만, 구식 표지판이 여전히 곳곳에 남아 있다는 이야기가 들린다. 게다가 교통부는 아직도 비표준적인 경사 표지판에 대한 각주를 공식 문서에 포함시켜야 할 필요성을 느끼고 있으므로(공식 문서에서 그런 종류의 경고를 덧붙여야 할 필요가 있는 유일한 표지판이므로), 나는 그 소문이 꽤 신빙성이 있다고 본다.

안타깝게도 나는 실제로 남아 있는 '$1:n$' 경사 표지판을 내 눈으로 직접 본 적이 없다. 그런데 이 말은 이 책의 초판에만 남아 있을 가능성이 높다. 일단 책이 출판되면, 사람들이 이메일로 그런 표지판이 어디에 있는지 알려줄 것이기 때문이다. 그래서 나는 그런 표지판을 손가락으로 가리키면서 웃는 사진이 들어갈 자리를 비워두기로 했다.

내가 도로 표지판 옆에 서 있는 사진.

이것은 내 인생에서 가장 기분 좋은 순간이었다.

경사 표지판에서 내가 마지막으로 아주 재미있게 생각하는 것이 하나 있다. 사람들은 100% 경사가 무엇을 의미한다고 생각할까? 앞에 나온 삼각형을 보면서 생각해보면, 100% 경사는 45° 각도에 해당한다는 것을 알 수 있다. 하지만 난데없이 이 수치를 제시하면, 사람들은 다양한 반응을 보이는데, 개중에는 100%가 수직 벽을 의미한다고 생각하는 사람도 있다. 마치 와일 이 코요테Wile E. Coyote(미국의 유명한 만화영화 〈루니 툰〉 시리즈에 나오는 코요테)가 절벽으로 이어지는 도로를 만든 것처럼 말이다.

고등학생들을 위한 수학 행사에서, 우리는 이 문제를 객관식 퀴즈로 낸 적이 있다. 우리가 받은 590개의 응답 중에서 100% 경사가 수직 벽을 의미한다고 답한 비율은 51%나 되었다. 오래전에 글래스고에 사는 『가디언$_{Guardian}$』의 한 독자가 새로운 경사 표지판에 대해 불만을 표시하면서 퍼센트 단위는 무의미하니 예전의 '1:n' 시스템이 더 우수하다고 주장하자, 독자 의견란에서 격렬한 논쟁이 벌어졌다. 그 결과, 인터넷에서 자신만만하게 틀린 댓글 중 내 마음에 쏙 드는 것이 등장했는데, 100% 경사가 무엇을 의미하느냐는 질문에 대해 그는 이렇게 대답했다. "그야 100% 벽돌 벽인데, 여러분 중 대다수는 이미 거기에 충돌한 것으로 보인다."

사인 언어

12° 도로를 나타낸 그림을 다시 보면, 우리는 '높이'(그 각도의 반대편에 있는 변)와 '수평 거리'(각도에 인접한 밑변)의 비율을 사용해 탄젠트 값을 구했다. 하지만 삼각비 표에는 우리가 아직 다루지 않은 유용한 비율이 두 가지 더 있다. 만약 긴 '빗변'의 길이[피타고라스의 정리를 통해 그 값이 1.0218(밑변에 비해 놀라울 정도로 작은 증가!)임을 금방 알 수 있다]까지 안다면, 이제 한 예각을 기준으로 봤을 때, 빗변에 대해 그 각의 '맞은편' 변과 '붙어 있는' 변의 비율까지 구할 수 있다. 이것들은 바로 친구 삼각비인 사인$_{sine}$과 코사인$_{cosine}$이다.

아마도 여러분은 약어인 'sin'과 'cos'에 더 익숙할 것이다. 무슨 이유에서인지 'sin'은 원래 단어인 'sine'과 똑같이 '사인'으로 발음한다. 반면에 'cos'의 영어 발음은 'cosine'의 시작 부분('코스')처럼 들리지 않고, 오히려 'because'의 줄임말인 '코즈'로 들린다.

사실, sin과 cos 사이에서는 많은 것이 보존되는데, 둘은 동일한 삼각형 동전의 양면이기 때문이다. 직각삼각형에서 세 변은 빗변, 대변, 인접변이라 부르는데, 빗변은 직각의 반대편에 있는 가장 긴 변이고, '대변'은 특정 각의 반대편에 있는 변, '인접변'은 빗변과 함께 특정 각을 이루는 변이다. 하지만 직각을 제외한 두 각은 밀접하게 연관돼 있으므로(둘을 더하면 90°가 됨), 전체 상황이 다소 순환적이라는 느낌이 들 수 있다. 즉 한 각의 사인 값은 다른 각의 코사인 값과 동일하다.

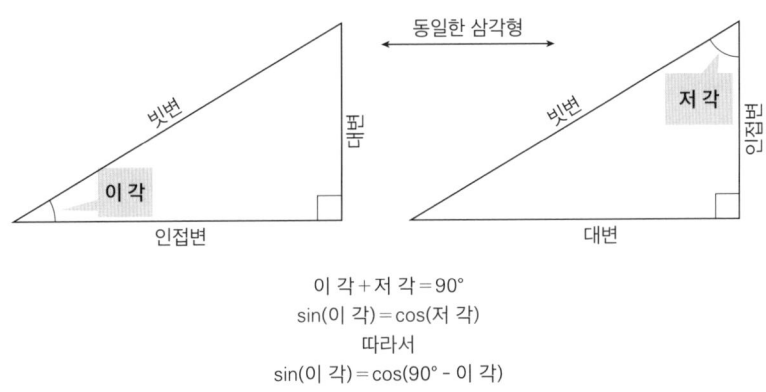

이 각 + 저 각 = 90°
sin(이 각) = cos(저 각)
따라서
sin(이 각) = cos(90° - 이 각)

이제 여러분은 삼각법 세계의 흔한 장애물 중 하나를 경험했을 것이다. 그것은 바로 어떤 이름이 어떤 비율을 나타내는지 제대로 기억하는 것이다. 만약 '사인'을 '대변을 빗변으로 나눈 비율'이라고 부른다면 이 문제가 간단히 해결되었겠지만, 그러기에는 이미 늦었다. 그래서 많은 세대의 학생들은 SOHCAHTOA라는 약어를 사용해 사인과 코사인과 탄젠트가 무엇을 나타내는지 외웠다. 이 약어는 Sine: $\frac{\text{Opposite}}{\text{Hypotenuse}}$(사인: $\frac{\text{대변}}{\text{빗변}}$), Cosine: $\frac{\text{Adjacent}}{\text{Hypotenuse}}$(코사인: $\frac{\text{인접변}}{\text{빗변}}$), Tangent: $\frac{\text{Opposite}}{\text{Adjacent}}$(탄젠트: $\frac{\text{대변}}{\text{인접변}}$)를 나타낸다. 흔히 'sohcahtoa'라는 한 단어로 사용되기도 하는데, 이것은 어떤 이름이 어떤 비율을 나타내는지 맹목적으로 외우기에 그다지 나쁜 방법이 아니다. 원한다면 여러분이 직접 재미있고 유용한 약어를 생각해내도 괜찮을 것이다.

$$\sin = \frac{\text{대변}}{\text{빗변}} \qquad \cos = \frac{\text{인접변}}{\text{빗변}} \qquad \tan = \frac{\text{대변}}{\text{인접변}}$$

만약 이 모든 이야기에 멍해지거나, 'SOHCAHTOA!'라고 소리치던 선생님 기억이 떠오른다면, 걱정하지 않아도 된다. 어떤 이름이 어떤 비율인지 굳이 외우지 않아도 된다(시험을 치르는 것이 아닌 한). 실제로 수학을 하는 사람들은 필요할 때 그냥 찾아보면 된다. 설령 꼭 외워야 한다고 하더라도, 자주 사용하다 보면 자연스럽게 외워진다.

모든 비율을 다 외우는 것도 다소 쓸데없는 일인데, 외워야 할 비율이 3개만 있는 게 아니기 때문이다. 각각의 비율을 거꾸로 뒤집은 것에도 각각 따로 이름이 붙어 있다.(그리고 각자 나름의 세 문자로 된 약어까지 있다.) 시컨트$_{\text{secant}}$('sec')는 빗변을 인접변으로 나눈 값이고, 코시컨트('csc')는 빗변을 대변으로 나눈 값이며, 코탄젠트('cot')는 인접변을 대변으로 나눈 값이다. 하지만 아이들에게 SHACHOCAO를 외우라고 강요하는 일은 없다.

어쩌면 이 추가적인 비율들에 굳이 이름을 붙일 필요가 없을 수도 있는데, 이것들은 단순히 sin, cos, tan의 역수에 불과하기 때문이다. 이런 점에서 이것들은 엑스시컨트exsecant, 엑스코시컨트excosecant, 커버사인coversine, 그리고 내가 아주 좋아하는 하버사인haversine을 비롯해 낡은 삼각법의 많은 부산물과 비슷하다. 이것들은 모두 원래의 세 비율로부터 계산할 수 있다. 어떤 각도의 하버사인은 그 각도 절반의 사인 값을 제곱한 것과 같다. 이 삼각함수들은 인쇄된 커다란 표에서 삼각비 값을 찾아보던 컴퓨터 이전 시대의 유물이다. 추가적인 번거로운 계산의 수고를 덜기 위해, 이러한 일반적인 삼각함수 계산 결과들에 고유한 이름을 붙여 별도로 표로 작성되었다.

이렇게 많은 함수 집단 위에 더 많은 것을 쌓고 싶다면, '삼각함수 항등식'도 많이 있다. 삼각비는 모두 서로 밀접한 관계에 있어, 약간의 대수학을 사용하면 온갖 종류의 관계를 밝혀낼 수 있다. 예를 들어 어떤 각도의 tan 값을 구하려면 같은 각도의 sin 값을 cos 값으로 나누면 된다. 피타고라스의 정리와 결합하면, 같은 각도의 sin 값 제곱과 cos 값 제곱을 더하면 항상 1이 된다는 것을 알 수 있다. 이와 비슷한 삼각함수 항등식이 아주 많다. 이 항등식들은 sin과 cos, tan를 비롯해 삼각함수 친구들을 편리하게 연결하는 방법이다. 또한, 어느 각도를 2개 또는 3개의 작은 각도로 나누는 항등식도 있다. 삼각함수 항등식 중 일부를 다음에 소개한다.

고전적인 것

$$\tan(\theta) = \frac{\sin(\theta)}{\cos(\theta)} \qquad \sin(\theta)^2 + \cos(\theta)^2 = 1$$

낡은 것

$$\text{haversine}(\theta) = \sin\left(\frac{\theta}{2}\right)^2$$
$$\text{exsecant}(\theta) = \sec(\theta) - 1$$

여러 각도를 포함한 항등식

$$\sin(A + B) = \sin(A)\cdot\cos(B) + \cos(A)\cdot\sin(B)$$

$$\tan(A + B + C) = \frac{\tan(A) + \tan(B) + \tan(C) - \tan(A)\cdot\tan(B)\cdot\tan(C)}{1 - \tan(A)\cdot\tan(B) - \tan(B)\cdot\tan(C) - \tan(C)\cdot\tan(A)}$$

고전적인 항등식은 한 삼각함수를 다른 삼각함수로 변환하려고 할 때 유용하다. 위에 나온 거대한 tan 항등식처럼 여러 각도를 포함한 항등식은 예컨대 34°를 13°, 1°, 20°처럼 더 작은 세 각으로 나누고 싶을 때 유용하다. 이런 일은 자주 일어나지 않으니 굳이 외울 만한 가치는 없다. 학생들에게 삼각법을 가르치는 목표는 이러한 삼각함수 항등식들에 어떤 특성이 있는지 감을 잡게 하는 것이다. 그러고 나서 나중에 복잡한 기하학 계산을 할 때 다양한 선택지가 담긴 초콜릿 상자에서 적절한 것을 찾으면 된다.

이 이상한 비율들을 외우는 것이 아무 의미가 없어 보여 많은 학생이 삼각법을 배우다가 포기하는 게 너무나도 안타깝다. 사실, 이 삼각함수들과 이것들을 연결하는 다양한 관계는 우리가 이전에 배운 삼각형 법칙들과 함께 규칙 상자에 넣어 사용할 수 있는 새로운 도구들이다. 삼각법 덕분에 우리는 삼각형에서 빠져 있는 부분을 훨씬 더 쉽게, 그리고 더 많은 상황에서 알아낼 수 있다. 삼각법 덕분에 우리는 많은 문제를 삼각형으로 축소해 해결할 수 있다.

머리말에서 나는 승진하려면 기하학을 배워야 했던 석유 시추 작업자 이야기를 했다. 하지만 내가 말하지 않았던 것이 있는데, 그다음에 책임자로 승진하려면 삼각법까지 배워야 한다는 사실이다. 어느 날, 높은 사람이 오더니 그들에게 "일하면서 삼각법을 사용해본 적이 있나요?"라고 물었다. 그래서 그때부터 그들은 승진을 위해 삼각법을 열심히 공부해야 했고, 삼각법을 더 일찍 배웠더라면 얼마나 좋았을까 생각했다고 한다. 삼각법은 기하학을 크게 업그레이드한 버전에 해당한다.

사실, 나는 지금까지 사인, 코사인, 탄젠트를 언급하지 않고 이야기를 끌어가려고 무진장 애를 먹었는데, 이것들이 등장하는 삼각형 상황이 너무나도 많기 때문이다. 예를 들면, 돼지들 위에 떠 있는 열기구의 높이를 구하는 방정식은 관측한 각도의 탄젠트 값을 사용했고, 소행성 디모르포스의 내부 마찰은 안식각의 사인 값을 사용해 계산했으며, 중력이 내 모토GP 오토바이를 넘어뜨리려는 힘은 중력이 작용하는 각도의 코사인 값이었고, 폴의 UFO 계산은 사인과 코사인을 모두 사용했으며, 윌리엄 톰슨의 깎은 팔면체가 공간을 채우는 연구에서는 탄젠트의 제곱이 필요했고, 그레이스의 '가장 큰 다면체' 형태의 증명은 그 내각들의 코사인 값을 사용했다.

이것들은 지금까지 각 장에서 삼각법이 등장한 순간을 하나씩만 예로 든 것이고, 그 외에도 훨씬 더 많은 예를 나열할 수 있다. 현대의 삼각형 계산에서는 삼각함수를 전혀 포함하지 않은 예를 찾기가 어려울 정도로 삼각법은 매우 위력적이다.

함수 마을 여행

앞에서 나온 예는 모두 훌륭하지만, 직각삼각형은 잊도록 하라. 나는 삼각비가 각도를 나타내는 흥미롭고도 새로운 방법이라는 개념에 초점을 맞추려고 한다. 모든 삼각함수는 어떤 각도를 그것과 동등한 값으로 변환할 수 있다. 다음은 몇 가지 함수와 그것들이 $0°$부터 $90°$까지 내놓는 값들을 나타낸 표이다.

각도(°)	사인	코사인	탄젠트	하버사인
$0°$	0	1	0	0
$10°$	0.1736⋯	0.9848⋯	0.1763⋯	0.0075⋯
$20°$	0.3420⋯	0.9396⋯	0.3639⋯	0.0301⋯
$30°$	0.5	0.8660⋯	0.5773⋯	0.0669⋯
$40°$	0.6427⋯	0.7660⋯	0.8390⋯	0.1169⋯
$50°$	0.7660⋯	0.6427⋯	1.1917⋯	0.1786⋯
$60°$	0.8660⋯	0.5	1.7320⋯	0.25
$70°$	0.9396⋯	0.3420⋯	2.7474⋯	0.3289⋯
$80°$	0.9848⋯	0.1736⋯	5.6712⋯	0.4131⋯
$90°$	1	0	∞	0.5

만약 이 함수들이 각도를 측정하는 또 하나의 선형적 방법만 제공한다면, 기능적으로 아무 쓸모가 없을 것이다. 도(°)는 선형적이다. 각도가 두 배로 커지면, '도'로 나타낸 그 값도 그냥 두 배로 커진다. 이 얼마나 따분한가! 이 삼각함수들은 그야말로 도처에 존재하는데, 이 때문에 이 함수들은 각도의 크기를 측정하는 데에는 끔찍한 방법이지만, 각도의 다른 성질들을 드러낸다. 삼각함수들이 얼마나 다양한 방법으로 문제를 해결하는지 감상해보라.

① 구성 요소

사인과 코사인은 '반反피타고라스'적 성격을 띠고 있다. 직각삼각형이 있을 때, 두 짧은 변의 길이를 각각 제곱해 더한 값의 제곱근을 구하면 빗변의 길이를 계산할 수 있다. 하지만 반대로 빗변을 이용해 짧은 변들의 길이를 구하려면, 약간의 모호성이 생긴다. 같은 길이의 빗변에 대해 길이가 다른 짧은 변들의 쌍이 얼마든지 많이 존재하기 때문이다. 하지만 삼각형의 세 각 중 어느 하나라도 각도를 안다면, 사인과 코사인을 사용해 계산을 정확하게 반대로 뒤집음으로써 원래 변들의 길이를 알아낼 수 있다.

어떤 각도의 사인 값은 대변과 빗변의 비율이며, 코사인 값은 인접변과 빗변의 비율이다. 이것은 어쩌면 이 세 삼각비의 정의에 불과할 수 있지만, 그래도 여전히 가장 유용하게 활용되는 예 중 하나인데, 좌표 간 변환이 필요한 경우가 너무나도 많기 때문이다.

NBA의 농구 슛 데이터로 생각해보면, 나는 피타고라스의 정리를 사용해 코트 위의 x, y 좌표로부터 농구 골대까지의 거리와 방향

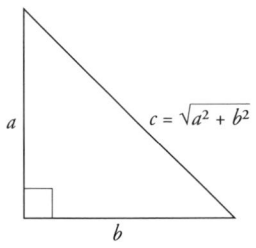 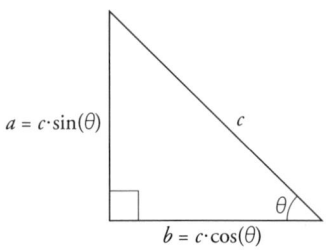

'a'와 'b'를 사용해 빗변 'c' 구하기   'c'와 한 각을 사용해 짧은 변 'a'와 'b' 구하기

을 계산했다. 만약 그 대신에 내가 골대에 대한 숯의 상대적 위치를 가지고 계산을 시작했다면, 좌표를 구하기 위해 사인과 코사인을 사용해야 했을 것이다. 우리의 일상생활에서 너무나도 많은 데이터가 좌표로 저장되기 때문에, 거리와 방향을 빠르게 좌표로 전환하고, 또 그 반대로 전환하는 능력이 매우 중요하다.

디지털 이미지의 픽셀은 가로 방향과 세로 방향을 나타내는 두 차원의 좌표 쌍으로 저장된다. 공간에서 어떤 물체의 위치는 흔히 가로, 세로, 높이 3개의 좌표로 저장된다.(지도의 격자 좌표에다가 고도를 더한 것과 비슷하다.) 나는 크리스마스트리 전구들의 점멸 패턴 프로그램을 짤 때 이 두 가지를 결합했다. 나는 장식용 전구들이 항상 전선 방향을 따라 패턴을 형성하는 것이 불만이었다. 나는 그 대신에 물리적 전선이 트리의 기하학, 즉 지오메트리$_\text{geometree}$('기하학'을 뜻하는 geometry와 발음이 같은 것에 착안한 저자 특유의 말장난—옮긴이)를 따르는 점멸 패턴을 만들고 싶었다.

최근에 장식용 전구들을 구매하면, 크리스마스트리 표면에 패턴을 투사할 수 있는 앱이 함께 제공되는 제품들이 나왔다. 하지만 이런 것에서 과연 크리스마스 정신을 찾을 수 있겠는가? 나는 직접 이 일을 하고 싶었고, 트리 속 깊은 곳에 있는 전구들을 가지 끝에 달린 전구들만큼 쉽게 제어하기 위해 완전한 3D 좌표를 확보하길 원했다.

내가 생각해낸 해결책은 전선의 위치 따위에는 전혀 신경 쓰지 않고 500개의 LED 사슬을 크리스마스트리에 아무렇게나 걸쳐놓는 것이었다. 오로지 트리의 모든 가지가 완전히 전구들로 장식되도록 하는 데에만 신경 썼다. 그리고 나서 각각의 LED를 개별적으로 켜고 끄는 소프트웨어를 사용할 수 있도록 전구들을 랩톱 컴퓨터에 연결했다. 내가 작성한 코드가 LED를 하나씩 차례로 켜고, 웹캠을 사용해 어두운 방에서 트리 사진을 찍었다. 사진에서 가장 밝은 픽셀의 x, y 좌표가 그 LED의 수평과 수직 위치를 알려주었다. LED 500개 전부에 대해 이 작업을 다 끝낸 뒤, 트리를 90° 돌려 이 과정을 반복함

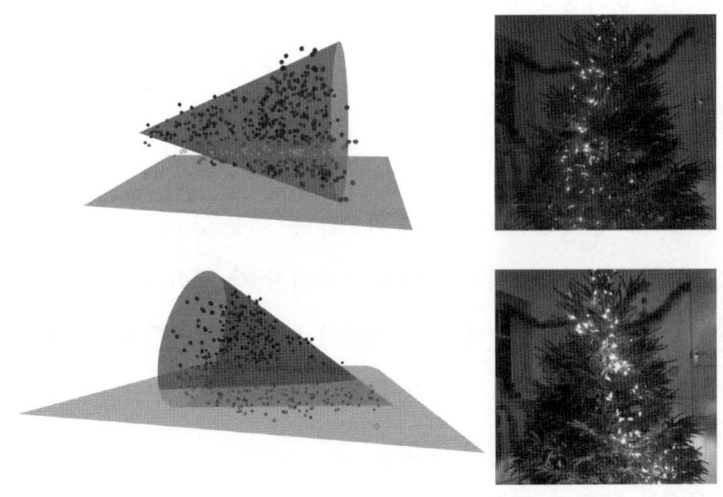

코드가 전구들의 3D 좌표를 따라 '빛의 평면'을 이동시키면서 파도가 지나가는 것처럼 불을 켜는 과정을 시각화한 모습(왼쪽)과 실제 트리에서 나타나는 모습(오른쪽).

으로써 다른 방향의 데이터도 얻었다. 이렇게 세상에서 가장 지루한 크리스마스 조명 쇼가 끝나자, 모든 LED의 위치를 나타내는 3D 좌표를 얻을 수 있었다.

이제 나는 상상할 수 있는 그 어떤 기괴한 조명 패턴도 프로그래밍할 수 있게 되었다. 쉬운 예로는 모든 LED의 수직 좌표를 가지고 그 높이에 따라 켜거나 끄는 방법이 있다. 기본 개념은 빛의 파도가 트리를 타고 올라가는 것이었다. 나는 특정 높이 범위 내에 있는 모든 불빛이 켜지도록 한 뒤, 그 범위가 트리를 따라 위쪽으로 이동하도록 코드를 작성했다. 그것은 마치 납작한 평면이 트리를 따라 이동하면서 마주치는 모든 전구에 불이 들어오게 하는 것처럼 보였다.

빛의 파도가 곧장 위로 올라가는 것만으로는 만족하지 못한 나는 빛의 파도가 온갖 종류의 무작위적 방향으로 나아가게 하려면 코드를 어떻게 작성해야 할지 생각했다. 수학에서 모든 것이 그렇듯이, 이 문제를 해결할 방법은 많았지만, 나는 '상승하는 파도'가 아주 훌륭했기 때문에 그 코드를 손대지 않기로 했다. 대신에 컴퓨터에서 가상의 트리를 움직이기로 했다. 지나가는 파도들 사이에서 트리 줄기를 중심으로 불빛들을 무작위적 각도(나는 이를 'α'라고 불렀다)만큼 회전시키고, 트리 전체를 두 번째 무작위적 각도(이를 'θ'라고 불렀다)만큼 기울였다. 그 기울어진 가상의 트리 위에 상승하는 평면을 보내고, 똑바로 선 물리적 트리에 불을 켜면, 빛의 파도가 무작위적 방향으로 움직이는 것처럼 보였다.

문제는 트리가 회전하고 기울어진 후에 LED들의 새로운 수직 좌표를 구하는 방법이었다. 2차원 구성 요소를 구하기 위해 단순히 사인이나 코사인만 사용하는 것보다 좀 더 복잡하지만, 나는 이 삼각법의 아름다움을 코드로 구현할 수 있었다.

$$z_{new} = \sin(\theta)[x \cdot \sin(\alpha) + y \cdot \cos(\alpha)] + z \cdot \cos(\theta)$$

이 방정식이 즉각 논리적으로 이해되지 않더라도 염려할 필요가 없다. 이해하지 못하는 건 나도 마찬가지니까. 만약 아무 맥락도 설명하지 않고 이 방정식을 보여준다면, 나는 이것을 회전하고 기울어진 크리스마스트리의 수직 좌표를 나타내는 것이라고는 절대 말하지 못할 것이다. 나는 그런 것들을 외우느라고 인생을 낭비하는 사람이 아니니까. 장담컨대, 이 방정식이 무엇인지 반사적으로 말할 수 있는 사람은 그런 방정식들을 가지고 오랫동안 일하다가 우연히 그것을 외웠을 것이다.

나는 단지 내 문제를 풀 수 있는 삼각방정식이 있으리란 사실을 알고 있었을 뿐이다. 나는 회전과 기울어진 정도를 모두 나타내는 방정식들을 찾은 뒤에 그것들을 대수학적 방법으로 곱해* 수직 좌표를 추출했다. 삼각법의 힘은 방정식을 외우는 데 있는 것이 아니라, 원하는 값을 찾을 수 있다는 걸 알고, 그럼으로써 원하는 문제를 해결할 수 있다는 믿음을 갖는 데 있다. 우리는 코사인을 믿는다.

---

* 세부적인 것에 관심이 있는 사람들을 위해 설명하자면, 나는 실제로 회전 행렬을 찾아보고, 그것들을 곱한 뒤에 수직 성분만 추출했다.

② 해변 구조대

'100% 경사' 퀴즈를 진행했던 고등학교 행사에서 우리는 가끔 바다에 빠진 사람을 구조하는 기하학 퍼즐을 제시한다. 모래사장에서 출발해 바다에 있는 사람에게 최대한 빨리 가는 경로를 찾는 것이다.

두 지점이 모두 육지에 있다면 그 답은 아주 간단하다. 두 점을 직선으로 연결하는 경로를 따라 달리면 된다. 하지만 그 경로에 바다가 있으면 문제가 복잡해진다. 일반적으로 헤엄보다는 달리기가 더 빠르므로, 헤엄치는 거리를 줄이기 위해 해변을 달리는 거리를 늘리는 편이 유리해 보인다. 우리는 학생들에게 모래사장에서 바다로 전환하는 최적의 지점을 추측이나 계산을 통해 알아내라고 한다.

스포일러: 물속에서 헤엄치는 거리를 최소화하는 것만이 능사가 아니다. 달리는 거리가 너무 늘어나면 헤엄치는 거리 단축으로 절약한 시간보다 시간이 더 많이 걸릴 수 있다. 정답은 양자 사이의 어느 지점에 있다. 학생들이 배운 수학 수준에 따라 다르겠지만, 대개는 모든 거리를 비교해보기 위해 몇 가지 방정식을 적으면서 전체 시간을 최소화하는 방법을 계산한다. 실제로 이 방법은 효과가 있다.

그런데 이 문제를 해변을 달리는 거리 대 물속에서 헤엄치는 거리로 생각하는 대신에 해변을 떠나 바다로 들어가는 최적의 각도를 선택하는 문제로 생각해볼 수도 있다. 논리적으로 따지면, 모래사장에서 달리는 속도가 물속에서 헤엄치는 속도보다 얼마나 빠른가에 따라 각 A와 각 B의 비율이 결정된다. 도(°) 단위로 표시된 각도를 보면, 뚜렷한 관계가 드러나지 않는다. 하지만 도를 사인(sin) 값으로 바꾸면, 너무나도 단순한 관계가 드러난다. 그 비율은 똑같다.

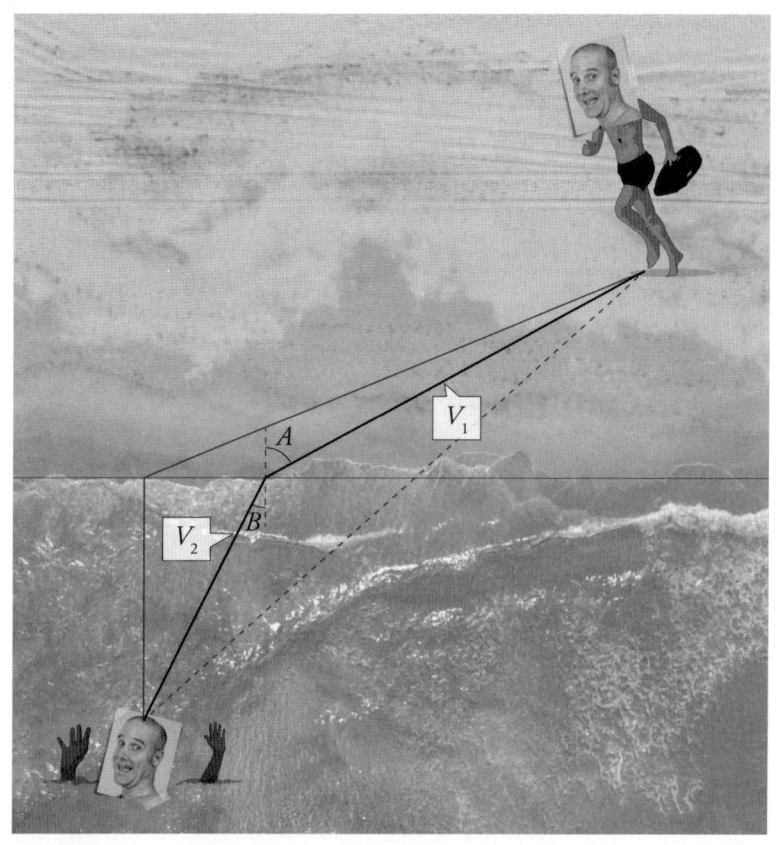

각 *A*와 각 *B*는 똑같을까? 빛이 질량으로 가득 찬 인간의 몸만큼 느릿느릿 움직인다고 생각해보라.

$$\frac{\sin(A)}{\sin(B)} = \frac{\text{해변을 달리는 속도}}{\text{물속에서 헤엄치는 속도}}$$

두 속도의 비율은 두 각의 사인 값 비율과 정확하게 같다. 그 이유는 약간 복잡하지만, 요점은 만약 해변을 달리는 속도가 물속에서 헤엄치는 속도의 두 배라면, 해변 각도의 사인 값이 물속 각도의 사인 값의 두 배가 되는 지점에서 물에 들어가야 한다. 그리고 이것은 단지 해변을 달리는 경우에만 적용되는 게 아니다.

결국 바다로 뛰어드는 최적 지점은 1장에서 무지개를 다룰 때 나왔던 굴절각과 정확하게 똑같다. 사람을 다른 매질에서 다른 속도로 움직이는 광자로 생각하면, 최단 경로는 해변에서 굴절하여 목표 지점에 도달하는 광자의 경로와 동일하다. 무지개의 굴절각도 사인 값을 이렇게 사용함으로써 구할 수 있다.

이 관계는 흔히 스넬의 법칙Snell's Law이라고 부르는데, 네덜란드 수학자이자 삼각형의 열광적인 팬이었던 빌러브로어트 스넬Willebrord Snell이 1600년대 초에 수식으로 공식화했다(물론 그 이전부터 알려져 있었던 게 거의 확실하지만). 이 법칙은 훨씬 긴 계산 과정을 거치는 대신에 단순히 모든 각도를 사인 값으로 바꾸는 것이 정답에 이르는 최단 경로를 제공하는 대표적 사례이다.

③ 트럼프와 삼각법

2019년 8월, 트럼프 대통령은 미국의 비밀 정찰 위성이 촬영한 이란의 로켓 발사대 사진을 출력해서 보여주었다. 정상적인 상황이라면 바로 이런 일을 위해 존재하는 대통령 집무실에서 일급비밀 회의로 다루어야 할 사안이었고, 일반 시민은 이런 일이 있었다는 사실조차 몰라야 했다. 하지만 트럼프는 그 이미지에 너무 흥분한 나머지, 스마트폰을 꺼내 직접 사진을 찍어 트위터에 올려버렸다. @realDonaldTrump 계정이 트위터(혹은 그 이후의 플랫폼)에서 차단되었는지 여부에 따라 지금도 가끔 원래의 트윗을 볼 수 있다.

실수로 유출된 기밀 정보나 민감한 정보는 마치 물속에 뿌린 피와 같아서 인터넷에서 피 냄새를 맡은 상어 떼가 몰려든다. 수많은 인터넷 탐정이 이 사진에 달려들어 계산하고 분석하느라 열을 올렸다. 이 사진을 찍은 정찰 위성의 정체는 일급비밀이건 말건, 방구석 분석가들은 각도와 삼각함수를 이용해 역공학적으로 분석하면 그 위성에 대한 정보를 알아낼 수 있다는 사실을 깨달았다.

트럼프의 트윗 내용을 번역하면 다음과 같다. "미국은 이란 세르난 1번 발사대에서 사피르 우주 발사체 발사 준비 중 발생한 대형 사고와 아무 관련이 없다. 이란이 1번 발사대에서 무슨 일이 일어났는지 파악하는 데 행운이 있길 바란다."

그러한 각도 사냥꾼 중에 네덜란드 천문학자 케이스 바사Cees Bassa 가 있었다. 그는 그 사진을 찍은 순간에 인공위성이 정확하게 하늘의 어느 지점에 있었는지 알아내려고 했다. 첫 단계는 비교 기준으로 삼기 위해 그 시설을 바로 위에서 촬영한 사진을 입수하는 것이었다. 그곳은 딱히 비밀 장소가 아니어서, 비록 해상도가 낮은 민간용이긴 해도 구글 지도에서 손쉽게 찾을 수 있었다(북위 35.234618°, 동경 53.920943°). 발사대 주변에는 4개의 탑이 있었는데, 자세히 측정해보니 정확하게 동서남북 방향과 일치하지 않고 시계 방향으로 $12°$ 이동해 있었다. 그런데 트럼프의 사진에서는 이 탑들이 카메라가 향하는 방향에서 반시계 방향으로 $3.8°$ 돌아간 것으로 보였다. 이를 보정하면 $12° + 3.8° = 15.8°$가 나오므로, 이 비밀 정찰 위성의 카메라는 북쪽에서 $15.8°$ 방향을 향하고 있었다는 결론이 나온다.

그런데 카메라는 얼마나 높은 곳에 있었을까? 이번에도 사진에 모든 정보가 담겨 있었다. 트럼프의 사진에서 원형 발사대는 타원처럼 보인다. 인공위성이 정확하게 바로 위에 있지 않다면, 이것은 자연스러운 현상이다. 원을 측면에서 바라보면, 약간 짜부라진 타원으로 보인다. 케이스 바사는 사진 속 타원 모습을 분석해 그것이 $46.2°$ 고도에서 촬영된 모습임을 알아냈다.

미군은 자국 정찰 위성의 위치에 대한 세부 사실을 공개하지 않지만, 아마추어 천문학자들은 하늘을 아주 면밀히 관찰하면서 하늘에 떠 있는 모든 것의 움직임을 추적한다. 바사는 운항 일지를 확인했고, 그 사진이 찍힌 시각 무렵에 USA 224 인공위성이 이란의 그 장소를 향한 방향과 일치하는 위치를 지나갔다는 사실을 발견했다.

민간인들이 이렇게 기본적인 각도 계산을 통해 지구를 돌고 있는 이 특정 인공위성이 미군이 운용하는 정찰 위성이라는 사실을 확인했다. 이 이야기는 아주 재미있는데, 만약 이게 이야기의 전부였다면 여러분은 이것을 2장에서 읽었을 것이다. 하지만 여기는 삼각법을 다루는 장이고, 사인 덕분에 우리는 이 비밀스러운 미국 인공위성의 내부 구조에 대해 뭔가를 알아낼 수 있다. 즉, 인공위성의 망원경 거울이 얼마나 큰지 계산할 수 있다.

　우선, 트럼프가 올린 사진은 일반적인 위성사진보다 분명히 해상도가 더 높다. 미국의 규제 때문에 위성 사진은 픽셀당 30cm 이하의 해상도로만 공개된다. 즉, 지구 표면의 모든 30cm×30cm 공간에 포함된 세부 사항 전부가 1픽셀에 들어가기 때문에 이미지가 흐릿해진다. 그런데 이 사진은 그렇지 않다. 구글 지도에서 흐릿하게 보이는 길들이 이 사진에서는 개별적으로 식별할 수 있는 계단으로 보인다. 그림자를 드리운 탑들은 이제 개별적인 지지대로 추정된다. 이 세부 사항을 바탕으로 판단할 때, 우리는 분명히 픽셀당 10cm 이하 해상도의 사진을 보고 있는 게 분명하다. 그리고 이것은 단지 이미지를 인쇄한 사진의 해상도일 뿐이다! 실제 디지털 원본 이미지의 해상도는 더 높았을 테지만, 우리가 가진 것은 트럼프에게 전달된 물리적인 인쇄물뿐이다.

　우리는 추정한 해상도를 바탕으로, 다음의 간단한 공식을 사용해 탑재된 카메라의 크기를 계산할 수 있다.

$$\text{카메라 크기} = 1.220 \times \text{파장} \div \sin(A)$$

이것이 필요한 전체 공식이다. 만약 빛의 파장을 알고 있다면(우리는 알고 있다), 이 공식은 분해 가능한 최소 시야각 A의 사인 값과 거울 크기(거울 크기 단위는 파장을 나타낸 단위와 동일) 사이에 성립하는 직접적 선형 관계를 나타낸다. 1.220라는 비율이 어디서 나왔는지는 크게 신경 쓸 필요가 없는데, 마찬가지로 신경 쓸 필요가 없는 복잡한 상수들이 결합되어 나온 결과이기 때문이다.

트럼프가 트위터에 올린 정찰 위성의 사진은 픽셀당 약 10cm 해상도까지 세밀한 모습을 보여주었다. 이것은 정찰 위성이 우리가 아는 그 고도에서 궤도를 돌았다면, 카메라 렌즈의 폭이 약 2.5m라는 것을 의미한다. 이 정도 렌즈가 달렸다면 영국에서 프랑스에 있는 신문을 읽을 수 있을 만큼 강력한 망원경이다.(다만 신문 옆에 서서 제때 페이지를 넘겨주는 사람이 있어야 할 것이다.) 또한 이것은 정찰 위성에 허블 우주 망원경에 설치된 것과 동일한 거울들이 설치돼 있다는 가설을 확인시켜준다. 그렇다, 허블 우주 망원경에 탑재된 거울의 폭도 2.4m이다.

따라서 트럼프는 국가 안보에 약간 위험을 초래하는 행위를 한 셈이다. 이 사실은 2.4m 거울을 장착한 망원경이 없더라도 충분히 알 수 있다.

새로운 법칙

야구는 통계로 유명한 스포츠이다. 데이터 분석을 사용하는 '머니볼moneyball' 혁명이 시작된 분야가 바로 야구인데, 그 혁명은 그 후 나머지 모든 프로 스포츠로 확산했다. 그런데 나도 통계를 좋아하긴 하지만, 내가 바라보는 야구는 기하학 게임이기도 하다. 단순한 '다이아몬드' 모양 경기장에서 경기를 벌이는 스포츠치고는 이 기하학 게임은 예상보다 훨씬 복잡하다.

야구장의 내야를 흔히 '다이아몬드' 모양이라고 부르지만, 실제로는 다이아몬드가 아니다. 수학에서 말하는 다이아몬드는 네 변의 길이가 모두 같은 사각형으로, '마름모'와 동의어이다. 하지만 야구장의 다이아몬드는 각 변의 길이가 90피트인 정사각형이다. 일반적으로는 홈베이스가 가장 아래에 오도록 45° 회전된 형태로 그리지만, 나는 원래의 정사각형처럼 보이도록 그리려고 한다. 문제는 1루와 3루가 정사각형의 꼭짓점 안쪽에 놓인 반면, 2루는 꼭짓점 중심에 놓인다는 점이다. 그래서 2루의 가장자리가 정사각형에서 벗어나므로, '다이아몬드'는 엄밀하게는 1루의 바깥쪽 꼭짓점과 2루의 가장 먼 쪽 모퉁이를 연결한 선으로 만들어진다.

나는 2루의 위치가 어떤 효과를 미치는지 궁금했다. '다이아몬드'에서 그 변의 실제 거리는 더 길 것이고, 1루와 2루를 잇는 선이 홈과 1루를 잇는 선과 이루는 각도는 직각보다 약간 더 클 것이다. 그래서 나는 1루와 2루 사이의 90피트 선을 그으면서 2루를 약간 과장된 모습으로 그려보았다. 삼각법의 아름다움은 다이어그램을 반드시 실제 비율대로 그리지 않아도 된다는 데 있다. 나는 비율을 정확하게 맞춘 다이어그램을 그린 뒤 그것을 측정할 수도 있지만, 그 대신에 기하학적 특징을 더 쉽게 볼 수 있도록 문제가 되는 부분을 확대해 그릴 수도 있다. 그러고 나서 빠져 있는 길이와 각도를 계산할 수 있다.

내가 그린 삼각형을 보면, 두 길이와 하나의 각도가 있다. 우리는 2루 중심까지의 길이가 90피트라고 알고 있다. 2023년부터 메이저리그MLB의 베이스는 각 변의 길이가 1.5피트인 정사각형으로 바뀌었다. 피타고라스의 정리를 사용해 계산하면, 베이스 중심에서 바

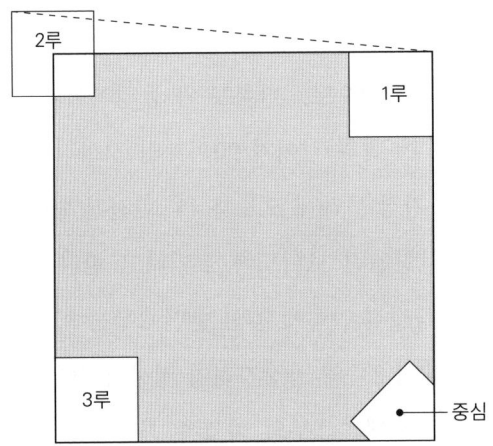

베이스들의 배치를 보여주는 다이어그램. 정확한 비율대로 그린 것이 아님.

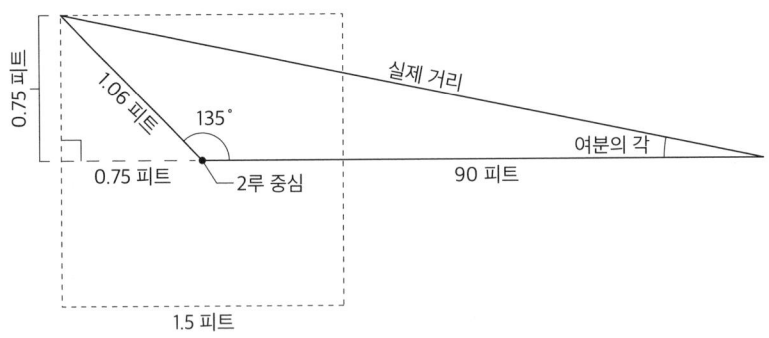

다이아몬드 꼭대기 부분을 과장해서 그린 다이어그램.

깥쪽 꼭짓점까지의 거리는 1.06피트로 나온다. 그 각도는 135°인데, 90°보다 45° 더 큰(혹은 180°에서 45°를 뺀) 각도이기 때문이다. 이제 나는 야구 경기를 보는 것보다 여기서 더 큰 재미를 느낀다.

나는 삼각형을 '푸는' 것에 관한 이야기를 많이 했는데, 이것은 누락된 길이와 각도를 계산하는 것을 의미한다. 여기서 '실제 거리'와 '여분의 각도'를 구하기 위해 우리가 해야 할 일이 바로 이것이다. 또한, 전체 값 중 절반이 알려져 있다면(이 경우에는 두 변의 길이와 한 각의 각도) 나머지 값을 모두 계산할 수 있다고 말했다. 하지만 그 계산을 실제로 어떻게 하는지에 대해서는 상당히 모호하게 말했다. 왜냐하면, 그 계산에는 삼각함수뿐만 아니라 삼각법의 새로운 두 가지 법칙도 필요하기 때문이다.

삼각법은 피타고라스의 정리와 같은 방식으로 삼각형의 관계를 더 많이 알려준다. 이 관계들은 한 삼각함수를 다른 삼각함수로 변환하는 데 쓰이는 삼각함수 항등식보다 더 강력하다. 이 관계들은 모든 삼각형에서 항상 성립한다. 이 법칙은 사인과 코사인에 각각 하나씩 있다.

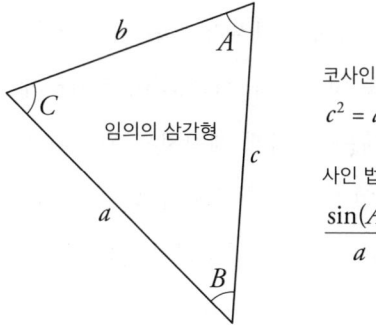

코사인 법칙
$$c^2 = a^2 + b^2 - 2ab\cos(C)$$

사인 법칙
$$\frac{\sin(A)}{a} = \frac{\sin(B)}{b} = \frac{\sin(C)}{c}$$

코사인 법칙은 피타고라스의 정리와 매우 비슷하지만, 끝에 '$-2ab\cos(C)$'가 붙어 있다. 왜냐고? 이것은 피타고라스의 정리가 아니라 코사인 법칙이기 때문이다. 피타고라스의 정리는 직각삼각형에만 적용된다는 한계가 있다. 코사인 법칙은 업그레이드된 버전으로, 모든 삼각형에 동일한 방식으로 적용된다. 피타고라스의 정리가 직각 양쪽에 있는 두 변의 길이를 알 때 적용할 수 있는 것과 달리, 코사인 법칙은 어느 각을 둘러싼 두 변의 길이만 안다면, 나머지 변의 길이를 계산할 수 있다.(그리고 $\cos 90° = 0$이므로, 직각삼각형일 때에는 보정 계수가 0이 되어 코사인 법칙은 피타고라스의 정리로 환원된다.)

코사인 법칙을 사용하면, 야구장 다이아몬드를 이루는 변의 길이가 실제로 얼마인지 계산할 수 있다. 삼각형의 두 변은 길이가 각각 1.06피트와 90피트이고, 그 사이의 각도는 135°이다. 코사인 법칙에 이 값을 대입하면, 대변의 길이는 90.753피트로 나온다. 이것은 당연한 결과인데, 베이스 중심까지의 거리인 90피트보다 약간 더 길어야 하기 때문이다.

코사인 법칙의 또 한 가지 장점은, 만약 삼각형의 세 변 길이를 모두 알고 있다면, 그 내각의 크기를 모두 알 수 있다는 점이다. 이것은 내가 머리말에서 언급한, 기계 제작자가 매일 사용한다는 삼각법의 예로 들었던 수학 계산 중 하나였다. 한 고객이 정확하게 특정 각도를 가진 부품을 원했기 때문에, 기계 제작자는 완성된 부품의 세 길이를 계산하기 위해 코사인 법칙을 사용해야 했고, 삼각법을 이용해 내각이 허용 오차 범위 내에 있음을 입증해야 했다.

사인 법칙은 라스베이거스의 스피어가 열렬한 찬사를 보낸 바로 그 법칙이다. 사인 법칙은 모든 삼각형에서, 어느 각도의 사인 값을 그 대변의 길이로 나눈 값이 세 꼭짓점에서 모두 동일하다고 말한다. 나는 이것을 각 삼각형이 자신만의 '사인 법칙 값'을 가지고 있는 것으로 생각한다. 앞에 나온 야구장 삼각형의 경우, 135°의 대변이 90.753피트이므로 $\sin(135°) \div 90.753 = 0.007791544$이다. 같은 삼각형에서 다른 각도와 대변의 조합을 사용하더라도, 이 값은 0.007791544로 동일하다. 따라서 만약 '여분의 각도' 반대편의 대변이 1.06피트라면, 반대로 계산해 0.4735°라는 각도를 구할 수 있다.

이 모든 걸 종합하면, 이론적으로는 야구장의 1루 베이스 모퉁이 각도는 90°여야 하고, 2루 베이스의 먼 쪽 변까지의 거리는 90피트여야 한다. 하지만 그 모퉁이의 실제 각도는 90.4735°이고 변의 길이는 90.753피트이다. 만약 홈 플레이트에 연결된 두 변이 실제로 90피트이고, 2루에 연결된 두 변이 각각 90.753피트라면, 야구장 내야는 다이아몬드보다는 오히려 연꼴에 더 가깝다.

MLB는 종종 경기의 기하학을 바꾸어왔다. 1877년부터 2023년까지 베이스는 한 변이 15인치인 정사각형이었지만, 2023년에 18인치(1.5피트)로 커졌다. 원래 1루와 3루 베이스는 다이아몬드의 꼭짓점 중심에 있었지만, 1887년에 꼭짓점 안쪽으로 이동했다. 하지만 2루 베이스는 여전히 원래 위치를 그대로 유지하고 있다. 깔끔한 기하학적 완성을 위해, MLB가 다음번에 경기장 규정을 바꿀 때에는 2루도 안쪽으로 배치하거나 1루와 3루를 원래 위치로 되돌렸으면 좋겠다. 그래야 모든 것이 정사각형으로 공명정대하게 바로잡힐 테니까.

삼각함수 값의 계산

삼각함수가 이토록 놀랍고 다양하게 활용되는 이유는 각도에 대한 복잡하고 미묘한 정보를 제공하기 때문이다. 하지만 이 복잡성에는 큰 단점이 하나 있으니, 계산하기가 매우 어렵다는 점이다. 처음에 삼각함수표가 만들어진 이유도 그 값을 직접 계산하기가 너무 힘들었기 때문이다. 삼각함수표가 실린 책들이 오랫동안 출간되었던 이유는 심지어 컴퓨터로도 삼각함수를 계산하기가 만만치 않았기 때문이다. 계산기가 삼각함수 값을 제공하기까지는 꽤 오랜 시간이 걸렸고, 그 계산기가 주머니에 들어갈 정도로 작아지기까지는 더 오랜 시간이 걸렸다.

삼각함수 값을 구하는 유일한 방법은 반복적인 계산을 통해 원하는 만큼 정밀한 값에 이를 때까지 나아가는 것이다. 어떤 각 'A'가 있을 때 $\sin(A)$를 알고 싶다면, 그냥 아래 급수의 항들을 할 수 있는 데까지 많이 계산하면 된다.* 덧셈과 뺄셈을 번갈아 계산해야 하고, 거듭제곱항의 지수는 1, 3, 5, 7,…로 증가한다. 수식에서 느낌표(!)는 감탄사가 아니라 계승(팩토리얼)을 의미한다. 겨우 하나의 사인 값을 구하려고 무한히 많은 분수를 계산하는 무한의 즐거움을 표현하는 기호가 아니다!

---

* 이 공식이 성립하려면, A는 도 단위가 아니라 라디안 단위로 나타내야 한다. 내가 라디안 버전을 선택한 이유는 훨씬 깔끔하기 때문이지만, 어떤 단위에서도 같은 원리가 적용된다.

$$\sin(A) = A - \frac{A^3}{3!} + \frac{A^5}{5!} - \frac{A^7}{7!} + \frac{A^9}{9!} \cdots$$

　이 무한급수는 우리가 절실히 원하는 사인 값을 향해 아주 느리게 수렴한다. 게다가 점점 더 커지는 거듭제곱과 계승을 계산하면서 나누고 더하고 빼는 방식은 계산상 효율적인 방법이 아니다. 우리에게는 사인 값을 좀 더 빨리 찾아내는 다른 알고리듬이 필요하다. 바로 그런 일을 위해 1950년대에 처음 개발된 컴퓨터 삼각함수 알고리듬이 코딕CORDIC이다. CORDIC은 'COordinate Rotation DIgital Computer'(좌표 회전 디지털 컴퓨터)의 약자로, 똑똑한 컴퓨터 연산을 사용해 한 점을 원주 위에서 효율적으로 이동시키면서 그 x 좌표와 y 좌표를 원하는 각도의 사인 값과 코사인 값과 일치시킨다. 이 알고리듬은 일종의 업다운 게임을 매우 빠르게 수행하는 것과 같은데, 약 40번의 연속적인 추측만으로 사인 값 또는 코사인 값을 소수점 아래 열째 자리까지 정확하게 구할 수 있다.

　최초로 삼각함수 값을 계산한 전자계산기인 휴렛 팩커드의 HP-9100A는 코딕 방식을 사용했다. 이 계산기는 획기적인 제품이었는데, 크기가 엄청나게 크지 않아 책상 위에 안전하게 올려놓을 수 있고 프로그래밍이 가능한 데스크톱 계산기였기 때문이다. 만약 계산기의 역사를 기념하는 테마파크가 생긴다면(언젠가는 제발 생기길 기도한다……), 분명히 한 번이라도 사용해볼 기회를 얻으려는 사람들이 HP-9100A 앞에 길게 줄을 설 것이다. 물론 이 계산기가 애초에 긴 줄을 피하려고 만들어졌다는 점은 좀 아이러니하지만.

HP-9100A 시제품은 그 당시에 실직 상태였던 공학자 톰 오스본Tom Osborne이 집에서 직접 설계해 제작했다. 그는 데스크톱 컴퓨터가 가능하다고 믿었지만, 그 당시에는 그렇게 생각한 사람이 거의 없었다. 이전 고용주도 마찬가지였는데, 톰을 해고한 이유도 그 때문이었다. 하지만 톰은 집에 작업장을 차리고 자신의 꿈을 실현하기 위해 계속 노력했다. 그는 자신의 회로를 설계하고 조립한 뒤 나무 상자 안에 집어넣고, 자동차 페인트(캐딜락 그린 메탈릭)로 상자를 칠했다. 이러한 '외로운 영웅' 이야기는 대개 뒤에서 묵묵히 지원한 사람들의 공을 간과하는 경우가 많다. 그래서 나는 톰의 아내 캐럴이 수행한 역할에도 주목해야 한다고 생각한다. 캐럴은 톰이 개발에 몰두한 기간에 가족의 생계를 책임졌다. 또한 나중에는 HP-9100A의 ROM 칩을 위한 어셈블리어 코드까지 작성했다.

두 사람의 공동 노력 덕분에 1964년 크리스마스이브에 제대로 작동하는 최초의 시제품이 마침내 탄생했다.

내 침실/작업실 구석의 카드 게임용 빨간 탁자 위에 놓여 있는 것이 이 행성에서 존재했던 그 어떤 것보다 더 많은 단위 부피당 컴퓨팅 파워를 갖고 있다는 사실을 깨달으면서 압도당했던 순간이 기억난다. 나는 그 계산기의 창조자라기보다는 발견자라는 느낌이 들었다. 앞으로 다가올 일들을 떠올렸다. 내가 이 작은 아파트에서 혼자서 이걸 만들 수 있다면, 앞으로 세상에는 엄청난 변화가 기다리고 있을 것이다.

— 톰 오스본

오스본은 여러 회사와 몇 차례 접촉했지만 별다른 성과가 없었는데, 그의 전 동료가 윌리엄 휴렛William Hewlett과 데이비드 패커드David Packard를 포함한 휴렛 팩커드의 경영진을 연결해주었다. 그들은 사무용 책상 위에 전통적으로 타자기가 놓여 있던 자리에 놓아둘 만큼 작은 계산기를 개발하길 원했는데, 오스본의 '녹색 기계'가 딱 그 크기였다. 휴렛 팩커드 연구소 책임자는 삼각함수 값 계산도 할 수 있도록 그 기계가 코딕을 사용하게 하자고 제안했는데, 그 이후의 이야기는 계산기의 역사가 되었다.*

HP-9100A는 1968년에 출시되었고, 그해 10월의 한 잡지 광고에 '퍼스널 컴퓨터'라는 문구가 역사상 처음으로 사용되었다. 그것이 원조 PC였다. 하지만 가격이 무려 4900달러였기 때문에, 좋은 회사에 다니지 않으면 구매하기가 어려웠다.(1968년 당시의 미국인 중위 소득은 7700달러였으니, 연 소득의 상당 부분을 써야 했다.) 이 제품을 '개인용(퍼스널)'이라고 말할 수 있었던 것은 개인이 독점적으로 사용할 수 있었기 때문이다. 초기 광고는 이 제품이 "큰 컴퓨터를 사용하려고 기다리는 수고를 덜어준다."라고 광고했다. 9100A는 "필요할 때마다 항상 당신의 손끝에 있었다."(물론 당사자의 손끝에 4900달러가 필요한 일이 생기지 않았다면 말이다.)

또 그 광고는 9100A가 "로그와 삼각함수 계산을 수행할 준비가" 되어 있다고 자랑했다. 이 문구는 기능 설명 목록에서 맨 위에 있었

---

* 컴퓨팅의 역사에서 흥미로운 우연을 말하자면, HP-9100A의 코딕 방정식은 스탠퍼드대학교에서 버로스 B5500를 사용해 테스트했는데, 버로스 B5500은 도널드 그레이스가 '가장 큰 다면체' 형태를 발견한 버로스 220을 업그레이드한 모델이었다.

다. 광고 담당자들은 사람들에게 삼각함수를 손끝에서 다루게 해주는 기능보다 제품을 더 빨리 팔리게 하는 것은 없으리란 사실을 알고 있었다. 공식적으로 제품을 출시하기 직전에 휴렛 팩커드는 사전 제작된 9100A를 NASA의 제트추진연구소로 가져가 공학자들에게 보여주었다. 마케팅 담당자들이 9100A를 설치하고 단추를 누르자, 9100A는 베셀 함수의 안테나 패턴을 내놓았다. 그 자리에 모인 청중은 말 그대로 열광했고, 공학자들은 자리를 박차고 일어나 이 계산기에 기립 박수를 보냈다.

컴퓨터화된 삼각함수에 쉽게 접근하게 된 것은 과학과 비즈니스에서 게임 체인저나 다름없었다. 계산기를 쓰는 시간이 저렴해짐에 따라 투기적 계획에 더 가볍게 사용할 수 있었다. 여기서 재미있는 일들이 일어난다. 1960년대에 도널드 그레이스는 자신의 형태 탐구 모험을 위한 컴퓨터 사용 시간을 확보하려고 야간 근무를 자원해

야 했다. 하지만 데스크톱 계산기가 등장하면서 호기심으로 일부 계산을 시도하기가 훨씬 쉬워졌는데, 심지어 NASA에서도 그랬다.

1970년대에 로켓 과학자 제임스 밴 앨런James Van Allen은 HP-9100A를 사용해 이미 발사된 우주 탐사선 파이어니어 11호의 대체 경로를 살펴보았다. 그러다가 새로운 중력 슬링샷gravitational slingshot(우주선이 다른 천체의 중력장을 이용하여 속도를 증가시키는 방법) 경로를 발견했는데, 이것은 파이어니어 11호가 목성을 빙 돌면서 목성의 중력에서 추진력을 얻어 토성을 향해 빠르게 날아가는 경로였다. 그리하여 부랴부랴 태양계 항행 경로가 변경된 파이어니어 11호는 인간이 만든 물체 중 최초로 토성을 방문하게 되었다. 원래는 보이저 1호가 토성을 맨 먼저 방문할 예정이었지만, 삼각함수 계산을 쉽게 해준 데스크톱 계산기 덕분에 파이어니어 11호가 먼저 토성에 도착한 것이다.

삼각함수표와 둠

컴퓨터의 성능이 갈수록 좋아지고 있지만, 아직도 4000년에 이르는 삼각함수표의 역사를 종식시키지는 못했다. 컴퓨팅 파워가 제한된 상황에서는 삼각함수 값을 맨 처음부터 계산하는 것은 꿈꿀 수 없는 사치이며, 컴퓨터 이전 시대의 삼각함수표가 다시 한번 구원의 손길을 내민다.

1993년에 출시된 컴퓨터 게임 둠DOOM은 역사상 가장 중요한 비디오 게임 중 하나로 꼽힌다. 이 게임에서는 '둠가이Doomguy'라는 캐릭터가 되어 3D 세계를 탐험하면서 물결처럼 몰려오는 적 캐릭터들을 상대해야 한다. 이 게임은 그 당시의 최신 컴퓨터에서 실행되도록 설계되었고, 몇 년 뒤에는 최신 32비트 가정용 콘솔용으로도 출시되었다.

그러다가 1995년에 둠은 슈퍼 패미컴 SNES(닌텐도가 출시한 가정용 비디오 게임기)용으로도 출시되었는데, 이것은 다소 놀라운 일이었다. SNES는 2D 그래픽용으로 설계되었고, 둠의 3D 세계 렌더링을 할 만큼 성능이 충분하지 않았다. 이 성능 부족은 게임 카트리지 자체에 추가한 여분의 프로세서로 일부 보완할 수 있었다. 하지만 삼각함수표를 영리하게 사용한 것도 큰 도움이 되었다.

개발자 랜디 린든Randy Linden은 2020년 7월에 둠 SNES의 원본 코드를 공개했는데, 이를 통해 고전 게임 애호가들은 게임이 어떻게 실행되는지 정확하게 알 수 있게 되었다. 코드에는 사인, 코사인, 탄젠트, 시컨트, 역탄젠트, 이렇게 다섯 가지 삼각함수표가 내장돼 있었다. 이것들은 둠 세계의 3D 좌표와 SNES의 2D 그래픽 사이를 오가며 변환하는 데 필요한 삼각함수였다(내가 크리스마스트리의 3D 좌표를 변환할 때 삼각함수를 사용한 것과 비슷하게).

삼각함수표는 게임 코드에 통합되어 145킬로바이트의 저장 공간을 차지했다. 지금은 웃어넘길 만큼 작은 용량처럼 들리지만, 당시에는 꽤 많은 드라이브 공간을 차지했다! 삼각함수표는 전체 게임 시스템에서 두 번째로 큰 파일이었다. 여기서 삼각함수표가 얼마나 중요한 비중을 차지했는지 알 수 있다. 둠의 SNES 버전이 망하지 않고 살아남은 것은 바로 아주 오래된 기술인 이 똑똑한 삼각함수표 덕분이었다.

둠 코드에 관한 이 글을 쓰면서 나는 내장된 삼각함수표들이 어떻게 작동하는지 알고 싶었지만, 그 표들이 모두 16진수로 작성돼 있어 컴퓨터엔 좋겠지만 우리 인간으로서는 해독하기가 어려웠다. 그래서 나는 그 값들을 십진수로 변환하는 방법을 직접 만들었고, 그 값들을 실제 값과 비교하다가 이상한 점을 발견했다. 많은 값의 반올림 처리가 잘못돼 있었다. 그래서 게임을 만든 랜디에게 연락했더니, 그는 둠의 수학에 대해 연락한 사람은 내가 처음이라면서 내 의심이 맞다고 확인해주었다. 그는 값들을 반올림 방식 대신에 버림 방식으로 처리했다고 알려주었다.

그는 둠 SNES의 삼각함수표를 생성한 원래 컴퓨터 코드를 알려주었는데, 실제로 그 코드에서는 '더블$_{double}$'(컴퓨터 프로그래밍에서 소수점 이하 자릿수가 긴 실수를 표현할 때 사용되는 데이터 유형) 형식의 숫자로 된 답을 정수로 변환하면서 소수점 아래 부분을 모두 버렸다. 하지만 이에 따라 발생하는 정확도의 차이는 매우 미미하다. 랜디의 말처럼 "이 오차는 게임의 해상도를 감안하면 눈에 띄지 않지만…… 모든 프로그램과 마찬가지로 개선의 여지가 있다." 그 '버그'는 중간의 값을 정수로 바꾸기 전에 반올림하거나 비슷한 일을 하는 코드를 한 줄 추가함으로써 해결할 수 있다. 그 작업은 불가능하지 않다. 소스 코드가 공개되고 나서 플레이어가 옆으로 이동하면서 동시에 회전할 수 없게 만든 버그를 수정한 패치를 이미 누가 만들었기 때문이다. 물론 나는 이것이 NBA의 공식 슛 데이터를 수정한 것만큼 대단한 업적은 아니라고 생각하지만, 그래도 꽤 대단한 일이라고 생각한다!

    1990년대 이후에 프로세서가 크게 발전하다 보니, 이제는 게임을 실행할 수 없는 하드웨어에서 둠을 실행하려고 시도해보라는 이야기가 프로그래밍 세계의 보편적인 '농담'이 되었다. 사람들은 둠을 온도 조절기, 프린터, 준Zune(마이크로소프트가 2006년에 출시했다가 2011년에 단종된 미디어 플레이어—옮긴이), 그리고 물론 TI-84 그래프 계산기에서도 실행 가능한 버전으로 만들었다. 원래의 SNES 하드웨어는 둠을 실행하는 데 필요한 계산을 할 만한 처리 능력이 충분치 않았지만, 지금은 계산기에서도 둠을 실행할 수 있다는 사실이 나는 너무 재미있다.

8

우리가 있는 곳은 어디?

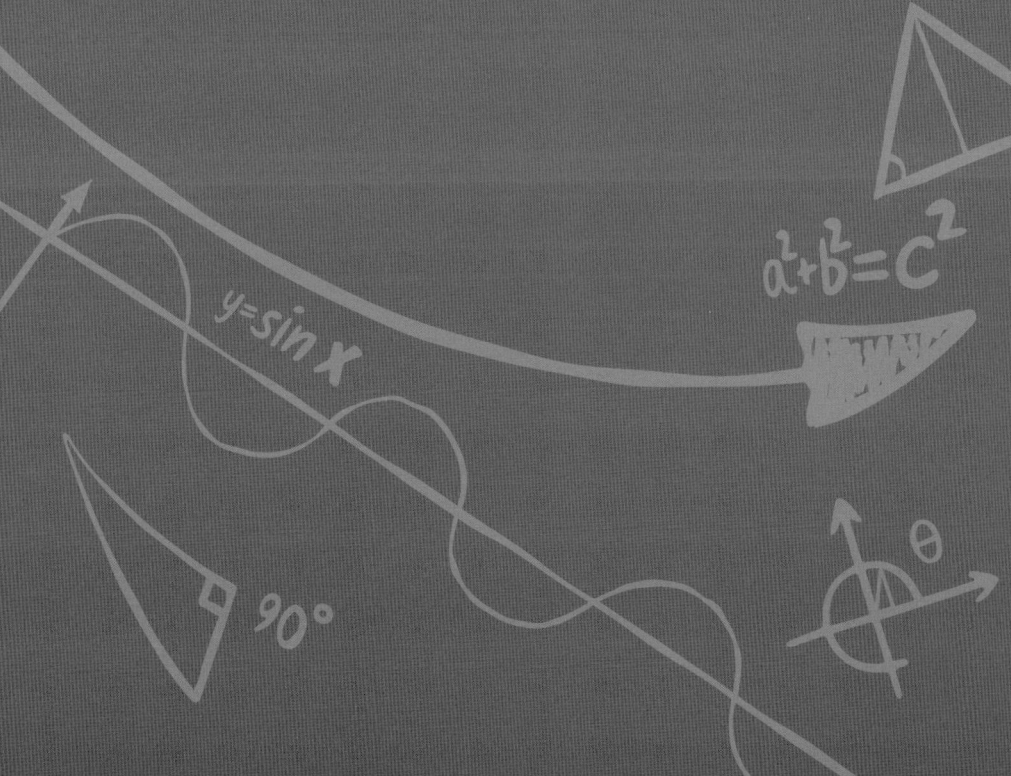

오래전에 나는 지금의 아내와 함께 해변을 걷고 있었다. 아내는 수평선이 얼마나 먼 거리에 있는지 궁금하다고 말했다. 해변은 수평선을 보기에 아주 좋은 장소이다. 일반적으로 물 위로 시야가 방해받지 않고 활짝 펼쳐져 있는데, 물은 지구의 구 모양과 일치하는 형태로 죽 뻗어 있다. 그리고 이것은 좋은 질문이다. 바다에서 우리가 물 위로 볼 수 있는 가장 먼 지점, 즉 나만의 개인적인 수평선*은 얼마나 먼 거리에 있을까? 그 생각은 나의 상상력을 사로잡아, 우리는 재빨리 모래 위에다 우리가 지구 위에 서 있는 모습을 그렸다(정확한 비율대로 그린 것은 아니지만). 내가 모래 위에 그린 자화상을 최선을 다해 재현한 다음 그림을 예쁘게 봐주길 바란다.

* 수평선은 각자가 서 있는 위치에 따라 자신만의 수평선을 가진다는 점에서 무지개와 비슷하다. 여기서는 나와 내 데이트 상대가 정확히 똑같은 관점에서 바라보고 있다고 가정한다.

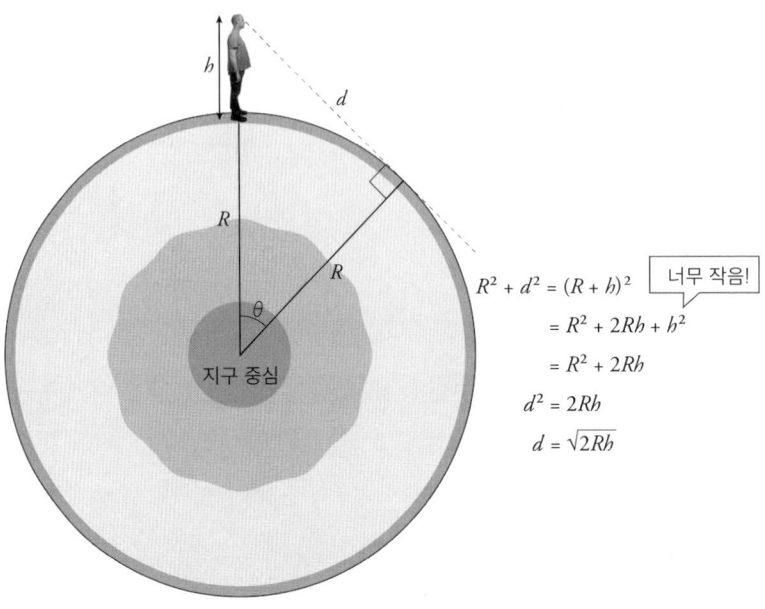

우리는 지구 반지름을 'R'로, 우리의 보잘것없이 작은 키를 'h'로 나타내기로 했다. 수평선까지의 거리는 'd'로 나타냈는데, 여기서 중요한 것은 우리의 시선이 지구 표면에 접선을 이루면서 지구 반지름과 직각을 이룬다는 사실이다. 피타고라스의 정리를 사용해 방정식을 풀면서 'd'의 값이 눈앞에 어른거렸지만, 대수학 계산은 점점 더 모래알의 해상도보다 복잡해졌고, 또 해가 지고 있었기 때문에 우리의 인내심도 바닥이 나고 있었다. 결국 우리는 편법을 써서 상황을 간단하게 만들기로 했다.

'h^2'은 우리의 키를 제곱한 값인데, 이 식에서 가장 작은 값이다. R^2과 $2Rh$ 항은 모두 지구 반지름 R이 포함돼 있는데, 지구 반지름은 우리 키에 비해 엄청나게 크다. 따라서 비록 우리 키가 최종 답에 약간의 차이를 빚어내긴 하겠지만, 이 식에서 나머지 모든 것에 비해 너무나도 작으므로 h^2 항을 제거하더라도 큰 지장은 없을 것이다. 우리는 손을 한 번 쓱 움직이는 것만으로 그 부분의 모래를 깨끗이 쓸어내고 방정식을 간단하게 만들었다.

　마지막 단계는 방정식에 대입해 d의 값을 구할 수 있도록 R 값과 h 값을 알아내는 것이었다. 우리는 지구의 지름($2R$)이 약 1만 2500km(1m의 길이가 북극점과 적도 사이 거리의 1000만분의 1로 정의돼 있고, 지구의 둘레 길이가 4만 km이므로, 이를 바탕으로 역산하면 지구의 지름을 구할 수 있다)라는 사실을 알고 있었고, 사람의 키는 2m에 가까우므로 h의 값으로 0.002km를 사용할 수 있다. 12500 × 0.002 = 25이므로, 그 제곱근을 구하면 마침내 답이 나온다. 수평선은 약 5km 거리에 있다.

　수학에서는 사랑과 마찬가지로 언제 작은 것들을 놓아주는 것이 최선인지 아는 게 중요하다. 우리의 경우, 그렇게 함으로써 작은 막대와 약간의 암산만으로 수평선까지의 거리를 대략 계산할 수 있었다. 나중에 우리는 더 정확한 답을 구하고서, 대략 계산한 값이 정확한 답과 꽤 가깝다는 사실에 무척 기뻤다! 내 눈은 지면에서 1.7m(2m가 아니라) 떨어져 있고, 그 해변을 지나는 지구의 지름은 1만 2744km(1만 2500km가 아니라)였다. 코사인을 사용해 지구의 중심각을 구할 수 있었고, 그것의 사인 값을 사용해 계산하니 수평선까지의 거리가 4.7km로 나왔다. 이것은 우리가 대략 계산한 5km와 아주 가까웠다. 이 정도면 확실한 결말을 원하는 팬들을 만족시킬 수 있으리라 생각한다. 아, 그리고 우리는 이제 결혼해 함께 살고 있다.

그 계산과 그 밖의 많은 계산 덕분에.

요점은 인간에게는 자연적인 욕구가 있다는 것인데, 수평선이 얼마나 먼 곳에 있는지 궁금해하는 것도 그중 하나이다. 또 하나는 지구가 얼마나 큰지 궁금해하는 것이다. 이런 종류의 질문에 답하는 방법은 두 가지밖에 없다. 많이 걷거나 삼각형을 사용하거나. 삼각형을 사용하는 방법을 동원해도 상당히 많이 걸어야만 하는데, 앞에서 보았듯이, 삼각형 문제를 풀 때에는 항상 적어도 한 변의 길이가 필요하기 때문이다.

캐럴라인 허셜Caroline Herschel은 지칠 줄 모르는 천문학자였다. 1787년에 캐럴라인은 왕립학회의 주요 간행물에 자신의 연구 결과를 발표한 최초의 여성이 되었다. 캐럴라인의 회고록을 읽으면서 내가 놀랐던 것은 그녀가 일상적으로 해야 했던 천문학적 잔심부름 목록이었다. "시계를 확인하러 달려가고, 온갖 기록을 적고, 장비를 가져오거나 운반하고, 측량대를 세운 뒤 땅을 측량하고, 기타 등등." 아무리 연구 대상이 고상한 것이라 하더라도, 결국은 항상 땅을 측정해야 한다.

지구의 크기를 최초로 정확하게 측정한 사람은 기원전 3세기에 이집트 알렉산드리아에서 살았던 수학자 에라토스테네스Eratosthenes로 알려져 있다. 흔히 그렇듯이, 그의 원래 계산이 실린 기록은 남아 있지 않지만, 후대의 다른 기록들에 언급된 내용으로 미루어 대략적인 이야기를 알 수 있다. 에라토스테네스는 한여름에 이집트 도시 시에네(현재의 아스완)에서는 햇빛이 우물 바닥까지 비친다는 이야기를 들었는데, 이것은 태양이 머리 바로 위에 온다는 뜻이었다. 에라토스

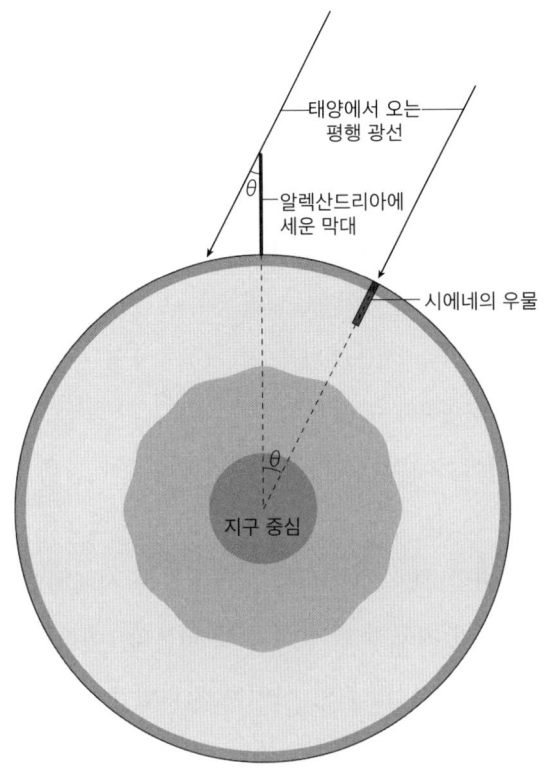

테네스는 같은 시간에 알렉산드리아(알렉산드리아는 시에네의 정북 방에 있었다)에서 태양의 각도를 측정하면, 두 지점이 지구 중심과 만 드는 각도를 계산할 수 있다는 사실을 깨달았다.

이 경우에 측정할 필요가 있는 거리는 시에네와 알렉산드리아 사이의 거리이다. 우리는 에라토스테네스가 그 거리를 측정할 목적으로 사람을 보냈는지 혹은 기존에 알려진 거리를 그대로 사용했는지 알 길이 없지만, 후대 작가들의 일치된 견해에 따르면, 그는 5000'스타디움스'라는 거리를 사용한 것으로 보인다. 골치 아프게도, 고대에 사용한 스타디움이라는 단위의 길이가 정확히 얼마인지 알 수 없다. 사람들은 그 길이를 놓고 논쟁하는 것만큼 내가 스타디움의 복수형으로 '스타디아' 대신에 '스타디움스'를 사용하는 것에 대해 불평하는 데에도 큰 열정을 쏟는다.(고대 그리스에서 거리 단위로 사용한 것은 복수형인 스타디아stadia이며, 그 단수형은 스타디온stadion이었다. 스타디움stadium은 라틴어 단수형인데, 저자는 그리스어까지는 생각하지 못한 것으로 보인다. 어쨌든 우리나라에서는 일반적으로 '스타디아'를 사용하므로 아래에서는 '스타디아'로 통일한다. ─ 옮긴이)

전하는 이야기에 따르면, 에라토스테네스가 알렉산드리아에서 막대 그림자 각도를 쟀을 때, 그것은 원의 50분의 1과 같았다. 오늘날의 각도로 환산하면 7.2°가 된다. 이 각도는 시에네와 알렉산드리아 사이의 거리가 지구 둘레 길이의 약 50분의 1이라는 것을 알려주었다. 시에네와 알렉산드리아 사이의 거리인 5000스타디아에다가 50을 곱하면, 지구 둘레 길이는 25만 스타디아라는 결과가 나온다. 그 길이가 정확하게 얼마이건 간에.

나는 에라토스테네스가 얻은 값이 실제로 얼마인지를 놓고 왈가왈부하는 것은 요점에서 벗어난다고 생각한다. 스타디아 값을 마음대로 선택함으로써 얼마든지 답을 정확하게 만들거나 부정확하게 만들 수 있다. 게다가 5000스타디아라는 거리와 원의 50분의 1이라는 각도는 대략 측정한 수치이다. 나는 이 수치들이 에라토스테네스가 실제로 측정한 값이 아닐 거라고 생각한다. 여기서 요점은 에라토스테네스의 방법 자체가 매우 견실하다는 것이다. 정확한 입력 데이터만 있다면, 실제로 지구 크기를 꽤 정확하게 내놓을 수 있다. 삼각형 계산은 완벽했다.

나는 수학의 현장을 직접 방문해 과거에 일어난 일을 그대로 재현하길 좋아하지만, 내가 사는 영국은 위도가 높아서 햇빛이 우물 바닥까지 비치는 일이 절대로 일어나지 않는다. 그래서 나는 지구의 크기를 측정하려고 시도한 다른 상징적인 사건을 재현하기로 했다. 기원전 1000년 무렵에 많은 업적을 남긴 수학자(또한 학자이자 작가) 아부 알 라이한 무함마드 이븐 아흐마드 알 비루니Abū al-Rayḥān Muḥammad ibn Aḥmad al-Bīrūnī는 오늘날의 파키스탄에 있는 한 산을 이용해 지구의 크기를 계산했다. 그는 루시와 내가 데이트를 하면서 사용한 것과 같은 방법, 즉 수평선을 바라보는 방법을 사용했다. 좀 더 구체적으로 알 비루니는 수평선이 '아래로' 기울어진 각도를 측정하려고 했다.

우리는 해변에서 수평선을 보려고 아래를 내려다볼 필요가 거의 없었다. 똑바로 앞을 바라보는 것과 비교한다면 우리의 시선은 겨우 $0.04234°$만 아래로 기울어졌을 뿐이다. 따라서 평소에 우리가 그 차이를 눈치채지 못하는 것은 충분히 이해할 수 있다. 하지만 산꼭대기에서는 이 각도가 상당히 크다(해변과 비교했을 때 상대적으로). 알 비루니는 수평선을 보기 위해 아래를 내려다봐야 하는 각도가 두 지점(내가 서 있는 곳과 수평선)이 지구 중심과 만드는 각도와 같다는 사실을 깨달았다. 그는 산꼭대기로 올라갔지만, 나는 친구 해나와 함께 건물 꼭대기로 올라갔다.

우리가 1장에서 영국에서 가장 높은 건물인 더 샤드의 높이를 측정했던 이유가 바로 여기에 있었다. 더 샤드는 우리에게는 산의 대

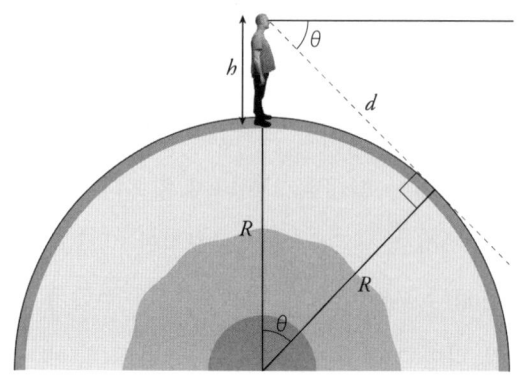

체물이었다. 50cm 길이의 측정용 신발을 신고 자랑스럽게 걸은 것이 지구의 크기를 계산하는 데 필요한 유일한 거리 측정이었다. 해나와 나는 이 거리를 우리가 측정한 각도와 결합해 건물의 높이를 구했다. 흥미롭게도 해나는 높이를 구하는 데 탄젠트를 사용한 반면, 나는 사인을 사용했다. 하지만 삼각법의 마법 덕분에 우리는 같은 답을 얻었다.

그리고 나서 우리는 건물 위로 올라가 수평선을 내려다보는 각도를 측정했다. 더 샤드는 주요 관광 명소이기 때문에 꼭대기까지 올라가 경치를 즐기는 코스를 쉽게 예약할 수 있다. 단점은 일반 대중에게 개방하는 대가로 높은 수준의 보안 조치가 따른다는 점이다. 해나와 내가 거대한 수제 각도기와 커다란 디지털 수준기를 들고 가자, 보안 요원들은 그 기기들이 해를 끼치는 용도로 사용될 가능성을 염려해 우리의 수학 무기를 압수했다.

이에 굴하지 않고 우리는 꼭대기까지 올라갔고, 스마트폰에 내장된 경사계를 사용해 수평선을 내려다보는 각도를 측정했다. 이 경사계는 정확하게 조준하기가 어려울 뿐만 아니라, 결과를 가장 가까운 도 단위로 반올림해 보여준다. 우리는 최선을 다해 그 각도가 약 1.5°라고 추정했다. 얼마나 틀렸는지는 나중에 알게 되었다.

'틀렸다'라고 말하긴 했지만, 우리가 측정한 각도가 1.5°인 것은 틀림없었다. 물론 우리가 코사인 법칙을 사용해 지구 반지름과 지구 반지름+더 샤드 높이의 비율을 계산하자, 지구의 지름은 겨우 1750km라는 결과가 나왔다. 현대의 괴짜 과학자들은 지구의 지름이 약 1만 2750km라고 주장하겠지만, 이 상황에서 여러분은 누구를 믿겠는가? 나는 그곳에 가서 직접 내 손으로 측정했다! 그렇다면 나는 지구가 평평하다고 주장하는 사람들의 정반대편에 서 있는 셈이다. 즉, 지구가 구형이라고 믿지만, 그 크기는 NASA가 인정하는 것보다 훨씬 작다고 믿는 것이다.

알 비루니의 계산 결과는 몇 가지 문제점이 있었다. 그가 파키스탄의 산에서 얻은 최종 결과에서는 지구의 반지름이 1280만 3337큐빗으로 나왔다. 물론 우리는 큐빗의 정확한 길이가 얼마인지 알지 못한다. 이것은 일상적으로 맞닥뜨리는 문제점이다. 추정되는 큐빗의 크기 변동 폭에는 현재 우리가 알고 있는 지구의 정확한 반지름을 내놓을 수 있는 수치도 포함돼 있으므로 알 비루니가 얻은 결과가 정확했을 수도 있다.(하지만 아마도 그렇지 않았을 것이다.) 또한 알 비루니가 이제 우리에게 매우 익숙한 삼각함수표를 사용할 수 있었다는 사실도 주목할 만하다. 우리가 살고 있는 행성의 크기를 추정할 수 있었던 것은 삼각형과 삼각함수표 덕분이었다.

정확하다고 인정할 만한 측정은 두 번째 밀레니엄 후반에 가서야 일어났는데, 여기에는 그 사이의 각도가 알려진 두 지점 간의 아주 긴 기준선을 얻기 위해 일련의 삼각형이 필요했다. 스넬의 법칙으로 유명한 빌러브로어트 스넬은 거대한 삼각형들의 선구자인데, 1615년에 네덜란드를 가로지르는 14개의 삼각형을 측정하여 꽤 정확한 지구 둘레의 값을 얻었다. 하지만 진정한 챔피언은 장-바티스트 들랑브르와 피에르 메생이었고, 이들은 1700년대에 115개의 삼각형을 사용했다. 두 사람은 새로 도입된 미터 단위를 정의하기 위해 지구의 둘레 길이를 측정했는데, 그 작업에서는 무엇보다도 정확성이 중요했다.

다행히도 로마인이 도로를 건설한 시대 이후로 기술이 크게 발전했다. 스테인 스트리트를 건설할 계획을 세운 로마인은 '그로마$_{groma}$'라는 측량 기계를 사용했는데, 십자형 구조에 다림줄이 여러 개 매달려 있는 장치였다. 측량사는 그로마의 다림줄을 멀리 있는 목표 지점에 세운 막대와 일직선으로 맞춤으로써 도로를 곧게 이어나갈 수 있었다. 하지만 이 방법은 사람의 시력에 의존했기 때문에 측정에 약간의 오차가 있었다. 망원경의 발명으로 시력의 한계를 보완할 수 있었지만, 다른 오차를 없애려면 약간의 원형적 사고가 필요했다.

정확한 측정의 주적은 불규칙 잡음$_{random\ noise}$이다. 만약 들랑브르와 메생이 두 지점 간의 각도를 측정하려고 했다면, 두 지점에 망원경을 두고 조준한 뒤 두 망원경 사이의 각도를 측정할 수 있었을 것이다. 하지만 망원경을 어떤 표적에 얼마나 정확하게 조준할 수 있을까? 인간의 눈은 여전히 정확도 면에서 큰 한계가 있는데, 보는 능력이 제한돼 있기 때문이다. 망원경으로 보면 정확해 보일 수 있지만,

실제로는 망원경을 향하는 방향이 왼쪽이나 오른쪽으로 약간 어긋날 수 있으며, 그 오차는 사실상 무작위적이다. 즉, 어느 방향으로건 어긋날 가능성이 동일하게 존재한다.

불규칙 잡음을 해결하는 방법은 평균을 구하는 것이다. 여러 번 반복 측정해 그 값의 평균을 구하면, 그 결과는 실제로 측정한 값이 아니더라도 더 정확한 값이 될 수 있다. 우리는 더 샤드 꼭대기에서 이 방법을 형편없이 사용했다. 스마트폰에 1°가 측정된 빈도와 2°가 측정된 빈도가 비슷해 결국 1.5°라는 답을 내놓은 것 같았다.

들랑브르와 메생은 이 과정을 자동화하는 장비가 있었는데, 그 당시에 사용할 수 있었던 최선의 장비였다. 그들의 두 망원경은 '반복원repeating circle'에 올려져 있었는데, 반복원은 두 망원경을 함께 회전시키는 원판이었다. 반복원을 사용하면, 두 지점 간의 각도를 반복적으로 측정하기가 수월하며, 각각의 측정 결과가 기계적인 누계에 더해졌다. 최종 합계를 측정 횟수로 나누어 평균을 구함으로써 정확한 결과를 얻을 수 있었다.

나는 들랑브르와 메생이 한 여행과 측정을 재현하려고 시도하지 않았지만, 그 대신에 다른 사람이 그 일을 했다! 2018년, 오스트레일리아 예술가 세라 모라웨츠Sara Morawetz는 '에탈롱 *étalon*'('도량형 원기'란 뜻의 프랑스어 — 옮긴이)이라는 프로젝트를 통해 미터를 정의하기 위해 시도되었던 됭케르크에서 바르셀로나까지의 도보 여행을 상대적으로 빠른 112일 동안에 재현했다. 세라는 '장소 특이적이고 지속적인 퍼포먼스'를 하는데, 이것은 내 취향에 딱 맞는 작업이다. 나는 과학 행위 예술을 아주 좋아한다.

그런데 생각해보면 미터는 정말로 기묘하다. 인간은 1m 척도를 기준으로 삼아 살아가는데(아마도 여러분은 양손을 약 1m 간격으로 벌릴 수 있을 것이다), 미터는 지구의 크기를 기준으로 정한 단위이지만, 지구는 인간의 뇌로는 가늠하기 힘들 정도로 거대하다. 하지만 대략 1m 보폭으로 한 걸음씩 내디디면서 충분히 멀리 걸어간다면, 인간의 척도와 행성의 척도 사이의 연결 관계를 점점 더 느낄 수 있다. 알다시피, 우주에서 가장 큰 구조의 크기를 계산하려면, 작은 구조인 도로의 길이부터 측정해야 한다.

도중에 세라는 측정을 했는데, 여정이 끝날 무렵에는 지구의 둘레 길이를 추정할 수 있었고, 그 추정치를 바탕으로 1m를 정의하는 길이를 자신이 직접 계산할 수 있었다. 세라가 몹시 부럽다는 말은 딱히 과장된 표현이 아니다. 세라는 하루에 한 번씩 동행자와 멀리 떨어졌다.(세라의 여행에는 여성 예술가들이 릴레이로 동참했는데, 들랑브르와 메생이 활동하던 시대의 과학계에서 주류였던 성별을 바꾼 퍼포먼스라고 할 수 있다.) 한 사람은 레이저 거리계를 가지고 그 자리에 남고, 상대방은 약 500m 떨어진 지점으로 가 레이저를 맞을 준비를 했다. 그리고 GPS 장비를 사용해 그 측정에 사용된 양 끝 지점의 정확한 위도와 경도를 기록했다.

GPS 장비를 사용하면, 원래 미터를 측정한 방식에 비해 엄청난 이점이 있다는 것은 두말할 필요도 없다. 또한 세라 일행은 지구의 이 10° 쐐기꼴 구간에서 500m의 거리만을 간헐적으로 표본 측정했지만, 들랑브르와 메생은 전체 거리를 측정하기 위해 끊어지지 않게 삼각형을 계속 이어가야 했다.(그래서 더 많은 인원을 동원했는데도 그들은 약 20배나 더 많은 시간이 걸렸다.) 컴퓨터가 없던 시대에 복잡한 삼각형 그물을 계산하는 데 필요한 수학적 노력은 결코 만만한 것이 않았다. 세라는 여행을 하면서 매일 그날의 '맞춤형 미터custom metre'를 계산했고, 여행이 끝난 뒤에 평균을 구했다.

세라의 최종 맞춤형 미터는 100.038cm로, 공식 미터인 100cm와 거의 일치한다! 하지만 세라가 자신의 미터를 미터 단위로 기록했다는 사실에서 한 가지 의문이 떠오른다. 들랑브르와 메생은 원래의 미터를 측정할 때 어떤 단위를 사용했을까? 그들의 최종 계산 결과에 따르면, 북극점에서 적도까지의 거리는 513만 740투아즈toise였는데, 투아즈는 옛날에 프랑스에서 사용하던 길이의 단위로, 사람이 양팔을 벌린 길이와 비슷했다. 미터는 이 거리의 1000만분의 1로 정의했고, 이것은 0.5130740투아즈에 해당하는 길이였다. 이 측정값은 '리뉴line'라는 단위로 변환되었는데, 1투아즈는 864리뉴에 해당한다.(양팔 길이는 6피트, 1피트는 12인치, 1인치는 12리뉴이다. 6×12×12=864). 따라서 1미터는 공식적으로 0.5130740×864=443.296리뉴였다.

들랑브르와 메생이 측정한 값은 정답에 얼마나 가까웠을까? 아주 가까웠다. 지금은 그들이 지구의 둘레 길이를 약간 작게 평가했다는 사실이 알려졌다. 적도와 북극점 사이의 실제 거리는 그들이 측정한 513만 740투아즈보다는 513만 1766투아즈에 가깝다. 따라서 엄밀하게 1미터는 현재보다 조금 더 길어야 하지만, 일단 표준으로 정해진 것을 다시 변경하려면 부작용이 클 수 있다. 그래서 남극점과 북극점을 지나며 지구를 한 바퀴 도는 거리는 정확하게는 4만

km가 아니라 4만 8km이다. 두 값은 거의 차이가 나지 않을 정도로 가깝다.

유용한 하버사인

내가 세라에게 맞춤형 미터 계산을 어떻게 했느냐고 묻자, 세라는 전부 다 하버사인으로 계산했다고 말했다. 그렇다, 농담처럼 들릴 수 있는 이 삼각비가 실제로 지구 위에서 거리를 계산하는 데 엄청나게 유용하다!

로스앤젤레스 외곽에 있는 샌타모니카공항의 한 비행 학교에서 내게 연락을 한 적이 있다. 학생들에게 내주는 연습 과제 중에는 하루 동안 LA 지역의 30개 공항을 모두 이착륙하는 경로를 정하는 것이 있었는데, 학생들은 그 최단 경로가 무엇인지 궁금해했다. 이것은 '우편배달원 문제'(또는 '외판원 문제'라고 불린다)의 한 예로, 여러 장소를 방문하는 가장 짧은 경로를 찾는 문제이다. 이 문제는 해결하기 어렵기로 악명 높고 이 책의 범위를 벗어나지만, 첫 단계는 명확했다. 바로 각 공항 사이의 거리를 알아내는 것이었다.

나는 30개 공항 전체 목록과 각 공항의 위치를 위도와 경도로 표시한 좌표를 갖고 있었다. 이것은 NBA 농구 코트에서 농구 슛을 던진 위치를 거리로 나타낸 x, y 좌표와 미묘하게 다르다. 농구 코트는 평평하기 때문에 좌표는 미터나 피트 단위로 나타낼 수 있다. 하지만 지구는 둥근데, 이 사실이 상황을 복잡하게 만든다. 지구상의 두 지점이 충분히 멀리 떨어져 있다면, 가장 짧은 거리는 엄밀하게는 두 지점을 직접 연결하는 터널이 될 것이다. 하지만 거의 모든 상황에서 이 방법은 실용적으로 도움이 되지 않는데, 비행경로를 계획할 때에는 특히 그렇다. 나는 구형인 지구 표면 위에서 이동하는 거리를 알아내야 했다. 그 목적을 위해 우리는 각도로 표시된 좌표를 사용한다.

위도와 경도는 2000년 넘게 사용돼왔으며, 지금도 현대 GPS 시스템의 기반을 이루고 있다. 기본 개념은 간단하다. 지구는 구이며,* 구의 중심을 기준으로 하는 2개의 각도만으로 어떤 지점이든 그 위치를 나타낼 수 있다. 즉, 좌우 방향으로 얼마나 멀리 떨어져 있는지($-180°$부터 $180°$까지)와 상하 방향으로 얼마나 멀리 떨어져 있는지($-90°$부터 $90°$까지)로 좌표를 정한다. 상하 방향의 각도인 '위도'는 우리가 매일 지구의 자전과 함께 이동하는 원의 크기에 해당한다.

로스앤젤레스국제공항(LAX)의 위치는 북위 $33.9425°$, 동경 $118.408°$인데, 이것은 적도에서 북쪽으로 $33.9425°$, 본초 자오선에서 동쪽으로 $118.408°$ 지점에 있다는 뜻이다. 버뱅크공항의 위치는 북위 $34.2007°$, 동경 $118.3587°$인데, 구형 지구 위에서 버뱅크와 LAX 사이의 거리를 계산하기는 쉽지 않다. 두 지점을 지구 중심과 연결했을 때 만들어지는 각도를 정확하게 알아야 한다. 이 각도를 알고 지구의 반지름을 알면, 두 지점 사이의 거리를 쉽게 계산할 수 있다.

다행히도, 하버사인은 피타고라스의 정리를 대신하는 역할을 하

---

* 지구는 사실은 구와 비슷한 형태인 회전타원체이다. '양극 쪽이 약간 평평한' 타원체인 지구는 짓눌린 구라고 볼 수 있는데, 그래서 중간 부분이 약간 불룩 튀어나온 형태를 하고 있다. 따라서 지구 중심까지의 반지름은 지구상의 위치에 따라 약간 차이가 있다.

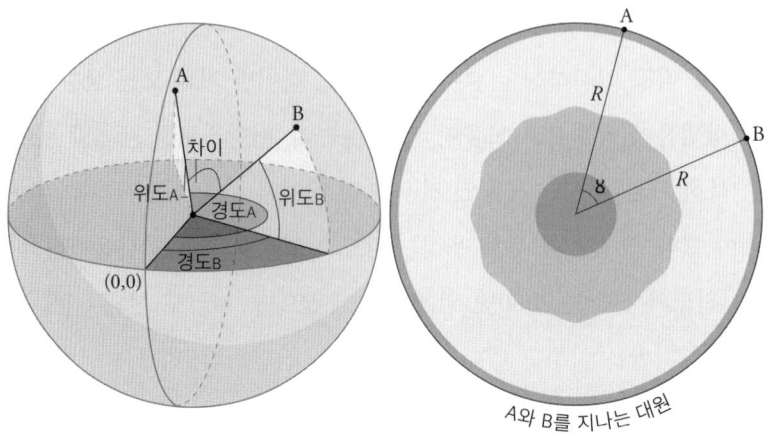

A와 B를 지나는 대원

면서 우리를 위해 그 각도를 계산해준다. 각도 차이의 하버사인 값은 위도와 경도의 하버사인 값(여기에 몇 개의 코사인 값도 포함해)을 결합한 것과 같다.

$$\text{hav}(각도\ 차이) = \text{hav}(위도_A - 위도_B) + \cos(위도_A) \times \cos(위도_B) \times \text{hav}(경도_A - 경도_B)$$

나는 이 하버사인 공식을 사용하는 컴퓨터 코드를 금방 작성해 구면 위에서 LA 지역의 모든 공항 쌍 사이의 거리를 계산할 수 있었다. 활주로 방향과 비행 제한 구역도 감안해 조정해야 했지만, 어쨌든 내 계산의 기반은 하버사인이었다. 당연히 사인으로부터 하버사인을 만들 수 있지만, 이것은 모든 삼각비에 적용된다. 여기서 작업에 가장 적합한 삼각함수를 선택하는 것이 중요한데, 여기에 하버사인─가장 오래된 삼각함수 중 하나─을 사용하는 이유는 구면 위에서 거리를 계산하는 데 이 삼각함수가 가장 적합하기 때문이다.

세라도 같은 이유로 하버사인을 사용했지만, 거꾸로 사용했다. 하버사인을 사용해 두 장소 사이의 각도를 구한 뒤에 지구의 반지름을 이용해 거리를 계산하는 대신에, 세라는 직접 두 장소 사이의 거리를 측정한 뒤에 하버사인을 사용해 두 장소 간의 각도를 구했고, 그것을 바탕으로 지구의 반지름을 알아냈다. 이렇게 지구의 반지름을 얻은 세라는 둘레 길이를 계산한 뒤 그것을 4000만으로 나누어 1m의 값을 구했다.

스스로 미터 값을 구하기 위해 프랑스 땅을 지나가며 먼 거리를 측정했던 과거의 과정을 재현할 필요는 없다. 아무 곳이나 두 장소 사이의 거리를 측정하면서 각각의 위도와 경도를 기록한 뒤, 하버사인을 사용하여 자신이 직접 측정하고 계산한 미터 값을 얻을 수 있다. 개인적인 미터는 '나$_{me}$'를 강조해 '미터$_{metre}$'라고 발음하도록 하라.

중요한 사실

삼각형이 없었더라면, 우리는 지금 어떻게 살고 있을까? 아마도 길을 잃고 헤매고 있을 것이다. 삼각 측량은 미터의 정의뿐만 아니라, 오랜 세월 동안 정확한 지도 제작을 가능케 했는데, 이 방법은 최근에 와서야 항공 사진으로 대체되었다. 이러한 삼각형의 흔적은 자세히 보기만 한다면 여전히 도처에 널려 있다.

영국의 오래된 풍경에는 고대 유적과 선돌이 많이 남아 있지만,

Matt Parker @standupmaths · May 9
I do enjoy a good Triangulation Station.

내가 좋아하는 암석 조형물은 20세기에 세워진 제단 같은 기둥들이다. 먼 과거의 유물처럼 보이는 이 '삼각 측량 기지들'은 1936년부터 1962년 사이에 '영국 삼각 재측량' 계획의 일환으로 세워졌다. 지금은 쓸모없는 것이 되었지만 여전히 곳곳에서 풍경을 장식하고 있다.

사람들은 가능하면 많은 삼각 측량 기지를 방문하려고 하는데, 이 활동을 '트리그 포인팅trig pointing'(삼각점 방문)이라고 부른다. 웹사이트 trigpointing.uk에는 6871개의 삼각점(삼각 측량을 할 때 기준으로 선정된 지상의 세 꼭짓점) 위치가 실려 있다. 나는 삼각점을 만날 때마다 사진으로 방문 사실을 기록으로 남기고 싶은 충동을 금할 수 없다. 적어도 삼각점의 ID 번호가 찍힌 사진 한 장과 내가 그 앞에서 바보처럼 웃고 있는 사진 한 장은 꼭 남긴다. 원래는 각 삼각점에서 적어도 다른 삼각점 두 곳을 볼 수 있었는데, 그 삼각점들은 보통 먼 언덕에 있었다. 따라서 삼각점을 찾는 취미 활동은 거의 항상 경치가 좋은 장소에서 펼쳐진다.

산을 거니는 보통 사람들은 삼각점의 정체를 곧바로 알아채기 어렵다. 삼각점 꼭대기에는 세 갈래로 이루어진 수수께끼의 별표가 있다. 그 형태가 1998년에 웨슬리 스나이프스Wesley Snipes가 주연을 맡은 〈블레이드〉의 클라이맥스 장면에 나오는 뭔가를 닮은 것처럼 보일 수 있지만(이건 꽤 특이한 취향을 지적하는 것일 수 있다), 사실은 반 복원과 같은 시대에 사용된 측량 기계인 경위의經緯儀, theodolite를 고정하기 위해 설계된 것이다. 내 경험으로는 대다수 사람들은 삼각점을 우연히 발견하면, 그것을 자세히 살펴보다가 상형 문자 같은 표시에 혼란을 느끼고 그냥 지나쳐버린다. 자신이 방금 현대 지도 제작의 기초가 된 장비를 만났다는 사실을 전혀 알아채지 못한 채.

이 삼각점들의 전신이 된 영국의 초기 삼각 측량은 들랑브르와 메생이 측량을 시작한 때와 거의 같은 시기에 시작되었지만, 측량에는 반세기가 더 걸렸다(1783년부터 1853년까지 218개 삼각점 측량). 이것이 영국의 '주요 삼각 측량'으로, 그 결과로 영국 육지측량부 지도Ordnance Survey maps가 최초로 출판되었다. 이 지도는 지금도 출판되며, 애정을 담아 OS 지도OS maps라고 부른다. 지금은 완벽한 스마트폰 앱이 있지만, 내 서랍에는 예전에 도보 여행을 위해 마련했던 종이 지도가 가득 들어 있다. 모든 보행로, 수레는 못 다니고 사람과 말만 다닐 수 있는 길, 건물을 비롯해 도보 여행자가 알아야 할 모든 세부 사항이 1km를 4cm로 축소한 이 지도에 들어 있었고, 등고선으로 길의 경사가 얼마나 가파른지 짐작할 수 있었다.

원래 군사용으로 제작된 OS 지도는 1800년대 초에 출판되었을 때 대다수 사람들에게는 일주일 치 수입을 넘는 가격인데도 불구하고 일반 대중 사이에 즉각 큰 인기를 끌었다. 이 지도는 우리가 사는 땅의 조감도를 얻을 수 있는 유일한 방법이었다(타는 것이 결코 덜 무섭지 않았던 우리의 친구 열기구를 제외한다면).

이 초기의 OS 지도는 처음으로 사람들에게 모든 것이 정확하게 어디에 있는지 알 수 있게 해주었다. 주요 삼각 측량 이전에는 모두가 콘월곶(콘월주에 있는)이 영국 최서단에 위치한다고 생각했다. 내가 직접 그곳에 가본 적이 있는데, 분명히 땅끝 지점으로 딱 어울리는 장소였다. 극적인 절벽과 함께 땅 끝자락이 바다로 돌출해 있다. 하지만 영국의 진짜 최서단은 거기서 남쪽으로 몇 마일 아래에 있는 랜즈엔드이다. 콘월곶보다 훨씬 덜 인상적인 이곳은 해안선의 작은 돌출부에 불과하다. 나는 콘월곶에 서서 나침반을 꺼내 랜즈엔드로 향했지만, 그곳이 바다로 더 튀어나왔다는 확신이 들지 않았다. 반면에 신뢰할 수 있는 OS 지도(확실한 삼각형을 기반으로 한)는 땅끝이 실제로 어디인지 분명히 보여주었다.

1930년대가 되자, 주요 삼각 측량이 충분히 명확하지 않다는 사실이 분명해졌다. 1935년부터 1962년까지 대대적인 영국 삼각 재측량이 시행되면서 새로운 삼각형 물결이 전국을 휩쓸고 지나갔다. 이 작업은 제2차 세계 대전 때문에 중단되었는데, 전쟁을 위해 3억 4200만 개의 지도(노르망디 상륙 작전 하나만을 위해서도 1억 2000만 개)를 제작해야 했기 때문이다. 하지만 1960년대가 되자 잉글랜드와 스코틀랜드, 웨일스 전역을 상세히 나타낸 지도들이 보급되었다.

영국 삼각 재측량이 끝나기도 전에 삼각점들의 종말이 이미 어른 거리고 있었다. 후기에는 항공 사진이 현장 측량을 보완했다. 현대에 들어 비행기와 인공위성의 등장으로 삼각점의 필요가 사라지자, 육지측량부는 삼각점 유지 업무를 중단했다. 나는 그들의 문서 자료를 뒤져보았는데, 마지막 유지 보수 작업은 2002년 10월 10일에 있었으며, 스코틀랜드의 산맥에 있는 두 삼각점 크녹모이Cnoc Moy와 미아울 난콘Meall nan Con에서 용감한 삼각점 기술자들이 보수 작업을 했다는 사실을 알 수 있었다.

삼각점의 직계 후손은 약 115개의 GPS 수신기로 이루어진 네트워크로, 이 기지국들은 영국 전역에 골고루 분포해 영국 내 대다수 지역은 적어도 한 기지국에서 75km 이내의 거리에 있다. 수신기들은 지속적으로 GPS 데이터를 기록하며, 한 시간마다 한 번씩 모든 데이터를 모아 잉글랜드와 스코틀랜드와 웨일스가 우리가 생각하는 위치에 제대로 있는지 확인한다. 현대적인 내비게이션 삼각형은 디지털화되고 자동화되었지만, 삼각 측량 기지는 이제 시골 지역 곳곳에 흩어져 있는 역사적 돌 조각으로 남아 있다.

과거의 측량 흔적이 자연 풍경에 남아 있는 곳은 영국뿐만이 아니다. 뉴욕시 한복판에도 역사적 측량 흔적이 남아 있다. 1800년대 초에 현재의 격자형 도로 체계를 계획할 때, 모든 거리 교차로의 정확한 위치를 지도로 작성해야 했다. 이 위치는 흔히 금속 볼트를 땅에 박아 표시했다. 하지만 모든 사람이 이 아이디어를 마음에 들어한 것은 아니었는데, 그 작업을 위해 전체 주민을 이주시켜야 했기 때문이다. 이 계획 때문에 생활에 지장을 받은 사람들은 금속 볼트가 설치되자마자 그것을 금방 제거해버렸다. 그래도 그 계획은 착착 진행되었고, 맨해튼은 정확한 장소에 설치된 금속 볼트로 뒤덮였다.

맨해튼 격자의 정확성은 볼트를 땅에 박은 존 랜들John Randel이 수행한 삼각 측량의 정확성을 증언해준다. 오랫동안 유지할 목적으로 만든 삼각 측량 기지와 달리, 볼트는 도로가 건설되고 나면 제거되었다. 그래도 랜들 볼트가 최소한 하나 남아 있다. 내가 그 사실을 아는 것은 직접 그곳을 방문했기 때문이다! 2004년, 지리학 교수 루벤 로즈-레드우드Reuben Rose-Redwood와 측량사 레뮤얼 모리슨J. R. Lemuel Morrison은 아직 남아 있는 볼트가 있는지 확인하는 작업에 나섰다. 그들은 랜들의 모든 도로가 최종 계획에 포함되지 않았기 때문에, 오늘날의 공원들을 지나가는 '유령 도로' 지점들에 볼트가 남아 있을 것이라고 생각했다.

아니나다를까, 센트럴파크 한가운데에 그런 볼트가 하나 있었다. 표면적으로는 너무 많은 사람이 몰려들어 200년간 잠들어 있는 볼트를 방해하지 않도록, 그 위치는 느슨한 비밀로 보호되고 있다. 하지만 실제로는 충분한 시간과 노력, 그리고 인터넷 검색 능력이 있는 사람이라면 누구나 그 위치를 찾을 수 있다. 내가 산증인이다. 이 볼트를 찾고 싶어 하는 사람들에게 도전 과제로 남겨두기 위해 나는 그 위치를 밝히지 않는 전통을 지키려고 한다. 그리고 만약 더 어려운 버전의 이 게임을 원하는 사람을 위해 소개한다면, 맨해튼 어딘가에 볼트가 두 개 더 남아 있다는 소문이 있는데, 나는 그것들을 찾지 못했다.

현재 우리가 있는 곳은 어디?

이제 우리는 미래 세계에 살고 있으며, 미래는 우주를 기반으로 펼쳐진다. 실제 삼각점을 기반으로 한 물리적 지도는 잊도록 하라. 이제 우리는 궤도를 도는 인공위성을 사용해 만든 온라인 지도가 있다. 전 세계에서 자신의 위치가 어디인지를 찾는 시스템이 필요하다면, GPS가 있다.

GPS는 이 책에서 몇 차례 언급되었지만, 'Global Positioning System(범지구 위치 결정 시스템)'의 약자인 'GPS'는 사실은 브랜드 이름이다. 우주선에서 정확한 전파 신호를 송신하는 방식으로 작동하는 전 세계적인 내비게이션 위성 시스템global-navigation satellite system은 여러 가지가 있는데, 이를 일반적으로 GNSS라고 부른다. 육지측량부는 자신들의 115개 GPS 수신기를 '측지선 GNSS 수신기geodetic GNSS receiver'라고 부르지만, 클리넥스Kleenex나 후버Hoover와 비슷하게 대중 사이에서는 GPS라는 브랜드명이 일반 용어가 되어버리고 말았다. 육지측량부는 또한 하늘을 향한 자신들의 시스템을 OS 넷OS Net이라고 부르는데, 나는 〈터미네이터〉를 흉내낸 듯한 느낌을 받는다.

실제 GPS는 미국 군대의 소유물이다. 그들이 너그럽게도 모든 사람이 무료로 민간용 버전 GPS를 사용할 수 있도록 허락한 덕분에 우리는 지구 어디에서나 자신의 위치를 알 수 있다. 원래의 무료 버전은 낮은 해상도만 허용했지만, 2000년 이후부터는 무료 버전도 최선의 장비를 사용하기만 한다면 군사용만큼 성능이 훌륭하다고 미군 당국은 주장한다. 따라서 이론적으로는 가만히 정지한 채 충분히 오랫동안 데이터를 수집하기만 한다면(OS 넷 수신기처럼), 누구나 자신의 위치를 cm, 혹은 어쩌면 mm 수준의 오차로 알 수 있다. 하지만 미군이 더 정밀한 군사용 GPS 버전을 갖고 있지 않다고 확신할 수 있을까? 위성 사진의 경우 미군은 더 정밀한 버전을 갖고 있으니, 좌표 정보도 그럴 가능성이 높다. 언젠가 미래의 미국 대통령이 소셜 미디어에 기밀 사진을 공유하기 전까지는 진실을 알 수 없을지도 모른다.

어떤 GNSS이건 우리가 익히 알고 사랑하는 삼각형을 사용한다. 하지만 돌에 새겨 고정된 삼각점을 사용하는 대신에 그 삼각점들이 궤도 위에 올라가 있다. 각각의 인공위성은 매우 정확한 시간 정보가 포함된 전파 신호를 지상으로 보내며, GNSS 수신기는 이를 사용해 그 위치가 매우 상세히 알려진 모든 인공위성까지의 상대적 거리를 삼각 측량으로 파악할 수 있다. 이것은 마치 '두 대의 열차가 동시에 역을 출발하는' 문제에서 열차를 광자로 바꾸어 지구 규모로 확대한 것과 비슷하다. 그리고 우리는 정말로 그 답을 간절히 원한다.

위성 항법 혁명은 세상에 엄청나게 큰 영향을 미쳤으며, GPS 장비를 구매할 수 있는 사람이라면 누구나 손쉽게 길 찾기 정보와 위치 정보를 제공받을 수 있다. 이제 버튼 하나만 누르면, 누구나 지표면 위에서 자신의 위도와 경도를 믿기 어려울 정도로 정확하게 알 수 있다. 이것은 인류의 복리에 크게 기여했지만, 동시에 우리 같은 '너드'들에게 GPS 좌표 탐색이라는 특별한 취미를 선물하기도 했다. 경위도 교차점 Degree Confluence 계획은 휴대용 GPS 장비가 등산용으로 보급된 시기와 거의 동시에 시작되었다. 창립자인 알렉스 재럿 Alex Jarrett

은 이 계획이 1995년에 시작되었다면서 "한 친구의 꼬드김에 넘어가 GPS를 샀는데, 그것으로 뭘 할지 생각하다가" 그렇게 되었다고 설명했다.

알렉스는 자신이 특히 정수를 좋아한다는 사실에 착안해, 정수로 딱 떨어지는 위도와 경도의 교차점을 찾아 기록하는 작업을 시작했다. 그가 처음 방문한 장소는 미국 뉴햄프셔주에 위치한 북위 43.00000°, 서경 72.00000°였다. 그 후 그는 confluence.org라는 웹사이트를 만들었고, 자원봉사자들이 참여하면서 '체계적인 전 세계 표본 조사'가 시작되었다. 이 계획의 목표는 육지에 있는 모든 정수 경위도 교차점을 방문하는 것이었고, 극지방 부근의 다수 지점을 제외한 총 9704개 지점이 대상이 되었다. GPS 탐험가는 각 방문지에서 땅 위의 그 지점을 찍은 사진 한 장과 동서남북을 각각 향한 사진을 한 장씩 찍어야 한다.

나는 임의적이지만 체계적인 방식으로 지구 전체의 표본 조사를 수행하는 이 개념이 마음에 들어 2004년에 직접 참여하기로 했다. 친구들과 함께 오스트레일리아 사막을 이틀 동안 하이킹하면서 나는 남위 26°, 동경 115°가 정확하게 만나는 지점을 방문하고 기록한 최초의 사람이 되었다. 정확한 위치는 우리가 몇 시간 동안 걸어온 붉은 흙의 관목 지대와 아무 차이가 없었지만, 우리는 그곳이 특별하다는 사실을 알고 있었다. 우리는 필요한 사진을 찍고 나서 왔던 길을 되돌아가는 긴 하이킹에 나섰다.

가장 가까운 정식 도로에서 차로 110km나 가고, 차에서 내려 17km나 걸어가야 했던(그리고 가까운 마을은 수백 km나 떨어져 있었던) 오스트레일리아 황야에서의 긴 하이킹은 GPS가 왜 그토록 중요한지 다시금 깨닫게 해준 경험이었다. 사방의 풍경이 똑같은 평탄한 관목 지대에서 몇 번이나 방향 감각을 잃었는데, 그때마다 내 본능은 GPS가 가리키는 방향과 완전히 반대쪽으로 가야 한다고 말했다. 마치 차에서 멀어지는 듯한 느낌이 자꾸만 들어 불안했지만, 논리적인 생각을 몇 시간 동안만 믿어보자고 노력한 끝에 마침내 우리는 보급품을 남겨두고 떠났던 바로 그 지점에 정확하게 도착했다. 우주에 떠 있는 삼각형들이 없었더라면, 나는 그 모험에서 살아남지 못했을 것이라고 자신 있게 말할 수 있다.

정확한 경위도 교차점이지만, 다른 면에서는 전혀 특별할 게 없는 장소.

만약 전 세계에서 아무도 방문하지 않은 정수 경위도 교차점을 최초로 방문하고 싶다면, 이 글을 쓰는 현재 미답 지점이 384곳이나 남아 있다. 하지만 이곳들은 내가 20년 전에 사막을 횡단하며 힘들게 걸어갔던 곳보다 훨씬 방문하기 어려운 장소일 가능성이 높으므로, 이미 기록된 지점을 다시 찾아가는 편이 좋을 것이다. 이 계획의 두 번째 목표는 시간이 지나면서 이 장소들에 일어난 변화를 기록하는 것이므로, 재방문은 결코 헛된 일이 아니다. 우리가 어디에 있건, 80km 이내 거리에 경위도 교차점이 하나 이상 존재한다.

GNSS 혁명은 예전 측량법의 경미한 부정확성도 드러냈다. 런던을 방문한 관광객이 흔히 즐기는 활동 중 하나는 그리니치천문대에 가서 경도 0° 선 위에 서보는 것이다. 지구의 자전 덕분에 지구 한가운데를 지나가는 적도를 자연스럽게 그을 수 있고, 자전축은 북극점과 남극점의 위치를 명확하게 알려준다. 따라서 위도는 정할 수 있는 명확한 기준이 있다. 하지만 경도는 다르다. 경도는 지구상에서 특정 지점이 얼마나 동쪽 또는 서쪽에 있는지를 나타내지만, 기준점으로 삼아야 할 명확한 지점이 없다. 한동안 일부 나라는 자신만의 기준점을 사용했는데, 충분히 예상할 수 있듯이 이것은 큰 혼란을 초래했다.

그래서 1884년에 25개국 대표들이 미국 워싱턴 D. C.에 모여 기준점을 결정하는 투표를 했다. 그 결과, 런던의 그리니치천문대가 22표를 받아 선정되었다.(찬성하지 않은 나라는 브라질, 프랑스, 산토도밍고[현재의 도미니카 공화국]였다.) 이로써 그리니치천문대에서 시작해 남극점과 북극점을 지나 지구를 한 바퀴 빙 도는 선이 공식적인 '본초 자오선'으로 정해졌다. 이 선은 실제로는 지구 중심 주위를 정확하게 도는 거대한 원, 즉 대원이었다. 아니, 그랬어야 했는데, 사실은 그렇지가 않았다.

지구 중심 주위를 도는 원을 그리려면, 어느 쪽이 아래인지를 정확하게 알아야 한다. 이를 위해 측량사들은 중력을 사용해 '아래 방향'을 정밀하게 측정했다. 하지만 그들은 지표면 아래의 밀도 차이와 지각의 불균형 때문에 국지적 중력의 방향이 지구의 기하학적 중심에서 약간 어긋날 수 있다는 사실을 몰랐다. 그 결과, 본초 자오선을 지나는 원의 중심은 실제 지구 중심과 완벽하게 일치하지 않았다. 물론 그 당시에는 아무도 이 사실을 알아차리지 못했고, 그리니치천문대 바닥에 커다란 금속선이 설치되어 반짝인 후부터는 관광객들이 그 위를 왔다 갔다 하며 즐거워했다.

인공위성은 별 문제 없이 지구 중심을 쉽게 찾을 수 있으며, 따라서 더 정확한 '아래 방향'을 알아낼 수 있다. GNSS가 전 세계적으로 도입되자, 진짜 경도와 그리니치의 금속선을 기준으로 한 경도가 일치하지 않게 되었다. 첫 번째 회의가 열린 지 정확히 100년 뒤인 1984년, 전 세계 국가의 대표들이 모여 새로운 본초 자오선을 정했는데, 새로운 자오선은 원래의 본초 자오선보다 옆으로 약간 벗어난 지점에 있다.

GPS 장비를 누구나 사용할 수 있기 전에는 이 새로운 자오선이 런던을 방문한 관광객들에게 별 영향을 미치지 않았지만, 이제는 스마트폰만 있으면 누구나 정확한 위도와 경도를 확인할 수 있으므로, 많은 관광객은 그 유명한 0° 선 위에 섰는데도 경도가 0°로 나오지 않아 혼란스러워한다. 만약 스마트폰의 숫자를 따라간다면, 약 100m 옆으로 벗어난 지점에서 0°에 이르게 된다. 이곳은 사람들이 덜 붐비는 곳이어서 사진을 찍기엔 더 좋지만, 상징적인 선 대신에 공원 속 풀밭 위에 서 있어야 한다.

물리적인 지구의 복잡성과 현대의 위도와 경도의 정확성은 북쪽이 세 가지나 존재하는 이유 중 하나이다. 보통 사람들이 생각하는 고전적인 북쪽은 경도선을 따라 북극점을 향하는 방향이고, 이것은 지구의 회전축을 통해 정의된다. 이것을 진북眞北, True North이라고 부르는데, 완벽한 세상이라면 북쪽은 이것만으로 충분할 것이다. 두 번째 북쪽은 우리가 지도를 갖고 싶어 하기 때문에 생겨났다. 나는 공항 간 거리를 계산하기 위해 하버사인을 사용했는데, LA 지역이 실제로는 구의 일부라는 사실을 알고 있지만, LA의 물리적 지도는 평평한 종이 위에 그려져 있다. 굽어 있는 지구와 평면 지도 사이의 갈등 때문에 도북圖北, Grid North이 생겨났다.

모든 경도선은 북극점을 지나가는데, 그 결과로 모든 경도선은 그 한 점에서 만난다. 위도선은 일정한 간격으로 배치되어 있지만, 경도선은 적도에서 극점을 향해 다가갈수록 서로 점점 가까워진다. 경위선 교차점 계획이 극점 부근에서 다수의 교차점을 목적지에서 제외한 이유는 이 때문이다(그곳에는 교차점이 너무 많은 데다가 빽빽하게 밀집돼 있으므로). 이것은 또한 육지측량부 같은 조직이 지향하는 목표와도 맞지 않는데, 이들은 지도를 깔끔한 정사각형 격자 형태로 조직해, 선들이 서로 뭉치지 않고 장소에 따라 지도의 축척이 변하지 않길 원한다. 그래서 지도 제작자들은 자신만의 북쪽을 만들어낸다.

육지측량부는 서경 2° 선(영국 중심에 가장 가까운 정수 경도선)을 따라 도북과 진북이 일치하도록 정했다. 도북의 경도선들은 평행하지만, 진북의 경도선들은 구부러져 있으므로, 서경 2° 선에서 멀어질수록 GPS 장비가 가리키는 진북과 지도가 가리키는 도북 사이의 차이가 벌어진다. 그런데 만약 나침반을 꺼내면, 완전히 새로운 북쪽이 나타날 것이다. 자북극磁北極, Magnetic North이 세 번째 북쪽인데, 자북극

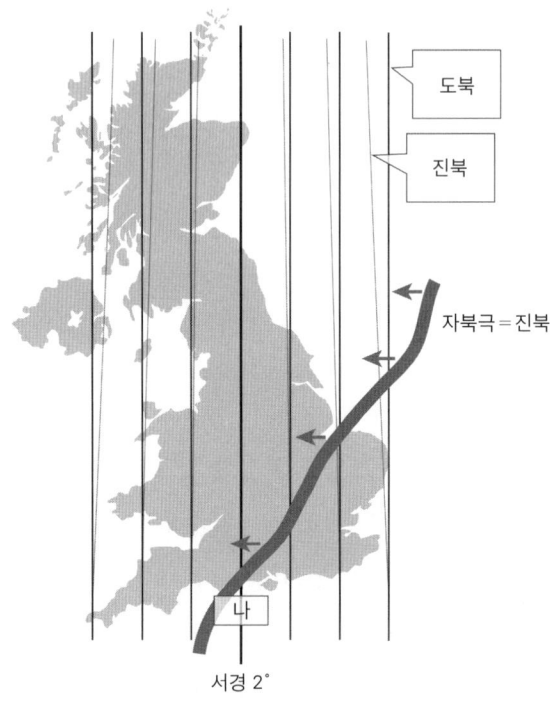

자북극과 자남극을 잇는 자기력선이 왼쪽으로 이동함에 따라 삼중 정렬 지점은 서경 2° 선으로 옮겨갈 것이다.

과 자남극은 지구 자전축을 바탕으로 한 북극과 남극과 일치하지 않는다. 심지어 자북극과 자남극은 이동하기까지 해 문제를 복잡하게 만든다. 게다가 자북극으로 연결되는 선들은 직선이 아니다.

지구는 자기장이 있지만, 그것은 흔히 막대자석 주위에 늘어선 철가루로 묘사되듯이 깔끔한 형태가 아니다. 중력처럼 지구 자기장도 지구 내부의 밀도와 조성에 따라 차이가 나며, 이 때문에 자기력선들이 구불구불하고 마구 이리저리로 움직인다. 나침반은 그저 주변의 국지적 자기장이 어느 방향을 가리키는지를 보여줄 뿐이다. 이것은 대개 항행하는 데에는 '충분히 훌륭하다고' 여겨지지만, GPS나 정확한 지도에 비하면 그 차이가 눈에 띄게 드러날 수 있다.

어떤 곳에서는 왜곡된 국지적 자기장이 가끔 우연히 진북 방향과 일치하기도 한다. 지구 내부 깊은 곳에서 일어나는 소란 때문에 자기장이 서서히 변함에 따라 이 지점들은 이동한다. 그러한 선 하나가 영국을 가로질러 간다. 그 선 위에서는 어느 곳이든지 나침반이 정확하게 진북을 가리킨다. 이 선은 서쪽으로 천천히 이동해왔다. 2022년 11월에는 자기장이 충분히 멀리 이동해 이 선은 영국 남쪽 끝 지점의 서경 2° 선과 겹치게 되었다.

물론 나는 알려진 역사상 처음으로 이 세 가지 북쪽이 모두 영국에서 일렬로 정렬하는 지점을 찾으려고 육지측량부 지도와 나침반과 GPS 장비를 갖고 하이킹에 나섰다. 겨울 바다 위로 바람이 세차게

삼중 정렬 지점을 확인하는 저자.

부는 절벽 위에 선 나는 영국에서 북쪽이 어느 쪽인지 가장 확실하게 아는 유일한 사람이었다. 그 후 세 가지 북쪽의 정렬 지점은 천천히 북쪽으로 이동했다. 이 책이 출판될 때쯤이면 세 가지 북쪽은 대략 맨체스터와 허드스필드를 잇는 M62 고속도로 부근에 있을 것으로 예상된다. 그리고 2026년 7월 무렵에는 스코틀랜드 북해안을 벗어나 다시 바다로 들어갈 것이고, 이번 밀레니엄 안에는 돌아오지 않을 것이다. 이 정렬이 영국 해안에 도달하는 순간을 환영했던 사람인 나는 그것이 떠나는 모습도 지켜보러 갈 것이다.

실제로 나타나는 상대성 이론의 효과

삼각형이 현대적인 GPS를 사용해 지구에서 우리의 위치를 아는 데 도움을 주는 방법이 마지막으로 하나 더 있는데, 이 방법은 주변 현실의 형태 자체를 이해하는 것과 관련이 있다. 현대 물리학은 우주가 '시공간'이라는 4차원 구조로 존재한다고 이야기한다. 2차원 표면의 왜곡이 그 위에 그릴 수 있는 형태에 영향을 미치듯이, 4차원 시공간의 왜곡은 우리 주변 물체들의 형태뿐만 아니라 시간이 흐르는 방식까지도 변화시킨다.

앞에서 GNSS가 제대로 작동하는 이유는 인공위성들이 "매우 정확한 시간 정보가 포함된 전파 신호"를 보내기 때문이라고 이야기했지만, 아인슈타인의 상대성 이론 효과 때문에 인공위성에서 흐르는 시간은 지표면에서 우리가 경험하는 시간과 다르다. 우리 관점에서 보면, 인공위성의 시간은 '잘못된' 시간에 설정돼 있어 그 때문에 모든 거리 계산이 어긋나고 말 것 같다. GPS 같은 시스템은 우리와 인공위성 사이의 시간 차이를 정확하게 계산하는 방법을 알아야 제대로 작동하며, 여기에는 삼각형들이 필요한데, 그것은 대다수 사람들이 생각하는 것보다 훨씬 덜 복잡하다.

아인슈타인의 연구는 보통 사람들은 이해할 수 없을 것 같은 아우라를 풍기지만, 사실은 피타고라스의 정리와 약간의 수학적 사고만 있으면 충분히 이해할 수 있다. 아인슈타인은 열차에 타고 있는 사람이 두 거울(하나는 바닥에, 하나는 천장에 있는) 사이에 광자를 반사시키면서 시간을 측정하는 상황을 상상했다. 만약 열차가 광자와 함께 움직인다면, 광자는 천장에서 바닥까지 거리 'd'를 이동할 것이다. 하지만 엄청나게 빨리 달리는 열차 밖에서 그 광경을 보는 사람에게는 광자가 더 긴 경로를 이동하는 것으로 보인다.

광자가 아닌 다른 것이라면, 열차 밖 사람들에게는 열차와 함께 이동하는 그것의 속도가 더 증가한 것으로 보일 것이다. 하지만 광자는 모든 사람의 예상을 벗어나는 속성이 있는데, 관찰자가 광자에 대해 얼마나 빠른 상대 속도로 움직이건, 광자의 속도는 항상 똑같다는 것이다.(빛의 속도를 이야기할 때 흔히 오해하는 사실이 있는데, 빛의 속도는 진공 속에서의 속도를 말한다. 그러니까 빛이 유리나 물, 대기를 통과할 때 속도가 느려지는 것은 다른 이야기이다.) 만약 당신이 우주 공간에 떠 있고, 누군가가 당신에게 광속의 절반 속도로 손전등을 던진다면, 아마도 마지막으로 당신의 머리를 스치는 생각은 '음, 이상하군. 손전등에서 나오는 광자는 빛의 속도의 1.5배여야 하는데, 여전히 빛의 속도와 같군.'일 것이다. 물론 정말로 아주 빨리 생각할 수 있다면 말이다.

아인슈타인은 우주가 정말로 이렇게 행동한다면, 시간이 흐르는 방식에 큰 영향을 미칠 것이라고 생각했다. 나는 열차 안에 있는 사람과 열차 밖에 있는 사람의 관점에서 바라본 열차 안 광자의 움직임을 그림으로 그려보았다. 열차 안에서는 광자가 천장에서 바닥으로 가는 데 't_1'의 시간이 걸리고, 밖에서 보는 사람에게는 't_2'의 시간이 걸린다. 광자가 아닌 다른 것이라면 $t_1 = t_2$가 되지만, 광자는 항상 빛의 속도로 달린다. 나는 피타고라스의 정리를 사용하여 광자 삼각형

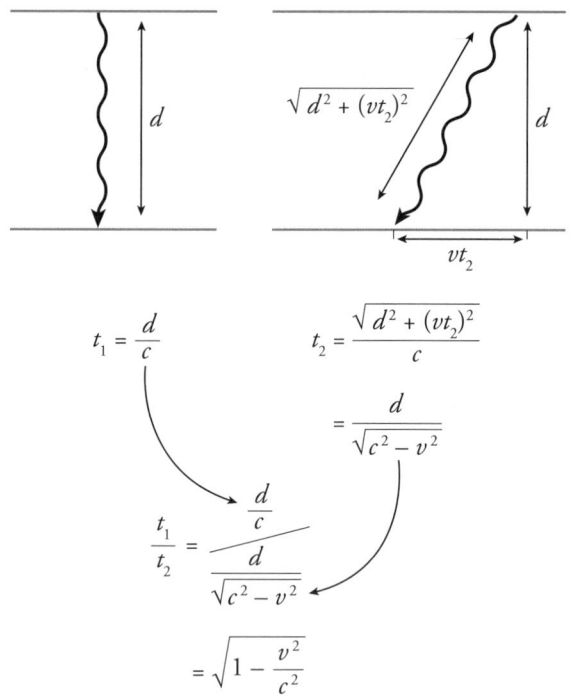

의 변들을 계산하고, t_1과 t_2의 비율을 구했는데, 이 비율은 '시간 팽창 time dilation'이 일어난 양을 알려준다.

대개 이런 종류의 가설적 사고 실험은 이론적 결과에 불과하거나 적어도 우리가 살고 있는 우주에는 적용되지 않는 때가 많다. 하지만 아인슈타인의 이론은 정확히 들어맞았다. 우리 우주가 바로 이런 식으로 작동하고 있다! 움직이는 물체는 움직이지 않는 물체보다 시간이 더 느리게 흐른다. 과학자들은 심지어 아주 정밀한 시계를 우주(빠르게 움직이기가 쉬운 장소인)로 보내 이 시간 팽창 현상을 측정하기까지 했다.

실제로 인공위성에서는 시간이 지상에 있는 우리와는 아주 약간 다른 속도로 흐른다. 마치 정말로 지루한 버전의 영화 〈인터스텔라〉처럼. 하지만 〈인터스텔라〉처럼 시간 팽창도 여러 종류가 있다. 아인슈타인은 한 번 반짝하고 사라지는 스타가 아니었다. 1905년에 특수 상대성 이론을 발표해 물리학계에 엄청난 센세이션을 불러일으킨 후, 1915년에는 더 복잡한 일반 상대성 이론을 들고 돌아와 또 한 번 세상을 발칵 뒤집어놓았다. 이 방정식들은 더 복잡하지만, 요약하면 중력도 시간이 흐르는 속도를 변화시킨다는 것이다. 기묘하게도, 질량이 매우 큰 물체 근처에서는 시간이 흐르는 속도가 달라진다.

마지막 반전은 중력으로 인한 시간 팽창과 GPS 위성에서 일어나는 속도로 인한 시간 팽창이 상쇄된다는 점이다. 이 인공위성들은 시속 약 1만 4000km로 빠르게 움직이고 있어서, 인공위성이 경험하는 하루는 지상에서 우리가 경험하는 하루보다 7.2마이크로초 더 짧다. 하지만 우리는 지구의 질량에 더 가까이 위치하여, 중력으로 인한 시간 팽창 때문에 하루에 45.6마이크로초만큼 시간이 더 느리게 흐른다. 따라서 속도 차이로 인한 7.2마이크로초를 상쇄하면, 결국 인공위성에서는 지상보다 시간이 38.4마이크로초 '더 빠르게' 흐른다.

우리는 광자 삼각형(그리고 그 밖의 일반 상대성 이론 계산)을 이해하기 때문에 시간 팽창을 보정할 수 있으며, 이 덕분에 GNSS가 가능할 수 있다. 이 추상적인 물리학과 삼각법이 없다면, OS 넷 같은 시스템이 어떤 나라를 측정할 때 mm 수준의 정확도를 얻을 수 없을 것이다. 그리고 나는 생명의 위험을 무릅쓰고 흥미로운 위도와 경도 지점을 찾아가려는 생각을 아예 하지도 않았을 것이다.

9

하지만 그것은 예술인가

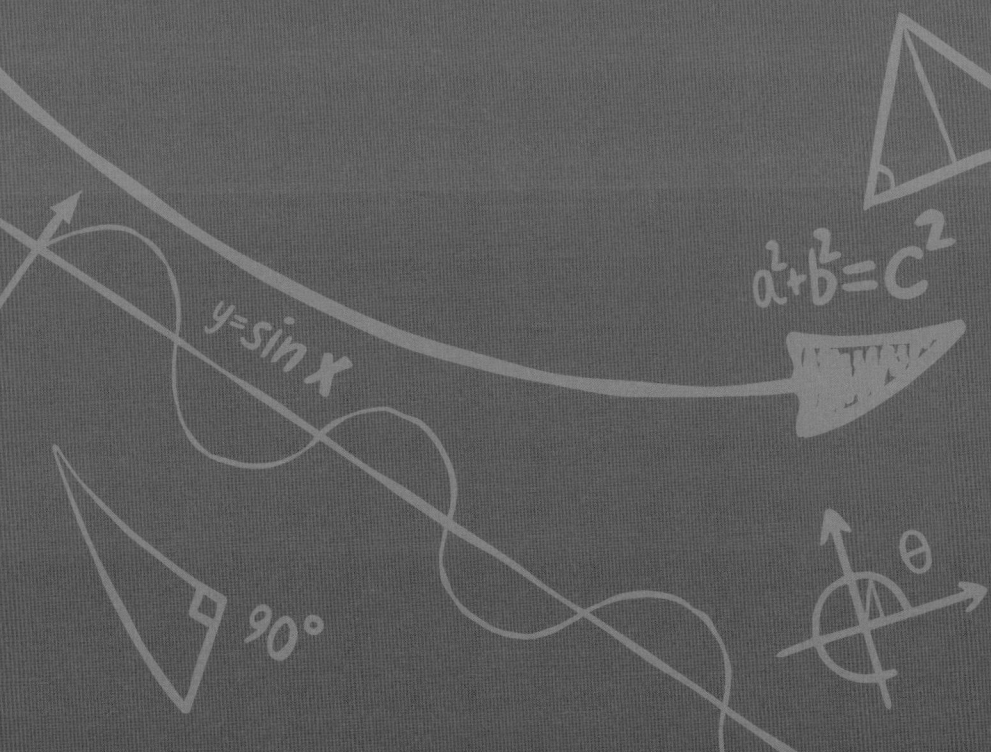

응용 사례는 이제 충분히 살펴보았다! 우리가 길을 잃지 않도록 GPS가 있는 것은 좋지만, 삼각형과 삼각법을 예술적 목적으로 사용하는 방법은 없을까? 그렇다면 재미를 위한 기하학으로 다시 방향을 틀어 예술을 살펴볼 필요가 있다. 나는 그저 추상적인 의미로 '수학은 예술'이라고 이야기하는 것이 아니다. 물론 그 말도 사실이고, 그 자체만으로도 충분히 흥미롭다고 생각한다. 그리고 이 장에서는 삼각함수를 사용해 프랙털 같은 수학 예술을 만드는 내용을 다루지 않을 것이다.(오해하지 말기 바란다. 프랙털에 관해서라면 나는 영원히 이야기할 수 있다.) 그 대신에 삼각형이 오늘날 우리가 알고 있는 예술을 어떻게 가능하게 했는지 자세히 살펴볼 것이다. 특히 우리는 어떻게 삼각법을 사용해 우리 주변의 3차원 세계를 2차원으로 표현할 수 있을까?

예술에서 좀 더 기계적인 형태인 사진으로 이야기를 시작하기로 하자. 나는 사진을 '반대로 작용하는 손전등'과 비슷하다고 생각한다. 전구 같은 점광원이 직선으로 나아가는 광자들을 방 안의 모든 곳으로 쏟아낸다고 상상해보라. 사진은 이 빛을 거꾸로 뒤집은 것이다. 풍경의 모든 것에서 나온 빛이 모두 사진 필름으로 들어온다.

사진의 비결은 오직 올바른 광자만 선택하는 데 있다. 만약 디지털카메라의 센서(또는 구식 사진 필름)를 공중에 들고 있으면, 거기에 광자들이 들어오겠지만 그 결과로 생성되는 이미지는 알아볼 만한 형태가 전혀 없이 흐릿한 모습이 되고 말 것이다. 이렇게 되는 이유는 사방에서 오는 광자 전부가 센서에 감지되기 때문이다. 선명한 이미지를 얻으려면, 올바른 방향에서 오는 광자들만 선택하는 방법이 필요하다. 가장 간단한 방법은 핀홀(바늘구멍)을 사용하는 것이다.

빨간 풍선의 사진을 찍고 싶다고 하자. 하지만 이 풍선은 모든 방향으로 광자를 내보내고 있다! 핀홀 카메라는 단 하나의 작은 구멍을 사용함으로써 불필요한 광자를 걸러낸다. 오직 이 구멍에 도달하는 빛만 구멍을 통과할 수 있다. 풍선 각 부분에서 나온 빛은 일직선으로 센서의 서로 다른 부분에 닿고, 그 결과로 우리는 선명한 이미지를 얻을 수 있다. 핀홀 카메라(사실상 모든 카메라)의 이미지가 거꾸로 뒤집히는 이유도 물체 – 구멍 – 센서의 기하학적 구조에 있다.

달팽이와 문어처럼 일부 동물은 핀홀 형태의 눈을 갖고 있지만, 사람은 빛을 집중시키기 위해 렌즈(수정체)가 진화한 많은 동물 중 하나이다. 수많은 광자를 걸러내는 것은 다소 낭비적이다. 구멍을 통해 들어오는 빛이 매우 적기 때문에, 좋은 이미지를 얻으려면 빛에 오래 노출되어야 한다. 풍선 위의 같은 지점에서 출발한 광자를 많이

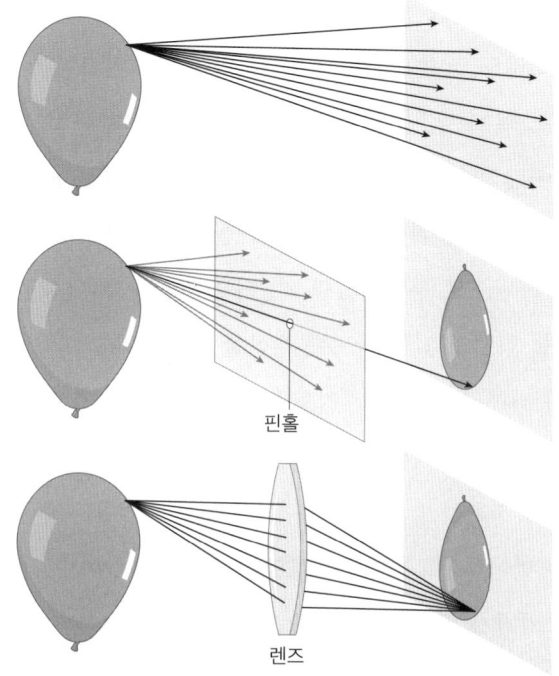

많은 광선: 나쁨.   하나의 광선: 좋음.   같은 지점에 많은 광선: 훨씬 좋고 더 밝음.

받아들여 모두 센서의 같은 지점으로 보내는 것이 좋은데, 렌즈가 바로 이런 역할을 한다. 그 덕분에 우리는 몇 시간이고 한자리에 가만히 앉아 있지 않고도 사진을 찍을 수 있다.

얼굴에 렌즈가 진화한 것 외에도, 동물은 시각 정보를 처리하는 뇌가 진화했다. 우리는 3차원으로 세계를 지각할 수 있지만, 우리 시각은 2차원 투영이라는 병목을 지나야 하고, 우리 뇌는 그 과정에서 누락된 정보를 보완해야 한다. 2차원으로 보면, 모든 것이 실제 모습과 똑같이 보이지 않는다.

원 그림을 똑바로 보면, 그것은 원으로 보일 것이다. 그 원을 조금 기울이더라도, 뇌는 그것이 여전히 원이라고 인지할 테지만, 망막에 투영되는 실제 상은 더 이상 원이 아니다. 이제 그것은 타원이다. 트럼프의 이란 발사대 사진이 바로 이 같은 상황이었다. 발사대 자체는 원이었지만, 인공위성이 옆쪽에서 촬영했기 때문에 원형 발사대는 센서에 타원으로 투영되었다. 이 타원 형태를 바탕으로 인공위성이 발사대를 향하고 있던 각도를 계산할 수 있었다.

물체와 카메라 사이의 거리도 '원근법' 효과로 인해 보이는 물체의 모습이 변화한다. 원근법은 가끔 사진 속 물체가 얼마나 멀리 떨어져 있는지 정확하게 계산할 수 있게 해준다. 아주 간단하게 말하면, 물체는 멀어질수록 더 작게 보인다. 그 수학도 아주 간단하다. 만약 물체의 거리가 두 배 멀어지면, 그것은 두 배 더 작아 보인다. 이것은 다음 실험을 통해 직접 확인할 수 있다. 2펜스 동전은 1펜스 동전보다 대략 $\frac{1}{4}$(폭으로는 27.6%) 더 크다. 따라서 1펜스 동전을 얼굴에서 40cm 떨어진 곳에 두고, 2펜스 동전을 50cm 떨어진 곳에 두면, 우리가 보는 관점에서는 두 동전이 정확하게 같은 크기로 보인다.

이것은 돼지들 위로 지나간 열기구의 고도를 계산하는 데 사용된 계산의 기반이 되었다. 이 경우에 카메라 렌즈의 광학 때문에 추가적인 복잡성이 여러 가지 있었다. 초점 거리에 관한 이야기로 본론에서 벗어나는 것은 원치 않지만, 한 가지 흥미로운 사실이 있는데, 나중에 나는 열기구의 고도를 계산하는 데 각도가 사용되었다고 언급했다. 이것은 물체의 크기를 측정하는 효율적인 방법이 '각 크기(시지름)'이기 때문이다.

40cm 거리에 있는 1펜스 동전과 50cm 거리에 있는 2펜스 동전은 각 크기가 같다. 만약 각각의 동전을 꼭대기부터 밑 부분까지 보려면, 눈을 같은 각도(이 경우에는 약 3°)만큼 아래쪽으로 회전시켜야 한다. 마찬가지로 사람이나 물체가 당신에게 다가올수록 그 각 크기는 점점 커지다가 결국 '시야를 완전히 뒤덮게' 된다.(즉, 각 크기는 180°가 된다. 물론 당신의 눈이 그렇게 크게 열릴 수는 없겠지만.)

각 크기는 물체의 실제 물리적 크기와 별개로 물체의 모습을 보이는 그대로 측정한 상대적 크기이다. 그래서 기준으로 삼을 만한 측정값이 있다면, 자이언트 링의 34.5° 크기를 가지고 그것이 실제로 얼마나 큰지 계산하거나, 돼지들 위로 날아간 열기구의 고도를 계산하는 것처럼 세밀한 계산을 통해 하나로부터 다른 것을 알아낼 수 있다. 하지만 우리 뇌는 서두르는 경향이 있어 긴 계산을 생략하고 단순히 추측에 의존하는 경우가 많다.

멀리 있는 물체가 우리 망막에 작은 상을 투영하더라도, 우리는 여전히 그것을 실제 크기로 인식한다. 망막에 비친 상의 크기는 뇌에 그 물체의 각 크기 정보를 전달하고, 뇌는 이것을 대략적인 실제 크기로 자동 보정한다. 우리의 시각계는 물체의 거리를 효과적으로 보정하며, 그 과정에 굳이 우리(뇌)를 관여시키지 않는다. 우리는 객관적인 현실을 보고 있다고 생각할지 몰라도, 잠재의식에서 작용하는 뇌는 몰래 많은 추측을 하고 있다.

자, 이 과제에 한번 도전해보라. 당신 뇌의 자동 보정 기능을 끄려고 노력해보라. 다음 사진에서는 거대한 맷이 작은 맷을 쫓고 있다. 사진에서 두 맷은 서로 다른 거리에 있는 것처럼 보이고, 따라서

이 두 명의 맷은 크기가 정확하게 똑같다!

당신 뇌는 '멀리 있는' 맷이 엄청나게 크다고 인지한다. 하지만 사진에서 두 맷의 크기는 정확하게 똑같다. 둘은 시각각의 크기가 같으며, 당신의 망막에 똑같은 크기의 상을 투영한다. 당신이 둘의 크기가 서로 다르다고 생각하는 것은 모두 그 후에 당신 뇌에서 일어나는 일이다.

자, 이번에는 조금 다른 퀴즈. 나는 같은 장소에서 나 자신의 사진을 두 번 찍었다. 당신은 가까운 맷과 먼 맷을 정면으로 보고 있다. 사진은 전혀 수정하지 않았고, 사진을 찍는 사이에 내 키가 커지지도 않았다.

두 사진에서 나는 '미터' 단위로 측정한 키가 똑같다. 가까운 맷

가까운 맷과 먼 맷.

은 더 가까이 있으므로, 물리적 상에서 당연히 더 크게 보인다. 그 크기를 직접 재보지 말고, '가까운' 맷이 얼마나 더 큰지 알아맞혀 보라. 가까운 맷은 먼 맷보다 두 배 이상 크거나 작은가? 정답은 다음 페이지를 보라.

    물체가 '망막에 투영될' 때 그 상이 얼마나 큰지에 대해 많이 이야기하는 이유는 그것이 우리가 세상을 지각하는 방식인 동시에 그것을 이해하는 데 아주 유용한 수학적 방법이기 때문이다. 우리는 머릿속에서 작은 영화를 보고 있으며, 망막은 스크린, 뇌는 관객, 그리고 전체 세계는 무대이다. 하지만 우리 뇌(그리고 전체 시각계)는 이 2차원의 한계를 극복하기 위해 많은 처리 과정을 거친다. 그 이점이

가까운 맷은 먼 맷보다 4배 이상 크다!

무엇이냐고? 우리는 뇌를 속여 실제 장면을 보고 있다고 생각하게 만드는 미술 작품을 만들 수 있다. 사실은 보는 것은 캔버스 위의 물감뿐인데도 말이다.

원근법과 소실점

이 책은 미술에 관한 책이 아니며, 나는 예술적 자유 같은 주제를 다루는 데 너무 깊이 빠져들고 싶지 않다. 하지만 나는 인간이 보는 대로 정확하게 재현하는 것만이 미술의 전부가 아니라는 점을 강조하고 싶다. 그것이 바로 미술이다!

　미술은 현실을 그대로 묘사해야 할 의무가 없으며, 세계 각지의 장소와 역사를 통해 문화가 미술에 요구하는 것은 매우 다양했다. 하지만 나는 유럽 미술이 건물을 '불편하지 않게' 묘사하려고 시도한 방식을 잠시 살펴보려고 한다. 어떤 문화권 사람들이 직선과 직각으로 이루어진 환경에서 살아간다면, 그 환경을 묘사하는 미술가는 각이 어긋난 선들을 '올바르게' 보이도록 그려야 한다.

이 모자이크는 기원전 약 100년에서 기원전 79년 사이에 제작되었다. 기원전 79년 이전에 만들어진 것은 확실한데, 그해에 화산 폭발로 파괴된 폼페이의 한 빌라에 걸려 있었기 때문이다. 이 모자이크는 아테네의 플라톤 학당(내가 방문한 곳과는 사뭇 다른 모습이지만)을 보여주는데, 일곱 명 중에서 누가 플라톤인지는 알 수 없다. 가장 가능성이 높은 후보는 막대기로 공을 가리키고 있는, 왼쪽에서 세 번째 인물이다. 하지만 나는 오른쪽에서 세 번째 인물, 고독한 기둥 앞에 있는 인물에 가장 공감이 가는데, 이 인물은 내가 이 모자이크를 처음 봤을 때 지었던 것과 똑같은 표정을 짓고 있기 때문이다. 그 감정은 수학적 당혹감이다.

먼저, 일곱 사람은 분명히 3차원 공간에 배치돼 있어야 하지만, 그림은⋯⋯ 설득력이 떨어진다. 이들은 모두 2차원 평면 세계에서 약간 붕 떠 있는 것처럼 보인다. 바닥에 빛과 그림자를 사용해 상자처럼 생긴 두 물체가 상대적으로 어느 위치에 있는지 나타내려고 한 것 같지만, 전반적으로 아귀가 맞지 않는다. 나는 이 작품이 모자이크라는 것을 알며, 본질적으로 해상도가 낮은 형태의 예술 작품을 비판하는 것이 약간 저급하다는 느낌이 들긴 하지만, 이 작품은 내가 주장하려고 하는 요점을 명백히 보여준다. 게다가 기하학 분야에서 매우 위대하고 영향력이 큰 사람 중 한 명을 묘사한 이미지를 사용해 나쁜 기하학의 예를 보여주는 것이 매우 즐겁기도 하다. 오른쪽에서 세 번째 인물은 내가 하는 말이 무엇인지 알고 있을 것이다.

내가 당혹감을 느끼는 것 중 하나는 그림에서 물체가 멀어지는데도 작아지지 않는다는 점이다. 모든 인물은 거의 같은 크기로 그려졌

음...... 뭐라고요?

는데, 그림을 보는 사람에게서 제각각 다른 거리에 있는데도 그렇다. 물론 이것은 그냥 넘어갈 수도 있다. 예술가가 인물의 크기로 물리적 위치를 나타내고 싶지 않았을 수 있다. 역사를 통해 미술 작품에서 인물의 크기는 인물의 상대적 중요성을 비롯해 온갖 종류의 특징을 나타내는 데 사용되었다. 하지만 이 작품에서는 인물들이 3차원으로 앉아 있고 싶어 하는 것처럼 보인다.

왼쪽 상단의 아치 구조물도 문제가 있다. 왼쪽 기둥은 분명히 우리에게서 더 먼 곳에 있지만, 두 기둥은 같은 너비로 그려져 있다. 미술가는 우리가 위를 올려다보는 관점에서 기둥 위의 상단이 비스듬하게 보이리란 사실을 알았던 것 같지만, 뒤로 갈수록 폭이 좁아지지 않는다.

나는 당연히 '폭이 좁아져야' 한다는 듯이 말했지만, 반드시 그래야 하는 것은 아니다. 멀리 있는 물체가 작아 보이고, 원래는 직선으로 반듯한 물체도 다른 관점에서 보면 비스듬하게 보인다는 사실을 안다고 하더라도, 수학의 도움 없이는 이 모든 것을 체계적으로 한 번에 그려낼 수 있는 쉬운 방법은 없다. 이 때문에 많은 미술 작품처럼 폼페이의 모자이크도 여러 가지 정렬 방식이 뒤섞여 있다. '경험적 원근법empirical perspective'은 미술가가 그림의 부분마다 제각각 다른 원근법을 마구 섞어 사용하는 경우를 가리키는 포괄적인 용어이다.

그림을 자연스럽게 보이도록 하고, 2차원 평면에 둥둥 떠 있는 듯한 인물들 때문에 그림을 보는 사람이 혼란을 느끼지 않게 하려면, 경험적 원근법을 최적의 선택으로 채택해서는 사실을 누군가가 깨닫기까지는 시간이 좀 걸렸다. 내가 놀랍게 여기는 것은 '진짜 원근법'을 사용해 그리는 방법을 모든 곳의 미술가들이 스스로 깨닫지는 않았다는 사실이다. 그 방법은 단 한 사람이 발견했는데, 그 사람의 이름은 레온 바티스타 알베르티Leon Battista Alberti이다. 결국 알베르티를 통해 이 정보가 순수한 지식의 바이러스처럼 퍼져나갔고, 결국 유럽의 거의 모든 지역에서 화가들이 원근법을 사용해 그림을 그리게 되었다.

알베르티는 15세기에 가톨릭교회를 위해 일했는데, 미술 외에 그가 남긴 중요한 업적 중 하나는 첨단 암호학에 관한 책이었다. 만약 누군가가 삼각형에 관한 이 지식을 꼭꼭 숨겨두길 원했다면, 그 범인은 다름아닌 알베르티였을 것이다. 나는 알베르티가 발견한 것이 너무나 명백한 것이어서 그것을 숨기려고 해봤자 별 소용이 없었을 것이라고 주장하고 싶지만, 그렇다면 왜 아무도 독립적으로 그것을 발견하지 못했을까 하는 의문이 생긴다. 다행히 그의 원근법 연구는 『회화론 Dela Pittura』이라는 책에 실려 아무것도 숨기지 않은 채 널리 퍼졌다. 그는 아무도 보지 못했던 것을 보았는데, 소실점 vanishing point 이 바로 그것이었다.

그렇다, 알베르티의 발견은 소실점이라는 하나의 점으로 요약할 수 있다. 그는 만약 물체가 멀어질수록 시각적으로 점점 작아진다면, 모든 것이 하나의 특이점으로 수렴하리란 사실을 깨달았다. 그리고 그림에서는 모든 것이 안쪽으로 빨려 들어가는 것처럼 묘사되어야 한다는 사실을 발견했다.

그렇다고 해서 다른 사람들이 그 사실을 전혀 짐작하지 못했던 것은 아니다. 1305년, 이탈리아 화가 조토 디 본도네 Giotto di Bondone 는 천장화를 그릴 때 알베르티의 깨달음에 정말로 아주 가까이 다가갔다. 기둥들은 분명히 소실점을 향해 수렴하는 것처럼 보인다. 하지만 시각 전문가인 크리스토퍼 타일러 Christopher Tyler 의 분석에 따르면, 기둥들은 체계적인 방식으로 수렴하지 않는다. 모두 가까이 수렴하긴 하지만 완벽하게 수렴하지는 않아서, 조토가 올바른 개념을 떠올리긴 했지만, 그 작업을 눈대중으로 대충 한 것으로 보인다. 게다가 계단을 비롯해 그림 속의 나머지 모든 것은 원근법에 따른 수렴의 흔적이 전혀 보이지 않는다. 계단 같은 물체를 직선으로 그리면서 그 직선들이 원근법의 영향을 전혀 받지 않게(완벽하게 평행을 유지하게) 그리는 방법을 등축 도법 等軸圖法, isomeric 또는 등각 도법 等角度法이라 부른다. 따라서 조토는 등축 도법으로 방을 그린 뒤, 거기다가 훌륭한 원근법을 적용한 천장을 추가한 것이다.

조토가 그린 〈가야바 앞의 그리스도Jesus Before the Caïf by Giotto〉(1305). 크리스토퍼 타일러의 『르네상스를 이끈 기하학적 도구로서의 원근법Perspective as a Geometric Tool that Launched the Renaissance』(2000)에서 발췌.

알베르티는 그림을 그릴 때 지평선에 점을 하나 찍고, 자(혹은 비슷한 도구)를 사용해 그 점에서 방사상으로 뻗어 나오는 원근법 직선을 그었다. 이 기법은 그림에서 눈대중이나 추측을 모두 제거하고, 그림의 모든 부분에 동일한 원근법이 적용되도록 했다. 이것은 그림을 우리 눈에 실제 현실 장면처럼 보이게 만드는 체계적 방법이었다.

그래서 라파엘로Raffaello가 1509년에 〈아테네 학당The School of Athens〉을 그렸을 때, 그는 학당 안으로 들어오는 플라톤을 생생하게 묘사할 수 있었을 뿐만 아니라 모든 기하학적 구조가 딱 들어맞게 할 수 있었다. 마침내 플라톤은 손가락으로 위를 가리키며 "저 아치들 좀 봐! 이게 바로 원근법을 제대로 묘사하는 방법이야!"라고 말할 수 있었다. 이 그림만큼 르네상스의 정수를 보여주는 작품도 없다. 라파엘로가 바티칸에서 석고에 그림을 그리고 있을 때, 몇 개의 방 건너편에

이것은 내가 기억하는 공원 모습과는 확실히 다르다. 하지만 이 그림이 실물을 그대로 묘사한 것처럼 보인다는 사실은 부인할 수 없다.

있던 시스티나성당에서는 미켈란젤로Michelangelo가 그림을 그리고 있었다. 라파엘로가 그린 플라톤은 그의 영웅이었던 레오나르도 다빈치를 닮은 모습을 하고 있다. 사실, 라파엘로는 이 그림에 이중적 의미를 많이 숨겨놓았다. 그래서 우리는 라파엘로가 좋아한 밴드가 건즈 앤 로지스Guns N' Roses였다는 것을 아는데, 이들이 1991년에 내놓은 앨범 〈유즈 유어 일루전Use Your Illusion〉의 커버가 이 그림의 오른쪽 중앙 부분에 숨겨져 있다.

그리고 라파엘로는 착시 효과를 이용했다. 알베르티의 선 원근법은 사실은 일종의 속임수이다. 이것은 오직 하나의 관점을 재현할 뿐이어서, 다른 위치에서 그림을 보면 착시 효과가 사라지고 만다. 그림에서 위쪽에서 $\frac{2}{3}$쯤 내려온 높이의 지평선 중간에 소실점을 두면, 그림을 바라보는 사람의 눈 위치와 대략 일치하게 된다. 이 위치에서 약간의 오차 범위는 허용되며, 소실점과 마주하는 곳 언저리에서 그림을 바라보면, 그림이 매우 현실적으로 보인다.

하지만 일부 미술가들은 소실점을 이리저리 옮겼고, 심지어 그림의 경계 밖으로 옮기기도 했다. 이런 경우에는 그림 옆에 서서 그림이 걸려 있는 벽면을 응시하면, 주변시를 통해 그림의 묘사를 제대로 볼 수 있다. 하지만 그림을 정면에서 바라보면 이상하게 보인다.

문제는 건물 같은 상자형 물체를 묘사하는 경우이다. 상자는 소실점이 각각의 면이 향하는 방향마다 하나씩 모두 6개가 있다. 위와 아래를 향하는 소실점은 대다수 그림에서 별로 중요하지 않은데, 시선 방향은 바로 앞을 향하지 곧장 하늘로 향하지 않기 때문이다. 만약 상자형 건물의 한 면이 그림의 시선 방향과 정확하게 일치하면, 먼 곳에 있는 하나의 소실점만으로 충분하다. 반대편 소실점은 관람자 뒤쪽에 있고, 측면을 향한 두 소실점은 양옆으로 벗어나 있다. 하지만 상자를 비스듬한 각도에서 바라본다면, 이제 2개의 소실점이 보이게 되는데, 만약 화가가 이런 상황에서도 하나의 소실점만 고수한다면 모든 것이 조금 이상하게 보일 것이다.

15세기부터 단일 소실점 화풍이 유행했는데도 불구하고, 2개의 소실점을 사용한 그림은 17세기 이전까지는 단 한 점도 없었다. 지나고 나서 되돌아보며 생각하는 우리에게는 당연해 보이는 개념일지 몰라도, 그 당시 사람들에게는 그렇지 않았던 것으로 보인다.

등축 도법을 고수하면서 멀리 지평선을 바라보는 상자.

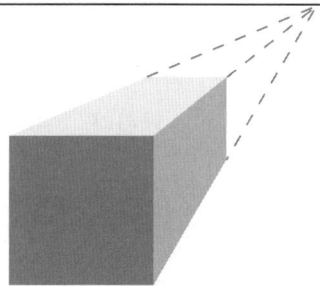

같은 상자이지만, 멀리 지평선에 소실점이 하나 있다.

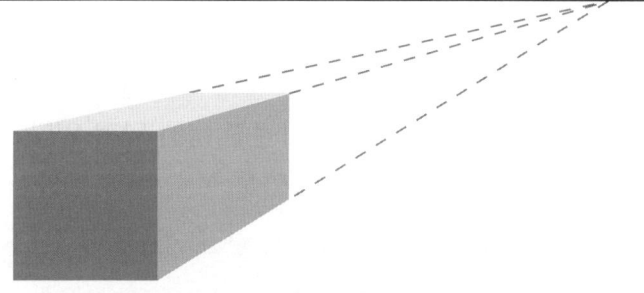

이런, 소실점이 너무 옆으로 이동했다!

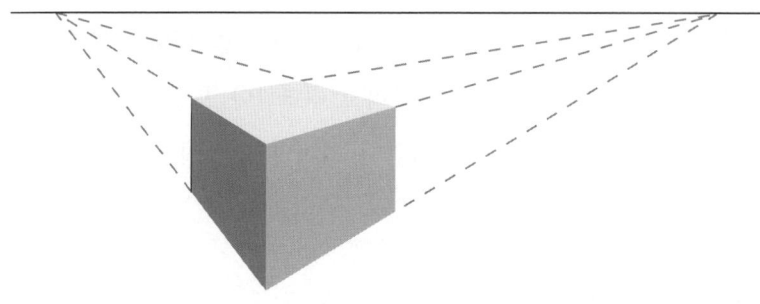

두 번째 소실점이 등장해 상자를 위기 상황에서 구해준다!

많은 문화는 이 착시 문제를 신경 쓰지 않음으로써 깔끔하게 피해 갔다. 동시대의 일부 중국화는 높이는 1m 정도인데 폭은 수 m나 되었다. 이렇게 극단적인 와이드 스크린 그림은 기준으로 삼을 만한 단일 관점이 존재하지 않는다. 그림을 따라 걸어가면서 감상해야 할 수도 있으므로, 단일 원근법을 사용한다면 몹시 이상할 것이다. 그래서 예술적 자유 외에도, 선 원근법을 피하고 대신에 규칙적이고 신뢰할 수 있는 등축 원근법을 사용하려는 실용적 이유도 있었다. 등축 원근법을 사용하면 모든 것이 깔끔하게 직선으로 정렬하면서도, 선들이 소실점으로 수렴하는 대신에 평행선을 달린다.

이후 직접적 기록에서 사진이 중요한 역할을 일부 담당하면서 서양 미술가들은 또 한 번 선 원근법의 족쇄에서 벗어나게 되었다. 오늘날에는 원근법과 투영에 대한 수학적 이해에 힘입어 우리는 현실을 무시하고 매우 비현실적인 예술 작품을 만들 수 있게 되었다.

아름다움은 보는 사람의 시선 방향에 달려 있다

다음번에 차를 몰고 고속도로를 달릴 기회가 있으면, 도로에 그어진 점선이 얼마나 긴지 추측해보라. 혹은 이제 당신은 이 책을 읽는 엘리트 지식인 클럽의 회원이 되었으니, 차에 타고 있는 다른 사람에게 물어보라. 미국에서 실시된 조사에 따르면, 대다수 사람들은 점선의 길이가 약 2피트(약 61cm)라고 대답한다. 모든 사람은 그 길이가 성인의 키보다 짧다고 생각한다. 하지만 미국 연방 규정에 따르면, 점선의 길이는 10피트(약 3m)로 정해져 있다(한때 15피트였던 적도 있다). 그 선은 아주 길다.

이 선들은 고속으로 달리면서 도로를 상당히 비스듬한 각도로 바라보는 운전자의 관점을 고려해야 한다. 상당히 긴 선도 운전자에게는 짧아 보인다. 마찬가지로 도로 위에 쓴 글자를 운전자가 제대로 읽을 수 있으려면, 그 글자는 아주 길게 늘어진 형태여야 한다. 또한, 자전거 전용 도로를 가리키는 자전거 기호의 바퀴는 원형으로 보이지만, 가까이에서 보면 길게 늘어난 타원처럼 보인다.

앞에서 보면 원이지만, 위에서 보면 타원이다.

이것은 애너모픽 아트 anamorphic art의 한 예이다. 애너모픽 아트는 왜곡된 이미지를 사용해 특정 위치에서만 명확하게 보이도록 설계한 작품(혹은 이 경우에는 기능적 그래픽) 또는 그런 예술 형태를 말한다. 그 이미지는 다가오는 죽음의 금속 상자에 앉아 있는 운전자 좌석에서 볼 때 자전거처럼 보이도록 그려져 있다. 애너모픽 아트는 인간 시각의 모호성을 이용한다. 뇌는 망막이 감지한 빛을 바탕으로, 그 패턴을 만들어냈을 가장 그럴듯한 주변 환경이 무엇인지 판단해야 한다. 나는 내 망막을 기준으로 생각하기보다는, 내 앞에 사진 프레임이 붕 떠 있다고 상상하길 좋아한다. 그 사진은 내가 보고 있는 장면을 찍은 것이다. 어떤 빛의 조합이 그 평면 위에 그럴듯한 이미지를 만들어내면, 내 뇌는 그것을 실제로 그렇다고 해석할 것이다.

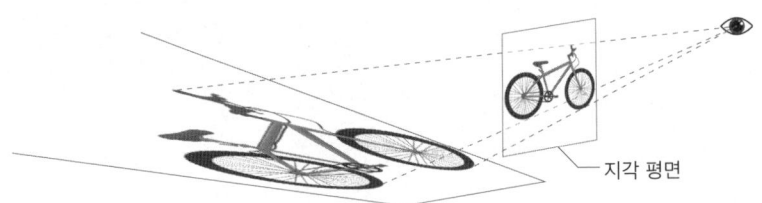

도로에 길게 늘어난 형태로 그려놓은 자전거가 공중에 붕 떠 있는 정상 자전거로 보인다.

이 방법은 평평한 도로에 3차원 입체처럼 보이는 패턴을 그리는 데 사용할 수 있다. 최근에 나는 사우스런던을 자전거를 타고 달리다가 램버스구에서는 실제 과속 방지턱을 만드는 대신에 착시 현상을 이용해 가짜 과속 방지턱을 그림으로써 예산을 절감하고 있다는 사실을 발견했다. 아니면, 건설 자재는 없지만 페인트는 충분히 많은 한 진취적인 주민이 이런 아이디어를 냈을 수도 있다. 어느 쪽이건, 사람들이 실제로 여기에 속느냐가 관건이다. 물론 지역 주민들이 일

사우스런던에 설치된 가짜 과속 방지턱. 운전자에게 속도를 늦추게 하는 효과가 있다.

아이슬란드에서 과속을 하면, 각기둥에 충돌하는 느낌을 받게 된다.

단 도로가 평평하다는 사실을 알고 나면 실제로 속도를 줄일 필요가 없겠지만, 그 착시 현상은 속도를 줄여야 한다는 사실을 상기시키는 데 충분할 수 있다. 이 아이디어는 이전에 다른 나라에서도 시도된 적이 있는데, 아이슬란드에서는 왜곡된 형태의 물체를 도로 위에 그림으로써 그것을 본 운전자가 혼란을 느껴 속도를 늦추게 했다.

이면의 기하학은 지금까지 우리가 본 것보다 복잡하지 않다. 빛은 직선으로 움직이므로, 보는 사람의 눈과 지각 평면에 맺히는 의도한 이미지 사이를 잇는 선을 삼각법으로 계산하면, 그 선이 실제 바닥 어디에 닿는지를 알 수 있다. 그 지점에 그림을 그리면 보는 사람의 눈에는 떠 있는 그림처럼 보인다. 이 계산은 자동화할 수 있을 만큼 간단하며, 초당 60번씩 실행하면서 애너모픽 이미지를 실시간 비디오 스트림에 삽입할 수 있다.

미식축구를 시청하는 사람은 TV 중계방송에 등장하는 마법 같은 퍼스트다운 라인first-down line을 잘 알 것이다. 공격 팀은 네 번의 공격 기회를 통해 최소한 10야드(약 9m)를 전진해야 하는데, 이 목표인 '퍼스트다운 라인'은 플레이가 시작된 위치가 기준이 되며, 경기 중에 계속 변한다. 경기장에 있는 선수들은 그 위치를 알 수 있지만(혹은 경기장 옆에 그려진 표지를 볼 수 있지만), 집에서 경기를 시청하는 사람들은 그러기가 어렵다. 그래서 방송에서는 공격 팀의 목표 지점을 보여주기 위해 노란색 필드 라인을 디지털 방식으로 추가한다. 이 경우에는, 바닥에 뭔가를 그려 그것이 어떤 이미지인 것처럼 보이게 하는 대신에, 시청하는 이미지에 세부 사항을 추가해 마치 바닥에 뭔가가 그려진 것처럼 보이게 만든다. 반대 상황이지만, 동일한 수학이 작동한다.

　이것이 제대로 작동하려면, 컴퓨터 시스템은 모든 카메라가 향하고 있는 방향뿐만 아니라 경기장 표면의 형태까지 정확하게 알아야 한다. 미식축구 경기장은 완전히 평평하지 않고, 배수를 돕기 위해 약간 경사져 있다. 이 정보를 바탕으로 컴퓨터 시스템은 매 프레임에서 어떤 픽셀을 노란색으로 바꿔야 하는지 정확히 계산할 수 있으며, 이를 통해 경기장에 선이 투영된 것처럼 보이게 하고, 카메라가 패닝panning(움직이는 피사체를 따라 카메라를 수평으로 회전시키는 것)을 하거나 클로즈업할 때에도 그 선을 일정하게 유지할 수 있다.(여기에는 카메라 렌즈의 기하학적 왜곡을 보정하는 작업도 포함된다.) 매년 1억 명 이상이 슈퍼볼을 실시간으로 시청하지만, 그들은 실시간으로 일어나는 사영기하학도 함께 보고 있다는 사실을 전혀 모른다.

　당연히 광고업자들은 스포츠에서 애너모픽 아트를 활용하기 시작했다. 그 광고는 경기장에서 광고 문구를 직접 인쇄하는 전통적인 방식으로 시작되었다. 많은 스포츠 중계 TV 카메라는 고정된 위치에 있기 때문에, 이들 광고 중 일부는 TV 화면에서 평면 이미지가 툭 튀어나오는 듯한 효과를 나타내게끔 바닥에 그려놓았다. 그 결과로 경기장의 광고가 비디오 피드에 삽입된 것처럼 보이는 효과를 나타냈다. 때로는 전체 경기장을 넓게 포착한 장면에서 애너모픽 광고가 '엉뚱한' 카메라에 잡히면, 그 광고는 매우 길쭉하게 늘어난 것처럼 보이는데, 이 때문에 착시 효과가 완전히 엉망이 되고 만다.

　그때 기술들의 충돌이 일어났다. 광고는 이제 퍼스트다운 라인처럼 디지털 방식으로 삽입되어, TV 화면에서는 마치 땅에 그려져 있

골대 바로 뒤쪽 베이스라인에 하나, 경기장의 처음 두 선 사이에 하나, 이렇게 배치한 두 광고는 잔디 위의 아나모픽 이미지처럼 보이도록 디자인되었다.

하지만 정확히 같은 시간에 경기장의 그 위치에서는 잔디 외에 아무것도 보이지 않는다.

는 것처럼 보인다. 일부 광고는 심지어 경기장 내 애너모픽 광고처럼 보이도록 디자인되기도 한다. 다시 한 번 반복한다. 광고는 이제 경기장에 인쇄된 것처럼 보이도록 비디오 피드에 디지털 방식으로 삽입되며, 카메라의 관점에서 보면 비디오 피드에 삽입된 것처럼 보인다.

이런 광고를 직접 내 눈으로 처음 본 것은 오스트레일리아에서 열린 럭비 경기에서였다. 나는 경기장 대형 전광판의 TV 피드에서 실제 경기장에서는 보이지 않는 광고를 보았다. 그때 그것이 이중 애너모픽 광고임을 알아챘다. 나는 이 기하학적 라인 아웃lineout(럭비에서 공이 터치라인 밖으로 나가서 게임을 다시 시작할 때, 양 팀의 포워드가 두 줄로 서서 공을 서로 빼앗는 일)을 럭비에 푹 빠진 친구들에게 설명하려고 최선을 다했지만, 쉽게 풀어서 설명할 수 없었다.

투영은 또한 머리말에서 언급한 옥타곤 팀버 플로링 회사의 로고 문제를 해결해줄 수 있다. 나는 그 로고를 볼 때마다 3차원 정이십면체가 떠오르는 걸 멈출 수 없다. 사실, 그 로고는 표지판에 인쇄할 수

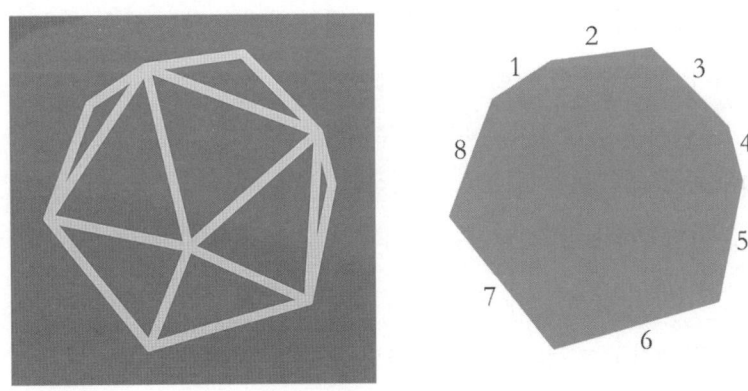

나는 이 표지판을 깎아내린 것을 후회한다.

있도록 평평하게 만들려고 정이십면체를 2차원에 투영한 것이다. 정이십면체 그림에서 모서리 수를 세어보면 정확하게 8개이다. 결국 그 로고는 팔각형이다! 나는 그냥 입체를 벗어나서 생각하기만 하면 됐던 거다.

불가능한 형태

현실적인 예술 작품을 만들거나 비디오에 그럴듯한 디지털 추가 요소를 삽입하느라 투영을 사용하는 대신에 지각의 기하학을 사용해 겉보기에 불가능한 광경을 만들 수도 있다.

애너모픽 아트 뒤에 숨어 있는 원리는 착시 효과를 만드는 데 많이 쓰인다. 2023년, 올해의 최고 착시 효과상은 수학자이자 마술사인 맷 프리처드Matt Pritchard가 디자인한 애너모픽 미술 착시 효과가 받았다. 이 상은 인간의 지각과 인지 연구를 지원하는 신경상관학회Neural Correlate Society가 수여한다. 우리 뇌를 속이는 방법을 찾는 것은 인간 시각계의 작용 방식에 대해 통찰을 제공한다.

프리처드의 출품작은 마분지로 만든 벽돌 벽 모형으로, 장난감 자동차가 벽을 뚫고 통과할 수 있었다. 실제 벽이라면 훨씬 더 인상적이었겠지만, 돈이 엄청나게 많이 들었을 것이다. 어쨌든 이 비디오는 그 장면을 눈을 크게 뜨고 다시 보게 만드는데, 뇌가 자신이 보고 있다고 생각하는 것과 불가능하다고 아는 것 사이의 괴리를 메우려고 애쓰기 때문이다. 이것은 망막에 감지된 것이 최선의 설명으로도

하나의 프레임만으로는 자동차가 벽을 뚫고 지나가는 영상만큼 인상적인 느낌을 주기에 부족하다. 하지만 우리는 그 개념을 이해할 수 있다.

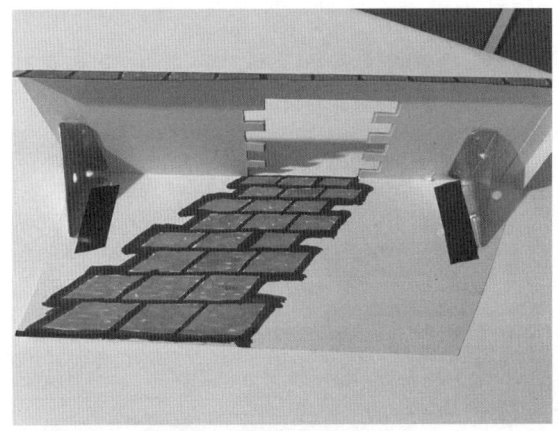

아무래도 우리가 낚인 것 같다.

잘 설명되지 않는 사례이다. 이 사례에서 우리의 시각계가 평소에 항상 하는 추측이 어떤 것인지 갑자기 드러난다.

 같은 속임수가 물리적 물체에서도 통할 수 있다. 아주 특별한 형태의 물체를 디자인함으로써 우리 뇌가 잘못된 가정을 하도록 속일 수 있다. 이러한 형태는 자연에서는 결코 나타나지 않으며, 우리 뇌는 눈에 보이는 것이 무엇인지 잘 추측하지만, 의도적으로 속이려고 기획된 기하학 앞에서는 쉽게 속아 넘어가고 만다. 내가 가장 좋아하는 것은 공학기하학 전문가 스기하라 고기치杉原厚吉가 디자인한 '이중 화살표'인데, 그는 '모호한 원통'도 발명했다. 이것들은 모두 우리 눈이 빛이 오는 방향은 알 수 있지만, 그 출발점이 그 경로를 따라 얼마나 먼 곳에 있는지 모른다는 사실을 이용한다. 물체의 모양을 정교하게 만들면, 인간의 뇌가 먼 부분과 가까운 부분을 혼동하게 만들 수 있다.

나는 영국의 거리 표지판 때문에 오랫동안 고민해온 문제를 해결하기 위해 투영에 관한 수학을 사용하기로 했다. 축구 경기장 표지판

이것을 보면 누구나 헷갈릴 것이다.

에는 전통적인 축구공 그림을 사용하는데, 그것은 일반적으로 오각형과 육각형의 조합으로 이루어져 있다. 6장에서 아르키메데스 입체를 다룬 부분으로 돌아가면 볼 수 있는데, 그 형태는 깎은 정이십면체로 분류된다. 하지만 플라톤 입체와 아르키메데스 입체, 존슨 다면체, 또는 어떤 다면체에서도 여러분이 결코 보지 못할 형태가 무엇인지 아는가? 그것은 바로 육각형만으로 만들어진 다면체이다.

육각형만으로 공을 만드는 것은 수학적으로 불가능하다. 영국의 거리 표지판들은 기하학적 환상이다. 내가 어떤 연구를 하는지 추적해온 사람들은 내가 이러한 표지판을 고치기 위해 캠페인을 벌였다는 사실을 알고 있을 것이다. 영국 정부를 직접 찾아가기까지 했지만, 나의 시도는 매번 실패했다. 이제 나는 새로운 계획을 세웠다. 육각형만으로 만들어진 공은 불가능하지만, 투영을 사용해 육각형만으로 만들어진 것처럼 *보이*는 공을 만들 수 있다.

나는 수제 방식으로 직접 공을 만드는 존-폴 위틀리Jon-Paul Wheatley

불가능한 공을 보라!

에게 거리 표지판에서 묘사된 것과 똑같아 보이는(다만 특정 방향에서 볼 때에만) 축구공을 만들 수 있는지 물어보았다. 위틀리는 동업자인 앨리슨Allison과 함께 정면이나 뒤에서 보면 거리 표지판에 묘사된 그림과 똑같아 보이는 공을 만들었다. 공을 빙 둘러가며 이 두 면 사이의 '적도'에는 육각형들을 이어 붙여 온전한 구로 만드는 데 꼭 필요한 왜곡된 형태의 오각형과 팔각형이 이리저리 얽혀 늘어서 있다.

 이제 남은 일은 잉글랜드 프리미어 리그에 이 새 공을 사용하도록 설득하는 것인데, 그렇게만 된다면 즉각 모든 거리 표지판의 그림은 정확한 묘사가 될 것이다. 하지만 문제가 있었다. 나는 그 공을 가지고 세상에서 가장 유명하고 성공적인 축구 클럽 중 하나인 리버풀 FC를 찾아가 스포츠 분석 팀과 함께 공을 차보면서 그들의 생각을 들어보았다. 그들은 그 공을 싫어했다. 그들은 프리미어 리그 선수들이 비대칭적 패턴을 가진 공을 기분 좋게 받아들일 리가 없다고 말했다. 그래도 나는 프리미어 리그가 이 공을 사용해야 한다는 청원을 시작했지만, 아직까지는 스포츠 경기장에 나타나는 투영 착시 효과는 광고와 퍼스트다운 라인뿐인 것 같다.

광선 추적과 블랙홀

따분한 직선 광선이 평면에 어떻게 투영되는지 이해했으므로, 이제 재미있는 일을 시작할 수 있다. 고전적인 유령의 집 거울은 굴곡진 반사 표면을 사용해 반사되는 모습을 왜곡시킴으로써 사람들을 놀라게 한다. 수학을 사용하면 광자가 지나가는 모든 직선을 추적할 수 있고, 유령의 집 거울에서 일어나는 왜곡된 변형 현상도 완전히 이해할 수 있다. 또한, 상황을 거꾸로 뒤집어 비틀린 거울에서만 정상적으로 보이는 기묘한 이미지를 디자인할 수도 있다.

나는 항상 수학을 대중에게 전파하는 일을 좋아하며, 몇 년에 한 번씩 재미있는 공개 수학 프로젝트를 시작한다. 한번은 표면이 거울로 된 2m 높이의 금속 기둥을 만들어야 했다. 지름이 1m여서 움직이기가 매우 어려운 괴물이었다.(문을 통과하는 것도 쉽지 않았는데, 그걸 어떻게 알았는지 궁금하다면 내게 물어보라.) 하지만 일단 설치되면, 그 거울 기둥은 주변 환경을 크게 왜곡된 모습으로 반사할 수 있었다. 그 곡면에 비친 자신의 모습을 보면, 매우 홀쭉한 자신이 서 있고, 그 뒤로는 나머지 모든 풍경이 와이드 스크린처럼 펼쳐져 있으며, 몸 옆으로는 통로가 뻗어 있다.

이 프로젝트의 목표는 거울 기둥에 비춰 보면 정상적으로 보이지만 현실에서는 비틀린 모습으로 보이는 이미지를 만드는 것이었다. 거기에 필요한 수학은 물론 사전에 준비할 수 있다. 곡면 거울에 들

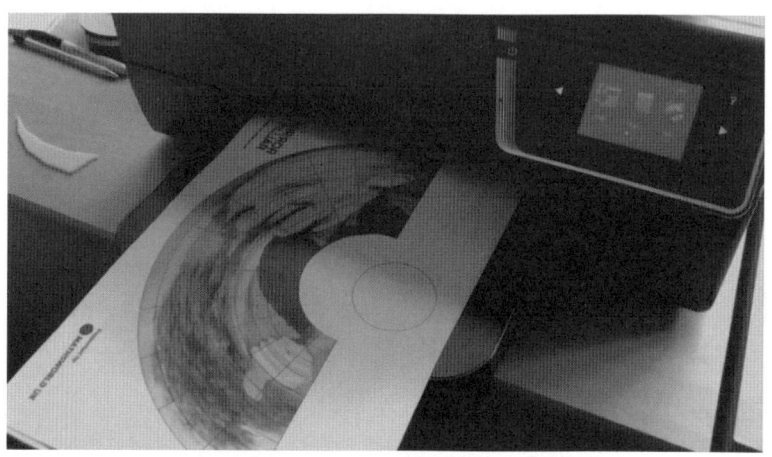

기묘하게 왜곡된 자신의 사진을 출력해보라.

하지만 원통형 거울에 비추면, 아주 정상적인 모습으로 보인다.

어오는 빛의 입사각과 반사각은 여전히 같지만, 지금은 자전거를 타고 서리힐스를 오를 때처럼 오직 하나의 특정 위치와 방향에서의 기울기만 신경 쓰면 된다. 여기서 우리의 좋은 친구인 탄젠트가 도움을 준다. 우리 팀은 이미지를 올리면 왜곡된 거울 기둥 형태로 변환할 수 있는 웹사이트용 코드를 작성했다. 학교에 다니는 학생들과 집에 있는 사람들은 마분지 관과 접착 거울 필름을 사용해 미니 거울 기둥을 만들었다.

그 거대한 물리적 기둥은 예술적 수학에 관심이 없는 사람들과 학교들의 시선을 끌기 위한 장치였다. 내 동료인 케이티 스테클스Katie Steckles는 그 기둥을 소형 트럭에 싣고 전국을 돌아다니며 다양한 도서관과 박물관, 쇼핑몰에 설치했다. 사람들은 유령의 집 거울과 같은 경험을 하러 다가왔고, 케이티는 그들에게 수학의 경이로움을 맛보게 해주었다. 우리는 현실에서는 구부러져 보이는 거대한 애너모픽 격자를 만들었는데, 그것을 거울 기둥에 반사시키면 깔끔한 직선으로 이루어진 정사각형 격자가 되었다. 사람들은 거울 기둥에 반사된 모습이 정상이 되도록 격자에 추가할 이미지를 그리려고 시도할 수 있었다. 어떤 사람은 거울 기둥에 비춰 볼 때만 제 모습으로 보이는 패턴으로 담요를 뜨개질했다.(그 담요는 매우 컸다.) 그 거울 기둥을 직접 보고 싶다면, 이제 수학 도시Maths City(이 글을 쓰고 있는 현재 리즈에서 전시 중이다)에 기둥이 있으니 그곳을 찾아가길 바란다.

하지만 이 모든 것은 여전히 빛이 직선으로 이동한다고 가정하고 있다. 만약 이 개념마저 없애버리면 어떻게 될까? 그래도 수학이 여전히 이 모든 것을 제대로 다룰 수 있을까?(물론 할 수 있겠지만, 그래도 이야기를 재미있게 만들려면 약간 긴장을 주는 게 좋잖아.)

현대 영화의 VFX 중 많은 부분은 '광선 추적$_{\text{ray tracing}}$'에 기반을 두고 있는데, 이 기술은 가상 광선의 경로를 수학적으로 추적하는 것이다. 프로젝터를 사용해 이미지를 투사하는 것처럼, 광선 추적은 카메라에서 광선이 나온다고 상상한다. 물론 이것은 실제로 시각이나 카메라가 작동하는 방식이 아니다. 실제로는 물체에서 나온 빛이 주변 환경에 반사된 뒤에 결국 눈이나 카메라 센서로 들어온다. 기하학을 뒤집어 빛의 경로 대신에 카메라 시선의 경로를 추적하면, 훨씬 효율적으로 3D 환경 렌더링을 할 수 있다. 카메라에 닿는 빛의 경로만 계산하고, 나머지 모든 빛은 무시할 수 있기 때문이다.

이것은 우리가 이전에 본 사각형 메시 환경(실제로는 삼각형 메시이지만 어쨌든)이 수학적 3차원 물체를 필름의 2차원 프레임으로 변환하는 방식이다. 코드는 가상 카메라 센서의 모든 픽셀을 처리하는 것으로 시작하는데, 픽셀마다 하나씩 '광선'이 나오게 한다. 각 광선은 컴퓨터로 구현한 환경을 돌아다니면서 반사 표면에 부딪친 뒤에 튀어나오고, 결국 어떤 색이나 질감을 가진 입체 물체에 닿게 된다. 그 광선이 충돌하거나 튀어나오거나 통과한 각각의 표면과 색, 질감, 물질은 출발한 원래의 픽셀이 어떤 색인지 정확히 알려준다.

즉, 코드는 컴퓨터 그래픽 속 가상의 카메라 시야 밖에 있는 삼각형들에 대해서는 신경 쓰지 않는다. 나는 VFX 전문가인 유제니에게 이 문제에 대해 물어보았는데, 유제니는 내가 이해한 것이 맞다고 대답했다. 즉, 광선에 닿지 않는 삼각형은 완전히 무시된다고 했다. 게다가 카메라에서 멀리 떨어져 있는 물체나 다른 물체에 반사된 광선만 도달하는 물체는 훨씬 낮은 해상도로 렌더링을 한다고 한다. 그래서 큰 환경은 수십억 개 또는 수조 개의 삼각형으로 구현될 수는 있지만, 광선 추적 덕분에 그것들이 한 번에 모두 사용되는 일은 절대로 없다. 그리고 매우 기쁘게도, 유제니는 카메라에서 방출되는 모든 광선 꾸러미를 '카메라 절두체camera frustum'라고 부른다. '절두체'라는 단어를 아주 잘 사용한 예라고 할 수 있다!

화가가 자를 꺼내 소실점과 정렬해야 하는 그림 그리기와 달리, VFX의 광선 추적은 모든 작업이 렌더링 소프트웨어를 통해 자동으로 처리된다. 소프트웨어를 코딩하는 데에는 똑똑한 수학이 약간 필요했지만, 소프트웨어가 완성된 뒤에는 특수 효과 기술자는 더 이상 장면 이면의 기하학을 이해할 필요가 없다. 물론 약간 다른 상황이 벌어지면 이야기가 달라진다. 예컨대 유제니가 크리스토퍼 놀런Christopher Nolan 감독이 제작한 영화 〈인터스텔라〉에서 작업할 때가 그랬다.

영화 중심에는 가르강튀아라는 거대 블랙홀이 있다. 이 블랙홀의 엄청난 질량 때문에 시간 팽창(지구 주위를 도는 GPS 인공위성에 일어난 것처럼) 현상이 일어난다. 그런데 아인슈타인의 일반 상대성 이론이 예측하는 또 다른 결과에 따르면, 질량은 현실의 형태를 왜곡시킨다. 충분히 큰 블랙홀은 시공간을 구부러뜨리고, 그곳을 지나가는 빛은 더 이상 직선으로 나아가지 않는다. 가르강튀아 주변에서 바로 이런 일이 일어나기 때문에, 유제니는 기존의 광선 추적 프로그램을 사용할 수 없었다.

하지만 유제니는 수학을 중시하는 공학 분야 학위를 갖고 있으므로, 자동차 보닛을 열고 수리하듯 자신의 코드를 설치하는 것을 별로 어려워하지 않았다. 그리고 더블네거티브의 책임 과학자 올리버 제임스Oliver James와 그 영화의 과학 자문위원을 맡은 물리학자 킵 손Kip Thorne도 그 작업에 동참했다. 얼마 후 노벨상을 수상한 킵 손은 이 기이한 환경에서 광자가 어떻게 움직이는지 기술하는 일반 상대성 이론 방정식들을 보내주었다. 유제니와 올리버는 그 방정식들을 블랙홀 맞춤형 광선 추적 버전을 구현할 수 있는 실행 코드로 변환했다.

그 결과로 구현된 놀라운 시각 효과는 물리적으로 아주 정확하기까지 해 더욱 경이롭다. VFX 팀은 가까이에서 보면 블랙홀이 어떻게 보일지 추측하는 대신에 수학을 통해 블랙홀의 현실 그 자체에 접근할 수 있었다. 그렇다고 해서 그 시도가 예술적이지 않았다는 말은 아니다. 영화를 촬영하던 장면에서 가상의 블랙홀을 깔끔하게 렌더링으로 구현한 장면으로 갑자기 전환했더라면 시각적으로 어색했을 것이다. TV 카메라의 렌즈에 맞춰 퍼스트다운 라인을 왜곡한 것처럼, 유제니는 렌더링을 한 장면을 왜곡하고 색을 입히고 플레어를 추가해 마치 우주에 떠 있는 IMAX 카메라로 촬영한 것처럼 보이게 해야 했다. 어떤 시각 효과 장면도 진공 속에서 고립된 상태처럼 홀로 존재할 수 없다(심지어 배경이 진짜 진공인 장면이더라도).

그들은 더 나은 이야기를 위해 과학적 정확성을 포기해야 했던 적도 있었다. 크리스토퍼 놀런의 원칙은 과학은 최대한 정확해야 하지만, 그 원칙은 플롯을 뒷받침하는 한도 내에서만 정확성을 기해야 한다는 것이었다. 그는 만약 하나를 포기해야 한다면, 내러티브가 아니라 과학을 포기해야 한다고 말했다. 초기 테스트에서 VFX 팀은 회전하는 블랙홀에서 나오는 빛의 색이 도플러 효과 때문에 변하는 계산을 포함시켰다. 블랙홀의 오른쪽(카메라에서 볼 때)은 멀어지고 있었으므로 적색 이동이 일어나면서 더 어두워지지만, 왼쪽은 더 파랗고 밝아야 했다.

더블네거티브 팀은 이러한 효과를 반영해 시뮬레이션을 하려고 했지만, 우주선이 블랙홀로 향하는 장면이 어색해 보였다. 궤도를 정확하게 일치시키려면, 우주선이 블랙홀에 접근할 때 어두운 쪽인 오른쪽으로 가야 했다. 영화의 관점에서 본다면, 주인공이 밝은 쪽이 아니라 어두운 쪽으로 가는 것이 관객들에게 매우 이상하게 보일 것이다. 영화 언어에서는 밝은 쪽이 중요한 쪽을 가리키기 때문이다. 그래서 그들은 도플러 효과를 없애버렸다. 그 결과로 더 나은 영화를 만들 수 있었지만, 현실을 정확하게 재현한 것은 아니었다. 전형적인 예술적 선택이었다.

10

파동 만들기

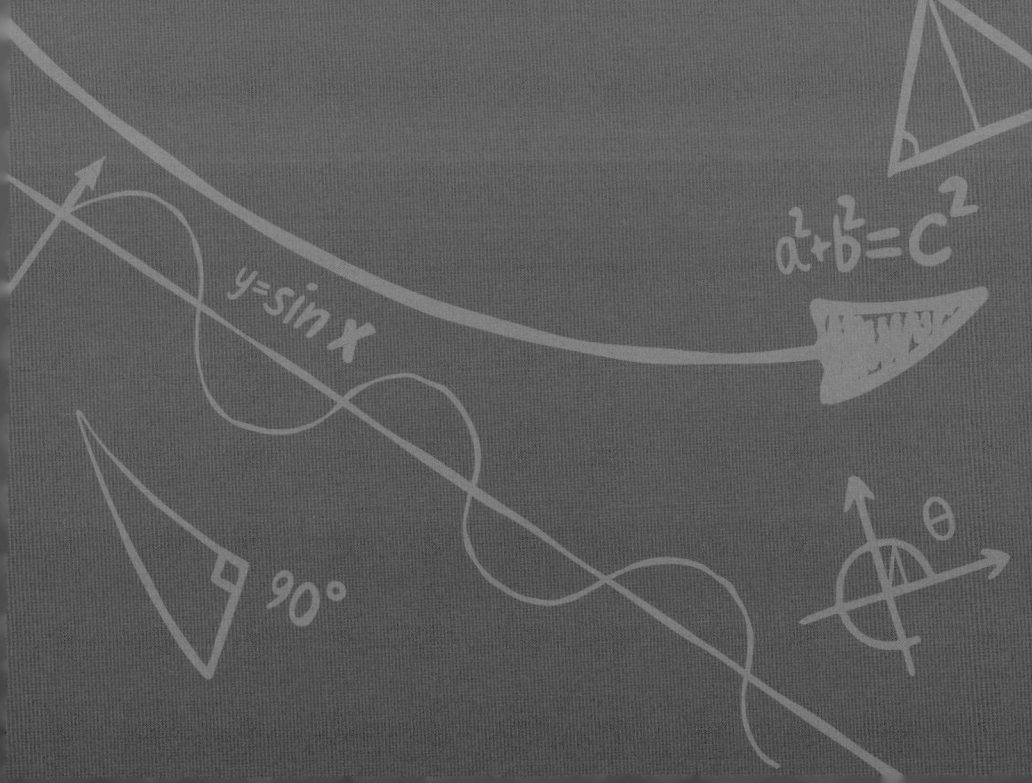

영국에서 살면서 나는 햇살이 비치는 모든 순간을 소중히 여기는 법을 배우게 되었다. 내가 지금 사는 곳의 위도(적도에서 북쪽으로 51°)는 내가 자란 오스트레일리아(적도에서 남쪽으로 32°)보다 더 크다. 지구의 자전축이 약간 기울어져 있으므로, 내가 사는 곳에서는 일 년 동안 일조량 변화가 훨씬 더 뚜렷하게 나타난다. 나는 이 점이 오히려 마음에 드는데, 우리가 거대한 별 주위를 돌면서 우주 공간을 질주하는, 대기로 뒤덮인 채 회전하는 바위에 붙어 살아간다는 사실을 상기시켜주기 때문이다.

만약 지구가 완벽하게 똑바로 선 자세로 회전한다면, 우리에게는 그런 변화가 일어나지 않을 것이다. 지구의 극지방에 서 있는 사람들을 제외하면, 모든 사람은 하루에 정확하게 12시간의 햇빛을 받을 것이고, 태양을 향한 면과 반대쪽 면에서 보내는 시간이 정확하게 똑같을 것이다.

하지만 지구는 그렇게 돌지 않는다. 지구는 23.5° 기울어진 채(마치 우리가 매일 의자에 앉을 때처럼) 회전한다. 기울어진 방향은 지구가 태양 주위를 도는 동안 변하지 않는데, 그래서 때로는 우리가 있는 곳이 태양을 향해 기울어지고(여름!), 때로는 태양에서 멀어진 쪽으로 기울어진다(추운 겨울). 여름과 겨울의 딱 중간 지점에서는 지구의 기울기가 태양 방향과 직각을 이루는데, 이때에는 기울기의 효과가 사라진다. 이때가 바로 하루에 12시간씩 햇빛이 비치면서 낮과 밤의 길이가 같은 '춘분'과 '추분'이다.

기울기가 낮의 길이에 어떤 영향을 미치는지 이해하기 위해 지구의 자전축이 완전히 똑바르다고 가정해보자. 태양의 관점에서 보면, 당신은 매일 직선으로 움직일 것이다. 만약 지구가 투명하다면, 당신의 경로는 같은 선 위에서 앞뒤로 움직일 것이다. 반면에 자전축이 90° 기울어져 자전축이 태양을 정면으로 향한다면, 태양의 관점에서 당신은 원을 그리며 움직일 것이다. 기울기가 이 양극단 사이라면, 당신은 타원을 그리며 움직일 텐데, 타원은 태양의 관점에서 원이 투영된 형태이다.

이렇게 3차원에서 기울어진 지구에서 이 모든 원을 시각화하려면 매우 힘들지만, 한참 애쓴 끝에 나는 태양을 향해 기울어진 유효 기울기 성분이 태양-지구 방향과 자전축이 가리키는 방향이 만드는 각도의 사인 값에 따라 결정된다는 사실을 알 수 있었다. 편리하게도, 태양 주위를 한 바퀴 도는 시간인 1년은 약 365일로, 원의 각도인 360°에 매우 가깝다. 따라서 태양을 향하는 방향이 매일 약 1°씩 변한다. 약간의 숙고 끝에 낮의 길이를 계산하는 다음 방정식을 구할 수 있었다. 낮의 길이 = 4.34 × sin(날) + 12시간.

이제 1년 중 어느 날을 입력하면, 하루 동안 앞마당에 햇빛이 비치는 시간을 계산할 수 있는 사인함수를 얻게 되어 기쁘긴 하지만, 이 방법으로 날씨를 빠르게 확인할 수는 없다. 날씨를 알고 싶다면, 간단한 일기도를 보는 게 더 좋을 것이다. 그래서 나는 매일 해가 비치는 시간을 그래프로 만든 뒤, 그것을 인쇄해 집 안에 걸어두기로 했다. 참고로, 이 그래프는 정확히 북위 51°에 맞춘 것으로, 적도에 가까운 곳에서는 파동의 높이가 이보다 더 낮아질 것이다.

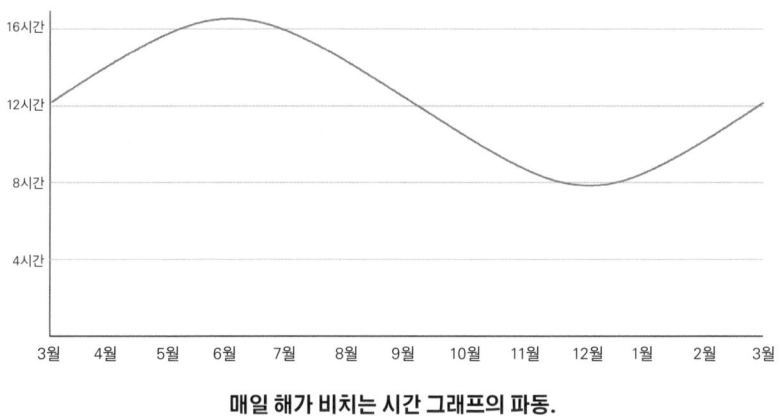

매일 해가 비치는 시간 그래프의 파동.

여기서 꽤 많은 독자가 "드디어!"라고 외쳤을 것이다. 현대 수학-예술의 기능적 장식을 열렬히 좋아해서 그랬다기보다는(물론 그럴 수도 있지만), 이 책에 마침내 사인파 sine wave가 등장했기 때문이다. 내가 사는 곳(그리고 지구상의 장소 대부분)의 낮 시간을 그래프로 그리면, 그 결과는 '사인파'가 되는데, 이것은 수학에서 가장 상징적인 형태 중 하나이다.

솔직히 말하면, 나는 어떤 그래프가 나올지 전혀 모른 채 낮 시간을 그래프로 나타내기 시작했다. 데이터를 스프레드시트에 입력하고 '그래프로 나타내기' 버튼을 누르자마자, 나는 즉각 사인파를 알아보았다. 이 그래프는 수학계의 저명인사에 해당한다. 나를 그 기하학을 탐구하게 하고, 왜 이것이 사인파가 되는지 이해하게 만든 여정으로 이끈 것은 바로 이 그래프였다.

표면적으로는 삼각함수의 물결 모양 그래프가 이렇게 널리 퍼져 있는 것이 이상하게 보일 수도 있지만, 그 그래프는 수학과 과학을 비롯해 주변 세계의 너무나도 많은 곳에서 나타난다. 예를 들면, 채소로도 사인파를 만들 수 있다.

원통형 과일이나 채소, 예컨대 기다란 애호박이나 당근을 집어 들고 그 주위를 종이로 싸보라. 그리고 단면이 원형이 되도록 똑바로 자르는 대신에 비스듬한 각도로 썰어보라. 종이를 풀면, 완벽한 사인파가 나타날 것이다.

당근과 낮 시간 그래프 모두 그 비밀은 원에 있다. 사인이 직각삼각형에서 각도의 한 속성으로 시작해 당근을 자른 후에 얻는 특성으로 변환되는 과정의 비밀이 바로 원에 있다. 많은 수학자는 사인 개념은 삼각형보다는 원과 더 밀접한 관련이 있다고 보았다. 나는 머리말에서 피타고라스가 "원이 아니라 삼각형에 대한 연구로 유명하다."라고 쓰면서 내심 내키지 않았는데, 마음속 깊은 곳에서는 원이 없이는 삼각형과 삼각법을 이해할 수 없다는 사실을 잘 알고 있었기 때문이다.

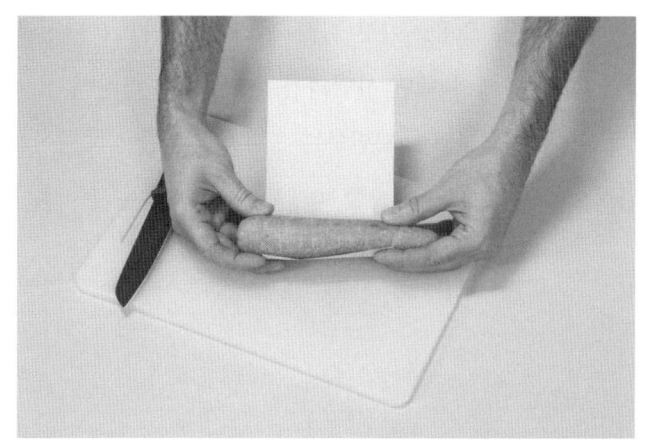

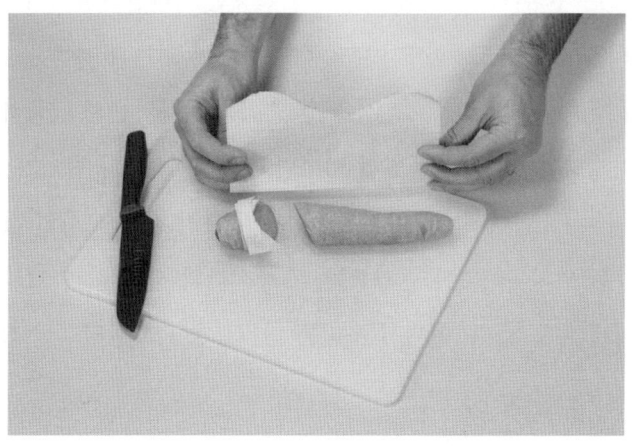

당근은 사인파를 직접 눈으로 보도록 도움을 준다.

원을 잡아당겨 '소용돌이선(나선)'을 만든다면, 그 나선을 투영한 모양을 한 방향에서 보면 사인파가 되고, 반대 방향에서 보면 코사인파가 된다.(사인파와 코사인파는 정확하게 똑같은 모양이기 때문에, 일반적으로 그 모양을 기술할 때에는 '사인파'라는 용어를 사용한다.)

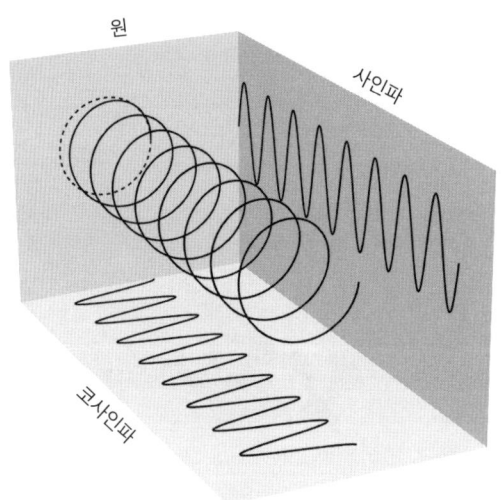

이것은 원 위의 모든 점이 사실은 변장한 직각삼각형이기 때문이다. 원의 중심에서 그 점까지 바깥쪽으로 뻗어 있는 반지름은 직각삼각형의 빗변에 해당하고, 그 점을 원 중심을 지나가는 수평축과 수직축과 연결하면 나머지 두 변이 나타난다. 만약 빗변의 길이가 1이라면, 나머지 두 변의 길이는 각각 중심각의 사인 값과 코사인 값이 된다. 즉, 원 위의 어느 점의 좌표는 그 중심각의 사인 값과 코사인 값으로 나타낼 수 있다. 여기서 우리는 반지름을 1로 잡았지만, 일반적으로 원의 방정식은 $x^2+y^2=r^2$으로 나타낸다. 여기서 'r'은 반지름이며, 이 방정식은 고전적인 피타고라스의 정리에 해당한다. 피타고라스는 정말로 원에 대해 말했던 것이다.

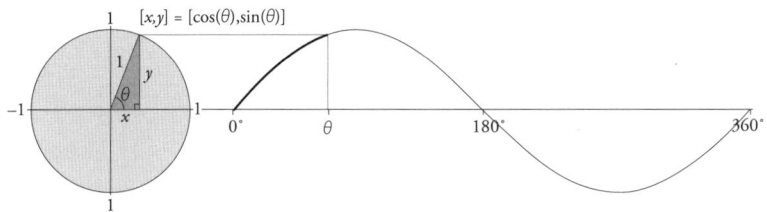

원 주위를 빙 돌면서 0°부터 360°까지 모든 각도에 대한 사인 값을 그래프에 그렸을 때 나타나는 형태가 바로 사인파이다. 이것은 사인의 세 가지 속성을 보여주는데, 삼각형의 각들에 대한 함수, 원 위에 존재하는 점의 좌표, 그리고 파동이 그것이다. 모든 경우에 사인 값은 0에서 시작하여 1을 향해 우아하게 증가했다가 반대 방향으로 -1까지 내려간 다음에 0을 향해 되돌아가 다시 처음부터 끝없는 여정을 시작한다. 사인파는 또한 0°에서 360° 사이의 어떤 각도에 대해서도 사인 값을 구할 수 있게 해준다.

만약 사인이 직각삼각형에서 두 변의 비율이라는 정의를 고수한다면, $\sin(90°)$나 그보다 큰 각도의 사인 값을 절대로 구할 수 없을 것이다. 왜냐하면, 90°가 되는 순간부터 더 이상 삼각형은 존재할 수 없기 때문이다. 삼각형이 무너지기 직전에 $\sin(90°)$ 값이 1에 한없이 가까워지는 것은 이치에 맞는데, 인접변과 빗변이 둘 다 엄청나게 커져서 둘의 상대적 차이가 비율적으로 매우 작아지기 때문이다. 즉, 두

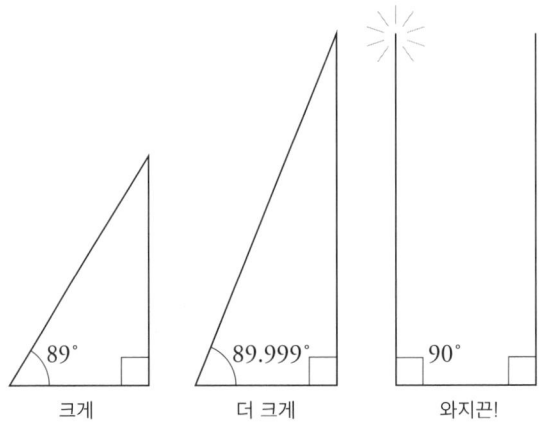

삼각형은 각도 비율에 맞게 그린 것이 아님.

변의 길이가 거의 같아져서 둘의 비율이 1에 가까워진다.

    삼각형이 무너지는 순간에 $\sin(90°) = 1$이고, 이제 반대쪽 변이 없으므로 $\cos 90° = 0$이 된다. 삼각형이 한계에 도달할 때, 수학적으로 이 값들의 논리를 따라가 보는 것은 즐겁지만, 사실은 그렇게 할 필요가 없다. 0°와 360° 사이의 어떤 각도라도 사인 값이나 코사인 값을 구하는 방법은 두 가지가 있다. 하나는 원 위에서 그 점의 좌표를 확인하는 것이고, 또 하나는 사인파에서 그 높이를 확인하는 것이다.(코사인파는 사인파와 정확하게 모양이 똑같으며, 다만 옆으로 살짝 이동한 것에 불과하다.)

    이것은 이 책에서 이미 살펴본 삼각함수들의 많은 응용에 유용하지만, 사인과 코사인 값은 일부 사람들을 깜짝 놀라게 만드는 두 가지 속성이 있다. 첫째, 일부 값이 음수이다. 사인 값은 180°와 270° 사이에서 음수이고, 코사인 값은 90°부터 270° 사이에서 음수이다. 이것은 사인파가 x축 아래로 내려가는 부분에서 볼 수 있다.

둘째, 사인(또는 코사인) 값이 동일한 각도가 여러 개 있다. 예를 들면, 70°와 110°의 사인 값은 둘 다 정확하게 똑같은 0.9397이다. 만약 어떤 각도의 사인 값이 0.7071이라고 말한다면, 그 각도가 45°인지 315°인지 확실히 알 수 없다. 심지어 405°일 수도 있다. 사실, 어떤 사인 값이나 코사인 값에 대응하는 각도는 무수히 많다. 일부 이유는 축 위의 어떤 값에 대해서도 그것에 대응하는 원 위의 점이 언제나 2개 존재하고, 또 원 주위를 원하는 만큼 계속 회전하면서 같은 점을 반복해서 지나갈 수 있다는 데 있다.

내가 그린 낮 시간 사인파에서 이 두 가지 속성을 모두 볼 수 있다. 낮 시간은 지구가 궤도에서 얼마나 나아갔는지를 나타내는 각도의 사인 값에 따라 달라진다. 이에 따라 궤도는 거대한 단위원이 되고, 지구는 그 주위를 빠르게 돌아다니는 점이 된다. 그리고 각도의 사인 값은 낮 시간에 해당한다.

물론 우리가 실제로 음의 햇빛을 받는 것은 아니다. 대신에 그 값은 평균을 기준으로 위아래로 변한다. 내 낮 시간 데이터에서 해가 비치는 평균 시간은 12시간(실제로는 굴절과 태양의 크기를 고려하면 12시간 12분)이고, 따라서 낮 시간 = 4.34 × sin(날) + 12시간이라는 방정식은 때로는 사인 값이 양수가 되어 낮 시간이 평균보다 더 많아지고, 때로는 사인 값이 음수가 되어 낮 시간이 평균보다 더 적어진다는 것을 의미한다. 4.34라는 값은 사인 값의 일반적인 범위인 -1에서 1을 내가 사는 위도에서 일어나는 낮 시간의 변동성에 맞춰 조정하기 위한 비례상수이다.

낮 시간이 특정 시간을 기록하는 날은 1년에 두 번 있다. 예를 들면, 낮 시간이 10시간인 날은 봄에서 여름으로 가는 도중에 한 번, 여름에서 가을로 가는 도중에 한 번, 이렇게 두 번 있다. 낮 시간의 전체적인 패턴은 지구가 태양 주위를 계속 돎에 따라 해마다 반복된다.

사인파의 힘 중 일부는 그 적응성에 있다. 우리는 사인파를 이동시키고, 크기를 조절하고, 위치를 바꿀 수 있다. 지금까지 우리는 사인파를 위쪽으로 이동시키고, 그것을 더 크게 확장했다. 사인파는 좌우 방향으로도 이동시킬 수 있다. 실제로 나는 내 낮 시간 다이어그램에서 그렇게 했다. 나는 사인파의 '시작' 지점을 한 해가 시작되고 나서 80번째 날인 춘분(3월 21일)으로 삼으려고 했다. 그래서 내 방정식은 엄밀하게는 낮 시간 = $4.34 \times \sin(날 - 80) + 12$시간이다.

재미있는 사실: 1752년까지 영국은 새해가 3월 25일에 시작했는데, 춘분에 충분히 가까운 날이었다. 내게는 한 해를 춘분에 시작하는 것이 한겨울에 시작하는 것보다 훨씬 더 합리적으로 보인다. 하지만 그들은 결국 새해의 시작 날짜를 1월로 옮겨버렸다. 만약 달력상의 1년 시작일을 예전처럼 3월 25일로 그대로 유지했더라면, 우리는 완벽하게 정렬된 사인파 형태의 1년을 가질 수 있었을 것이다.

북아메리카의 영국 식민지 지역도 1752년까지는 3월 25일에 새해를 시작했다. 1775년에 미국 독립 전쟁이 일어나기 불과 23년 전이었다. 두 나라가 분리되기 이전에는 공통된 관습이 많았으나, 분리된 이후에 영국에서는 변했지만, 미국에서는 여전히 화석처럼 남아 있는 것들이 있다. 이것들은 마치 거대한 타임캡슐과도 같다. 한 예로 미터법이 있다. 만약 미국 혁명이 25년 더 일찍 일어났거나 달력 변화가 더 늦게 일어났더라면, 미국의 애국자들은 제국 단위계를 고수했듯이 3월 25일을 계속 새해의 시작일로 유지했을지도 모른다.

그런데 다른 파동들은?

사인파는 원과 관련된 기하학적 상황에서 생겨날 수 있지만, 음파, 광파, 물결파를 비롯해 그 밖에도 많은 파동이 존재한다. 이것들도 사인파일까, 아니면 다른 종류의 파동일까? 이것들이 사인파라면 매우 편리할 텐데, 삼각법에 사용되는 모든 수학적 도구를 이들 분야에도 적용할 수 있기 때문이다. 그러면 음파부터 시작해 이 파동들이 무엇을 알려주는지 살펴보자.

소리를 내는 하나의 장치, 그러니까 기타 현의 한 가지 측면을 살펴보는 것으로 시작하자. 기타 현은 어떻게 소리를 낼까? 그것은 기타 현이 진동하기 때문이다. 왜 진동할까? 그것은 기타 현이 자신에게 일어난 변위에 비례하는 복원력을 갖고 있기 때문이다. 이 부분은 좀 더 설명이 필요하다. 나는 진동하는 공기 분자가 고막에 닿았을 때 왜 소리로 인식되는지는 자세히 설명하지 않을 것이다. 그 원리는 생물학과 심리학 영역에 속해, 내가 편안하게 느끼는 홈그라운드의 영역에서 벗어나는 것이기 때문이다.

'복원력'은 원상을 복구하려는 힘이다. 아이가 넘어졌다고 상상해보자. 아이를 다시 일으켜세울 수도 있고, 중력을 거들어 아이를 다시 넘어뜨릴 수도 있다. 누구의 아이인지에 따라 어느 쪽이건 그 나름의 문제가 있다. 어쨌든 전자의 행동은 아이를 바로 세우려고 복원력을 제공하는 반면, 후자의 행동은 소송을 당할 위험이 있다. 현실에서 어떤 상황은 자체 복원력이 작동한다. 어린이 놀이터의 그네가 좋은 예로, 그네는 수직 방향으로 매달린 위치에서 벗어나면, 다시 제자리로 돌아온다.

이러한 복원력은 기타 현에도 똑같이 작용한다. 만약 현을 튕겨 자연스러운 정지 위치에서 벗어나게 하면, 현의 장력이 그것을 제자리로 되돌려놓으려고 한다. 게다가 이 힘은 비례적인 복원력이어서 현이 원래 위치에서 더 많이 벗어날수록 그것을 되돌리려는 힘도 더 강해진다. 기타 현을 살짝 당기면 그것은 쉽게 움직일 것이다. 현을 더 많이 당길수록 그것을 움직이기가 더 힘들다.

결국 현을 놓으면 현은 원래 위치로 돌아가겠지만, 운동량 때문에 원래 위치를 지나 반대 방향으로 튀어 나가고, 그러면 복원력이 다시 현을 중심으로 돌아가게 하지만, 운동량 때문에 다시 반대 방향으로 튀어 나가는 상황이 계속 이어진다. 마찰이 없는 이상적인 세계라면 이 상황이 영원히 계속될 것이다. 안타깝게도 그런 상황은 진공 상태에서 기타를 연주하는 경우에만 일어나는데, 진공은 음악 공연에 좋지 않은 환경으로 악명이 높다. 현실 세계에서는 마찰과 공기 저항 때문에 현은 잠시 왔다 갔다 하며 진동하다가 결국은 움직임이 서서히 사라지면서 다시 정지하게 된다. 그 에너지 중 일부는 우리가 듣는 음파로 전환되므로, 현이 이 저항을 경험하는 것은 나쁜 일이 아니다. 단, 누군가가 〈원더월 Wonderwall〉을 연주하지만 않는다면 말이다.(영국의 록 밴드 오아시스의 곡. 너무 자주 연주되는 곡이어서 듣기

지겹다는 뜻임—옮긴이)

그런데 진동하는 현에서 발생하는 음파가 특별히 사인파여야 할 이유가 있는가? 그 파형은 어떤 미친 모양도 될 수 있지 않나? 로큰롤은 규칙 따위에는 신경도 쓰지 않지 않는가! 하지만 그렇지 않다. 로큰롤은 음악적 규칙과 수학적 규칙을 포함해 많은 규칙을 따른다.(하지만 문법적 규칙은 따르지 않는 것 같다.)

'비례적인 복원력'에서 '비례적인'이란 표현은 어떤 것을 더 많이 움직일수록 그것이 원래 상태로 되돌아가려는 힘이 더 강해진다는 뜻인데, 그 힘은 거리에 정확히 비례해 변한다. 예컨대 어떤 것을 두 배만큼 멀리 움직이면, 원래 상태로 되돌아가려는 힘도 두 배로 커지고, 세 배만큼 멀리 움직이면 그 힘은 세 배로 커진다. 이런 종류의 진동을 기술하려면, 가속도가 위치에 비례하되 반대 방향으로 작용하는 함수가 필요하다.

핵심은 비례적인 복원력에서 생겨나는 모든 파동과 사인파가 완벽하게 일치한다는 것이다. 그 이유를 이해하려면, 사인파가 얼마나 빠르게 변화하는지 살펴볼 필요가 있다. 사인 값은 1과 -1 사이에서 진동하지만, 일정한 속도로 변하지 않는다. 사인파를 살펴보면, 평평한 꼭대기와 바닥이 있는데, 여기서는 방향 변화가 우아하게 일어난다는 것을 알 수 있다.

실제로 램버스구에서 운행 속도 감소를 돕는 내 친구들은 과속을 완화하기 위한 또 한 가지 방법으로 사인파 형태를 사용했다. 2020년에 그들은 브릭스턴에서 사인파 형태(주기가 계속 반복되는 사인파가 아니라 단 하나의 혹 모양)의 과속 방지턱 7개를 설치했다. 그들은 이 형태가 "처음에 시작하는 높이가 낮아 자전거 타는 사람들에게는 더 편안하고 안전하지만" 전체적인 높이는 "차량으로 빠르게 지나가기에 불편할" 정도로 충분히 높다고 주장했다.

하지만 사인파가 처음에 부드럽게 시작해 점점 더 가파르게 치솟다가 다시 꼭대기에서 평평해지는 방식을 어떻게 하면 정확하게 기술할 수 있을까? 다행히도 수학의 경이로운 능력이 도움을 주는데, 사인파의 변화 속도는 동일한 위치에서의 코사인 값과 정확하게 일치한다. 나는 이것을 다이어그램으로 나타내려고 시도했다. 무슨 일이 일어나는지 이해하는 데 시간이 좀 걸릴 수 있는데, 사인파 곡선이 얼마나 빠르게 올라가거나 내려가는지를 알려면 코사인 값과 비교해 살펴보아야 하기 때문이다. 하지만 항상 사인파의 속도는 코사인 값과 같다.

그 반대도 거의 항상 성립한다. 거의 항상. 코사인파의 변화 속도는 동일한 위치에서의 사인 값에 마이너스를 붙인 것과 같다. 여기서 나는 '속도'를 일상적인 인간 경험에 기반을 둔 비유적 표현으로 사

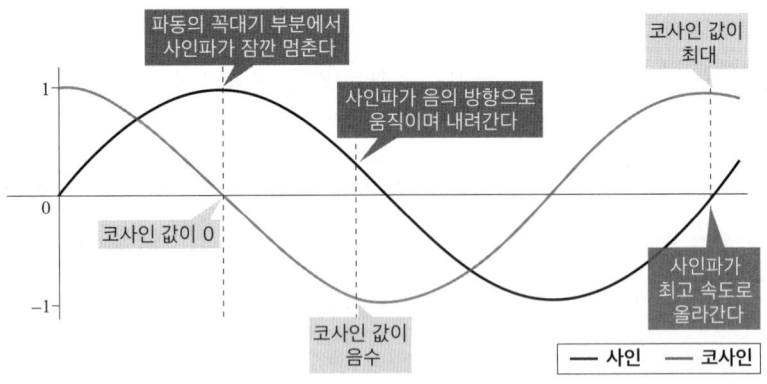

용하고 있는데, 위치와 속도와 가속도를 생각하는 편이 직관적으로 이해하기에 더 편리하기 때문이다. 하지만 수학적으로는 값과 그 값이 변하는 속도, 그리고 그 속도가 변하는 속도에 주목한다. 이것들을 흔히 '도함수derivative'라고 부르지만, 이것을 자세히 알아보느라고 시간을 낭비할 필요는 없다.

$\sin(\theta)$의 속도 $= \cos(\theta)$

$\cos(\theta)$의 속도 $= -\sin(\theta)$

$\rightarrow \sin(\theta)$의 가속도 $= -\sin(\theta)$

종합하면, 사인파의 가속도는 사인 값에 마이너스 부호를 붙인 것과 같다(코사인도 마찬가지). 이것은 음파에 필요한 바로 그 비례적인 복원력이다. 순수한 음파는 정확히 사인파이다.

이것은 진동하는 기타 현이 사인파라는 것을 대략 증명하는 방법일 뿐, 이를 뒷받침하는 수학적 근거가 많다. 이 책의 내용은 대부분 더 높은 수준의 수학으로 이어지지만, 나는 어딘가에서 확실히 선을 그어야 했다. 요점은 기타 현이 사인파를 만든다는 것이다. 피아노 건반과 트롬본 슬라이드, 트라이앵글도 마찬가지다. 어떤 물체가 진동하면서 파동을 만든다면, 거기서 나는 소리는 사인파이다.

빛의 파동인 광파도 사인파이다. 빛은 흔히 '전자기' 복사라고 부르는데, 실제로 광자는 진동하는 전기파와 자기파가 합쳐진 것이기 때문이다. 이 진동 뒤에서 작용하는 물리학은 기타 현보다 좀 더 복잡하지만, 그 결과는 동일하다. 광파는 사인파이다.

여러분이 태만에 빠지는 걸 방지하기 위해 헷갈리는 예를 하나 소개하겠다. 파도, 즉 물결파는 사인파가 아니다. 파도의 물 분자를 움직이는 힘은 비례적인 복원력이 아니다. 많은 유체역학적 요소가 작용한 결과로 물 분자는 위아래로 움직이는 대신에 파동이 지나갈 때 작은 원을 그리며 움직인다. 이러한 움직임은 '트로코이드파 trochoidal wave'라는 파동 형태를 만들어낸다.

다시 생각해보니, 음악도 순수한 파동이 아니고, 깊이와 음색을 지닌 복잡한 파동들이 죽 이어진 것이다. 하지만 걱정하지 마라. 우리는 그것도 수학적으로 다룰 수 있다.

그렇다면 다른 파동들은 어떨까?

결론부터 말하겠다. 어떤 파동도, 아무리 복잡하고 전혀 사인파 같지 않은 파동도, 순수한 사인파들의 조합으로 표현할 수 있다. 심지어 수많은 음파가 모여 이루어진 노래도 마찬가지다. 노래는 많은 사인파로 이루어져 있으며, 이것들이 합쳐져 훨씬 복잡한 소리를 만든다. 그것을 반대로 분해하기는 쉽진 않지만 가능하다.

독특한 피아노 음악이 두 가지 형태로 있다고 상상해보자. 악보와 그 곡의 연주를 녹음한 것. 어느 쪽을 잃는 것이 더 나쁠까? 만약 녹음이 실수로 삭제되었다면, 단순히 연주를 다시 하면서 녹음하면 해결된다(모든 녹음 결과가 똑같다고 가정한다면). 하지만 악보를 잃어버렸다면, 녹음을 들으면서 코드를 해독해 개개의 음을 복원하는 과정이 필요하다. 그 작업은 길고도 지루하다.

이것의 극단적인 버전에서는 어떤 일이 일어날까? 녹음된 곡이 훨씬 더 복잡하고 다양한 범위의 소리를 포함하는 곡이라고 상상해보자. 여러 악기와 보컬이 포함된 곡의 전체 녹음을 피아노로 연주할 수 있는 악보로 환원할 수 있을까? 우선 이와 같은 시도를 하려면, 엄청나게 대단한 피아노가 필요할 것이다.

이론적으로는 전혀 불가능하지 않다. 수학자들은 아무리 복잡한 오디오라도, 개별적인 사인파, 즉 음으로 분리할 수 있다는 것을 증명했다. 그리고 이 음들을 함께 연주하면 원래의 소리가 완벽하게 재현될 것이다. 모든 소리는 결국 사인파들의 조합에 불과하다.

이제 현실적으로 작은 문제가 하나 있는데, 완벽한 재현을 위해

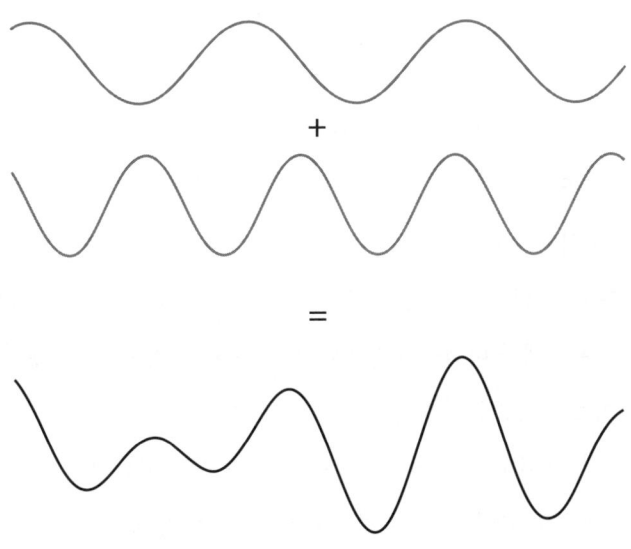

사인파: 더하기는 쉽지만, 되돌리기는 어렵다.

서는 거의 무한에 가까운 건반을 가진 피아노가 필요하다는 점이다. 일반 피아노도 계단을 오르내리며 운반하려면 무척 힘든데 말이다. 건반의 수가 적으면, 즉 표현할 수 있는 진동수의 개수가 적으면, 녹음된 원래의 곡을 정확하게 재현하기가 어려워진다. 미들 C의 진동수는 261.626Hz인데, 그 옆에는 진동수가 277.183Hz인 검은색 건반(C 샤프)이 있으며, 그 사이에는 아무 건반도 없다. 예컨대 270Hz 부근의 소리를 내는 건반은 전혀 없다. 하지만 충분한 수의 건반이 있다면, 피아노는 기타, 드럼, 보컬 등을 모두 포함해 녹음된 노래를 완전하게 연주할 수 있다.

실제 피아노도 원래의 소리에 꽤 근접할 수 있다. '피아노 일루전piano illusion'(피아노를 사용해 청각적 또는 시각적 착각을 일으키는 현상)은 표준적인 피아노로 노래와 가사까지 완전히 재현하지만, 인간은 도저히 연주할 수 없는 방식으로 그렇게 한다. 인터넷에서 그런 예들을 찾아볼 수 있는데, 엄밀하게는 피아노 음들의 혼합일 뿐인데도 보컬과 다른 악기들의 소리가 들리는 것 같은 느낌이 든다. 암시에 취약한 인간의 속성이 일부 도움을 주면서 우리 뇌가 이미 알고 있는 노래의 빈 구간을 채우긴 하지만, 피아노가 꽤 훌륭한 근사를 제공한다는 사실은 부인할 수 없다.(내가 본 것들은 모두 아쉽게도 컴퓨터의 소프트웨어 버전을 사용했다. 언젠가 자동 연주 피아노를 빌려서 실제로 이것이 가능한지 확인해보는 것이 내 꿈이다.)

복잡한 오디오 신호를 다시 개개 주파수로 변환하는 작업은 다행히도 최고의 실력을 지닌 해독가가 하지 않아도 된다. 그 작업을 할 수 있는 수학적 방법이 있다. 복잡한 파동을 그와 동등한 사인파의 집합으로 변환하는 과정을 '푸리에 변환Fourier transform'이라고 한다. 푸리에 해석Fourier analysis은 상상할 수 있는 가장 위대한 음악 해독가와 같다. 이 방법으로 어떤 소리든 듣고서 그 소리를 구성 진동수로 분리할 수 있다. 나는 이것이 대다수 사람들이 들어본 적이 없는 가장 놀라운 수학 개념이라고 생각한다.

이 이야기는 18세기에 한 프랑스 수학자가 불 속에 집어넣은 금속 막대기를 손에 화상을 입지 않고 얼마나 오랫동안 붙들 수 있을까 하는 질문에 호기심을 느끼면서 시작되었다. 이것은 아마도 어린 시절에 누구나 한 번쯤 해본 게임일 것이다. 하지만 조제프 푸리에Joseph Fourier는 견딜 수 없을 만큼 금속이 뜨거워질 때까지 걸리는 시간을 사용해 어떤 수학 개념을 생각해냈다. 금속이 가열됨에 따라 그 속의 원자들은 에너지가 점점 커지면서 더 많이 진동한다. 열에너지가 금속을 통해 전달되는 것은 이렇게 진동하는 원자들을 통해 열파(열의 파동)가 물질 속에서 이동하기 때문이다. 이 열파는 본질적으로 금속 막대를 따라 위아래로 움직이는 사인파인데, 그 열이 견딜 수 없을 정도로 뜨거워지는 데 걸리는 시간을 계산하려면 이러한 파동들이 어떻게 상호 작용하는지 알아야 했다.

결국 푸리에는 금속 막대를 내려놓았지만, 그 개념은 내려놓지 않았다. 그의 새로운 집착은 결국 어떤 함수든 삼각함수의 급수로 '전개'할 수 있으며, 이 급수의 합을 구하면 원래 함수로 되돌아갈 수 있다는 이론으로 귀결되었다. 푸리에가 이를 연구한 이유는 열의 이동을 기술하는 방정식을 더 다루기 쉬운 삼각함수 방정식으로 변환하기 위해서였지만, 결국 이 이론은 그 밖의 많은 분야에 활용되었다. 푸리에는 알지 못했지만, '뜨거운 막대'에 대한 자신의 집착이 나중에 세상에 큰 변화를 불러왔다.

푸리에가 1807년에 「고체 물질 내에서 열의 전파에 관하여On the Propagation of Heat in Solid Bodies」라는 제목으로 발표한 논문은 그다지 큰 호응을 얻지 못했다. 한 비평은 "일반성과 엄밀성 측면에서 아직 부족한 점이 있다."라고 평가했다. 이 논문은 1878년에 가서야 영어로 번역되었다. 초기의 냉담한 반응에도, 이 이론은 그 후 시대를 초월한 '고전'이 되었다. 이 연구는 정말로 수학과 과학을 영원히 뗄 수 없게 연결했다. 조제프 푸리에의 이름은 그의 업적(푸리에 해석을 창시한 것을 포함해)을 기리기 위해 에펠탑에 새겨져 있다. 재미있게도 푸리에는 온실 효과도 발견했다. 이 얼마나 시의적절한 발견인가!

이것은 실로 아주 높은 칭송이라고 말할 수 있다.

파동은 현대 문명에서 점점 더 중요한 역할을 하게 되었고, 광파와 물리학을 더 잘 이해하는 것에서부터 오디오 신호의 편집과 전송을 원활하게 하는 것에 이르기까지 모든 것을 가능하게 해주었다. 그러자 푸리에 해석 이론은 푸리에 해석을 실제로 수행해야 한다는 냉혹한 현실에 맞닥뜨리게 되었다. 어떤 파동이든 사인파로 나눌 수 있음을 보여주는 것은 그렇다 치더라도, 실제로 그렇게 하려면 어떻게 해야 하느냐는 질문이 제기되었다. 방법은 여러 가지가 발견되었는데, 그중 어떤 것은 다른 방법보다 더 실용적이다.

컴퓨터가 없던 시절에 물리학자 앨버트 마이컬슨Albert Michelson은 시카고대학교에서 레버와 용수철을 사용해 푸리에 변환을 할 수 있는 아날로그 장비를 만들었다. 마이컬슨-푸리에 분석기는 1904년에 구매할 수 있었으며, 20개 사인파 버전과 80개 사인파 버전으로 제공되었다. 지금도 작동한다고 알려진 그 분석기는 딱 하나밖에 없는데, 일리노이대학교 어배너-샘페인 캠퍼스의 수학과에 있다. 나는

그 시절에는 손으로 크랭크를 돌려 정성스럽게 사인파를 만들었다.

푸리에 순례를 위해 그곳을 방문했고, 그들은 매우 친절하게 그 거대한 금속 장비를 유리 진열장에서 꺼내 내가 한 번 사용하도록 허락해 주었다.

이 장비는 푸리에 변환을 앞으로도 뒤로도 할 수 있다. 앞으로 하기가 더 쉽다. 바닥에는 크기가 제각각 다른 톱니가 20개 있는데, 이 톱니들은 사인 운동을 하면서 위아래로 20단계에 걸쳐 움직인다. 레버들이 금속 봉들을 움직여 용수철을 통해 위쪽 막대를 당기며, 따라서 이 막대는 모든 레버의 개별적인 움직임이 합쳐진 결과로 움직인다. 나는 어떤 레버를 얼마나 움직일지 선택할 수 있었고, 각 레버는 하나의 사인파를 나타냈다. 손잡이를 돌리면, 위쪽 막대에 연결된 펜이 그 사인파들이 합쳐진 파동을 그렸다.

복잡하게 들리겠지만, 실제로 하는 조작도 분명히 복잡하다. 하지만 반대로 하는 것은 더 복잡하다. 입력된 파동과 일치시키기 위해 금속 막대를 미세하게 조정하는 과정을 통해 이 장비는 개개 사인파들로부터 그 파동을 재현하는 데 필요한 배열을 그려낸다. 미숙련 조작자였던 나는 큰 성공을 거두지 못했다. 하지만 숙련된 사람의 손을 거치면 이 장비는 어떤 신호건 최대 20개에 이르는 사인파의 합으로 분할할 수 있었다.

컴퓨터 시대 이후에는 이 과정을 원하는 정밀도로 수행할 수 있는 알고리듬이 많이 등장했고, 그중에는 '빠른 푸리에 변환fast Fourier transforms'이라는 방법도 있다. 모든 경우에 이것은 입력 신호를 광범위한 순수 사인파와 비교하는 문제이다. 각각의 사인파가 원래의 파동과 잘 '일치'(여기서 '일치'라는 단어 뒤에는 많은 수학이 숨겨져 있다)하는 정도는 그 파동을 얼마나 많이 전체에 포함시켜야 하는지 알려준다.

하지만 우리가 신호를 개개 진동수로 분할해야 하는 경우는 얼마나 자주 있을까? 나는 이 과정이 현대 세계의 기반을 이루고 있다고 계속 말하지만, 실제로 그러려면 파동의 분해에 의존하는 상황이 아주 많이 존재해야 한다.

스펙트로그램

사소해 보일 수 있지만, 푸리에 해석은 놀라운 그래픽 이퀄라이저 디스플레이(스테레오에서 가끔 볼 수 있는 그 반짝이는 빛들)를 만들 수 있게 해준다. 기본 개념은 노랫소리의 전체적인 크기가 아니라, 다양한 진동수 범위 내에서 얼마나 크게 들리는지를 보여주는 것이다. 이것은 저해상도 푸리에 해석이다.

이러한 디스플레이는 실용적일 수 있다. 오디오 엔지니어가 콘서트나 쇼를 준비할 때 이퀄라이저로 수정 작업을 많이 하는데, 이것은 다양한 진동수 범위를 줄이거나 늘리는 작업이다. 음악 처리 작업 역시 푸리에 해석의 아주 일반적인 응용 예이다. 음악 신호를 개개 진동수로 분할한 뒤, 그중 일부를 이동시키거나 제거한 다음, 다시 신호를 합칠 수 있다.

하지만 진동수 자체를 표시하는 것도 유용할 수 있는데, 이는 단순히 예쁜 시각화에 그치지 않는다. 노래는 끊임없이 변하는 오디오 신호이며, 피아노로 곡을 연주하려면 손으로 누르는 건반을 계속 바꿔야 하는 이유도 이 때문이다. 이 개념을 '스펙트로그램spectrogram'으로 바꿀 수 있는데, 이것은 아주 밀집된 형태의 악보와 같다. 시간은 음악처럼 왼쪽에서 오른쪽으로 진행되고, 진동수는 페이지에서 위로 갈수록 높아진다. 대체로 이진수적 성격을 지닌 악보(어떤 음은 그곳에 있거나 없거나 하므로)와 달리, 스펙트로그램은 음영이나 색상을 사용해 각 진동수가 얼마나 커야 할지를 보여준다.

이것은 소리의 세부 사항에 대한 통찰을 더 많이 제공하는 방식으로 소리를 이미지로 바꾸는 방법이다. 이 방법은 과학에서 광범위하게 사용된다. 나는 아마존 열대 우림에서 연구자들과 함께 시간을 보낸 적이 있는데, 그들은 인간 개발의 영향을 파악하고 이해하기 위해 다양한 종을 추적하고 수를 세고 기록했다. 내가 거기에 간 것은 그들의 연구에 사용되는 수학에 관한 영상을 만들기 위해서였다. 어떤 것은 예컨대 숲에서 밤중에 불을 켰을 때 나타나는 다양한 종류의 나방 수를 세는 것처럼 매우 기본적인 수학이었다.(나는 확실히 말할 수 있는데, 그 수는 정말로 아주 많았고, 심지어 내 셔츠 안으로까지 날아들었다.) 하지만 그중에는 최첨단 수학에 더 가까운 것도 있었다.

연구자로 참여한 마크 볼러Mark Bowler는 영장류 전문가였다. 그는 자신의 팀이 어떻게 다양한 원숭이 집단을 찾고 그 활동을 추적하는지 보여주려고 나와 우리 촬영 팀을 데리고 숲으로 갔다. 연구자가 동일한 원숭이 집단을 추적하느라 온종일을 보내는 드문 일이 아니었는데, 그 개체수를 정확하게 세야 할 뿐만 아니라 그들이 얼마나 멀리 이동하는지도 기록해야 했기 때문이다. 문제는 온갖 벌레에게 물리는 가운데 위를 올려다보면서 매우 지루한 하루를 보내야 한다는 것이었다. 그리고 내가 영상 제작자 니콜Nicole과 함께 몸소 경험한 것처럼 가끔 하늘에서 떨어지는 원숭이 배설물도 피해야 했다. 원숭이 관찰 연구를 오랫동안 계속하는 사람은 많지 않은 것으로 보인다.

이 작업을 자동화할 수 있다면, 인간과 영장류를 포함해 모든 당사자에게 편리할 것이다. 연구자들은 숲에 자동 녹화 장치를 설치해 원숭이들이 내는 소리를 녹음하고, 각 종의 원숭이가 어디에 얼마나 있는지를 지속적으로 정확하게 기록할 계획을 세우고 있다. 내가 2023년에 방문했을 때, 그들은 여전히 원숭이 울음소리를 녹음한 자료를 수집하고, 그 원숭이가 어떤 종인지 수작업으로 식별하고 있었다. 기계 학습 알고리듬이 대신할 수 있도록 충분한 많은 훈련 데이터를 확보하는 것이 그들의 목표였다.

나는 마크가 어떤 울음소리가 어떤 원숭이의 것인지 수작업으로 기록할 때, 각각의 녹음을 듣지 않고 판단한다는 사실에 큰 흥미를 느꼈다. 그는 스펙트로그램을 보고서 그 소리를 낸 원숭이를 정확하게 식별할 수 있다. 마치 피아니스트가 악보를 처음 보고서 그 자리에서 즉석 연주를 할 수 있는 것처럼, 마크는 시간에 따라 변하는 진동수를 보고서 그것이 어떤 원숭이의 울음소리인지 식별할 수 있다. 우리 같은 비전문가도 푸리에 스펙트로그램에서 울음소리의 일부 음향 세부 사항을 구별할 수 있다. 내려가는 선은 낮아지는 음을, 올라가는 선은 높아지는 음을 나타낸다. 여기저기 흔들리는 선은 음이 더 복잡한 방식으로 어떻게 변하는지를 보여준다.

첫 번째 스펙트로그램은 갈색망토타마린의 울음소리이다. 대부분은 다양한 단일 음이지만, 한 군데에 평행한 선들이 모여 있다. 이것은 배음이 여러 개 겹친 복잡한 소리로, 열대 우림에서 매우 독특한 울음소리로 울려 퍼질 것이다. 두 번째 스펙트로그램은 다람쥐원숭이의 울음소리로, 그래프의 높은 곳에 뚜렷한 선이 몇 개 나타나 있다. 이것은 다람쥐원숭이가 매우 높은 음역의 울음소리를 내기 때문이다. 이러한 스펙트로그램의 도움으로 과학자들은 원숭이들을 더 잘 추적하면서 보전 연구를 할 수 있다.

스펙트로그램은 또한 인간의 상상을 초월하는 규모로 우주를 탐사할 수 있게 해주었다. 예컨대 은하 규모에서 '중력파' 현상을 탐지할 수 있게 해준다. GPS 위성의 문제처럼, 지구처럼 큰 질량은 시공간의 형태를 왜곡시켜 시간의 흐름에 기묘한 영향을 미친다. 그런데 만약 거대한 질량이 움직인다면, 시공간의 왜곡이 우주 자체의 구조

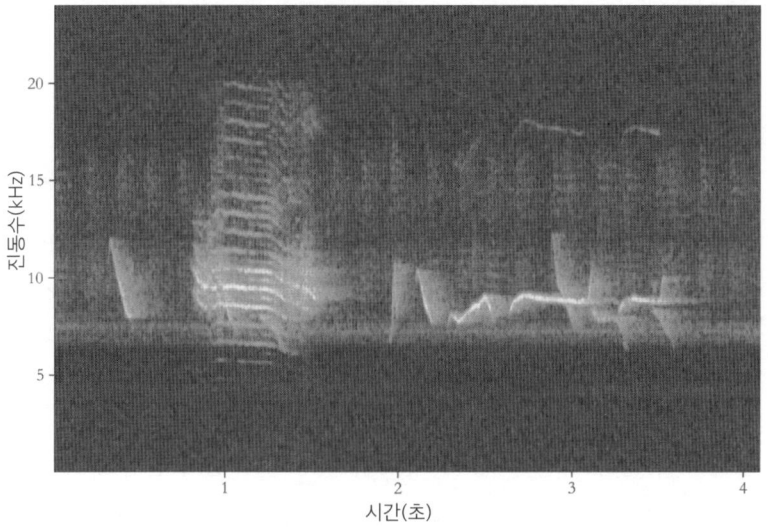

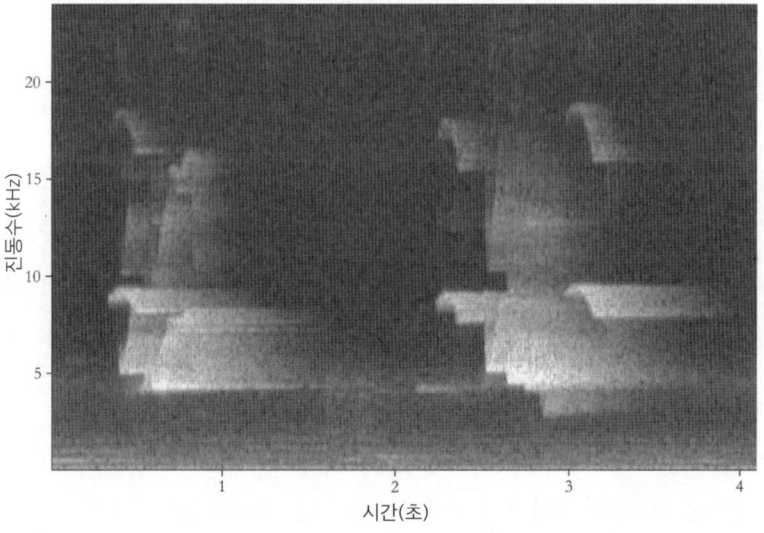

를 통해 파동처럼 퍼져나갈 수 있다. 처음으로 우리가 감지한 중력파는 2015년 9월 14일에 지구에 도착했는데, 우리가 그 중력파를 감지할 수 있었던 것도 푸리에 해석 덕분이었다.

이 주제는 내게 매우 친근한데, 수십 년 전에 웨스턴오스트레일리아대학교를 다닐 때, 오스트레일리아국제중력관측소에서 진행한 초기 작업을 도운 적이 있기 때문이다. 그 당시에는 중력파가 어떤 것인지 상상만 하던 시절이었고, 탐지할 가능성이 있는 중력파의 시뮬레이션 버전만 접할 수 있었다. 내가 졸업하고 나서 현재의 경력을 쌓느라 많은 세월이 지나고 난 뒤, 드디어 그 일이 일어났다. 그동안 나는 연구 물리학자를 아내로 맞이했는데, 한 천문학 축제에 참석했다가 곧 굉장한 소식이 발표될 것이라는 소문을 들었다. 그것은 두 블랙홀이 합쳐지면서 발생한 중력파의 지문이었다. 두 블랙홀의 충돌에서 발생한 미약한 신호는 10억 년 이상 은하를 가로질러 지구에 도착했으며, 그 신호로 인해 워싱턴주와 루이지애나주에 설치된 두 감지기가 거의 식별할 수 없을 만큼 미소하게 요동쳤다.

그것을 감지하는 데에는 엄청난 양의 신호 처리가 필요했는데, 그것이 잡음 속에 섞인 진짜 신호라는 것을 확인하려면 두 대의 감지기가 있어야 했다.(두 감지기는 서로 다른 잡음이 감지되지만, 거기에 동일한 신호가 포함되어야 한다. 그래야 신호를 잡음과 분리하기가 더 쉽다.) 두 감지기 모두에 블랙홀 충돌 시 나타나는 특유의 급상승 곡선을 분명히 보여주는 스펙트로그래프가 기록되었다. 이 2개의 '틱'은 엄청나게 먼 거리에서 거대한 질량을 가진 두 물체가 충돌하면서 상상할 수 없는 에너지가 발생했다는 것을 알려주었다. 이곳 지구에

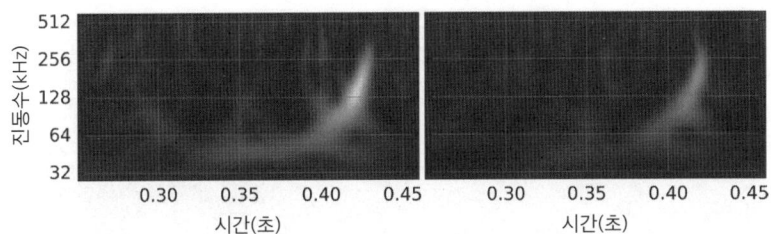

워싱턴주와 루이지애나주에서 포착된 신호는 두 지역 사이 빛이 이동하는 거리 차이를 보정하면 정확히 일치했다.

서 그 충돌이 시공간을 뒤흔든 정도는 원자 너비보다 더 작았지만, 경이로운 공학과 많은 레이저, 그리고 천재적인 수학 덕분에 우리는 그 독특한 신호를 감지할 수 있었다.

원숭이 울음소리처럼, 중력파 스펙트로그램을 보고서 그 소리가 어떻게 들릴지 상상할 수 있다. 위로 상승하는 신호는 '처프$_{chirp}$'(짹 짹)라고 부른다. 이 '처프'의 진동수는 인간이 편안하게 들을 수 있는 가청 진동수 범위보다 낮아서, 실제로는 초저음파 지진 소리처럼 느껴지는 '처프'가 될 텐데, 우주에서 가장 극적이고 거대한 물체들에 어울리는 소리이다.

과학자들은 이에 만족하지 않고 이제 훨씬 더 희미한 중력파를 들을 수 있는 간섭계를 우주에 배치할 계획을 세우고 있다. 2035년에 발사될 레이저 간섭계 우주 안테나(LISA)는 서로 250만 km 떨어져 있는 우주선 세 대로 이루어질 것이다. 이것들은 지금까지 인간이 만든 것 중 가장 큰 삼각형이 될 것이다! 각 변은 길이가 지구 지름보다 200배나 크며, 우주 레이저로 만들어질 것이다.

완전을 기하기 위해, 여기에 내가 내 이름을 '맷 파커$_{Matt\ Parker}$'

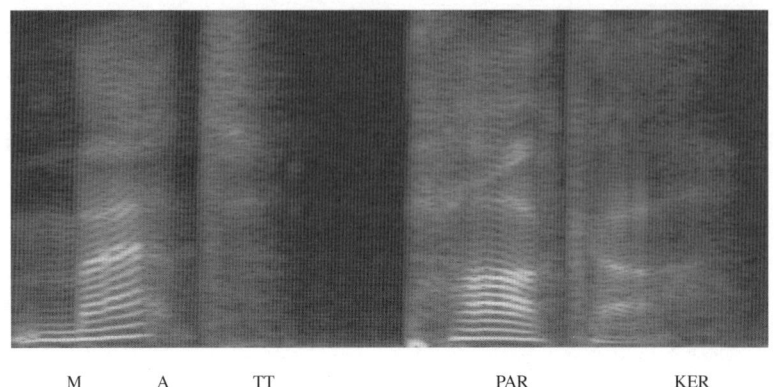

M　　　A　　　TT　　　　　PAR　　　　KER

라고 발음하는 소리의 스펙트로그램을 첨부한다. 이것은 내가 '맷'을 두 음절로 바꾸어 '매트'라고 발음하는 것처럼 들려 꽤 우스꽝스럽다. 그리고 내가 모음 'a'를 말할 때마다 추가적인 배음들이 분명히 드러난다. 다만 'Matt'의 'a'는 상승하는 억양으로 발음하는 반면, 'Parker'의 'a'는 하강하는 억양으로 발음한다. 만약 이 스펙트로그램을 그리는 방법을 외울 수 있다면, 내 이름을 서명하는 새로운(재미있지만 지루한) 방법을 얻게 될 것이다.

화합물의 구조를 밝히는 데 사용된 푸리에 해석

푸리에 해석은 오디오 신호를 분석하는 데에만 유용한 것이 아니다. 물질의 본질을 탐구하는 데에도 도움을 줄 수 있다. 결정학은 물질 내부의 원자 배열을 탐구하여 상상할 수 없을 만큼 작은 분자 배열의 기하학을 알아내는 방법이다. 학자로서의 경력을 처음 쌓아가고 있던 결정학자 캐슬린 론즈데일Kathleen Lonsdale이 1922년에 유명한 과학자 윌리엄 헨리 브래그William Henry Bragg 밑에서 석사 과정을 시작했을 때, 실험 장비가 다 준비될 때까지 약 3개월의 시간이 있었다. 브래그는 그동안 캐슬린에게 『수학적 결정학Mathematical Crystallography』이라는 책을 읽으라고 주었다.

이 책은 결정학에 필요한 최신 수학을 소개하지만, '푸리에'라는 단어를 검색해보면(나도 해봤다) 정확히 0개의 결과가 나온다. '대칭', '격자'라는 단어는 많이 나오고, 삼각함수는 곳곳에 끝없이 나온다. 하지만 푸리에에 대한 언급은 어디에도 없다. 현대의 결정학자라면 이를 터무니없다고 생각할 텐데, 이제는 푸리에 없이 결정 구조를 연구한다는 것은 상상도 할 수 없는 일이 되었기 때문이다. 하지만 그 당시는 푸리에가 그의 업적을 완성한 후이긴 해도, 론즈데일이 푸리에의 연구가 결정학을 해석하는 열쇠임을 세상에 보여주기 전이었다.

당시에는 최첨단이었던 이 책은 론즈데일이 등장하기 이전에 사용되던 수학이 어떤 것인지 잘 보여준다. 이 책은 3차원 원자 격자를 마주쳤을 때, 가능한 대칭 패턴이 230가지가 있다고 설명한다. 이러한 원자 배열은 너무 작아서 일반적인 빛을 쏘아서는 그 구조를 밝혀낼 수가 없지만, 짧은 파장의 X선을 쏘면 X선이 격자에 닿아 굴절되면서 스크린에 어떤 패턴을 생성한다. 이 패턴은 결정격자의 정확한 실루엣이 아니지만, 격자 내부의 다양한 배열에 의해 생겨난 일련의 형태이다. 이 책은 결정학자들에게 투영된 패턴에서 대칭 배열을 찾고, 그것을 바탕으로 역으로 결정 구조를 해독하라고 조언했다.

이 방법은 실제로 효과가 있었다. 과학자들은 염화나트륨(소금) 같은 물질의 구조가 원자들이 완벽하게 규칙적인 격자에 배열된 입방체 격자 구조라는 사실을 발견했다. 이 격자 구조에서 각각의 나트륨 원자는 가까이 있는 염소 원자와 모두 동일한 거리를 유지하고 있었다. 화학자들은 이미 소금이 나트륨과 염소가 동일한 비율로 결합한 화합물이라는 사실을 알고 있었지만, 나트륨 원자와 염소 원자가 짝을 지어 소금 '분자'를 이루고 있을 것이라고 가정했다. 윌리엄 헨리 브래그는 소금 분자 같은 것은 존재하지 않는다는 사실을 발견했는데, 특정 나트륨 원자와 특별한 관계로 결합한 염소 원자가 따로 없었기 때문이다. 염화나트륨은 그저 소금을 이루는 두 원자의 비율일 뿐이었다. 브래그는 후에 화학자들이 '분자 개념을 유지할 수 있도록' 나트륨이 특정 염소 이웃과 약간 더 긴밀한 관계에 있는 형태를 찾아달라고 간청했지만, 이를 거부했다고 회상했다.

론즈데일은 결정에서 굴절된 X선에 노출시켜 얻은 사진판의 패턴을 매우 면밀히 분석하는 예전 방법을 사용해 처음에 약간의 성과를 거두었다. 1929년에 론즈데일은 벤젠 분자의 구조가 탄소 원자들로 이루어진 육각형임을 최초로 발견했다. 정확하게 말하면, 평평한 정육각형이었다. 나는 이것이 우리 우주에서 가장 작은 물리적 정육각형이라고 생각한다. 그리고 1931년에 론즈데일은 게임의 판도를 완전히 바꾸었다.

론즈데일은 헥사클로로벤젠hexachlorobenzene이라는 화합물의 구조를 해독하고 있었다. 그것은 염화나트륨이나 심지어 육각형 형태의 벤젠보다 훨씬 더 복잡한 것으로 드러났다. X선이 생성한 패턴을 응시하던 론즈데일은 물리적으로 푸리에 해석을 수행하는 방식으로 X선이 원자 격자와 상호 작용하고 있다는 사실을 깨달았다. 격자의 규칙성이 반복적인 파동의 진동수를 대신했다. 론즈데일은 그 패턴을 가지고 푸리에 해석을 했고, 그 결과 화합물 내 원자들의 위치를 나타내는 지도를 얻었다.

1931년 10월 1일, 왕립학회는 론즈데일의 논문 「푸리에 방법을 사용한 헥사클로로벤젠 구조의 X선 분석An X-ray Analysis of the Structure of Hexachlorobenzene, Using the Fourier Method」을 발표했다. 제목이 모든 것을 말해준다. 론즈데일은 헥사클로로벤젠의 구조를 찾고 있었고, 푸리에 방

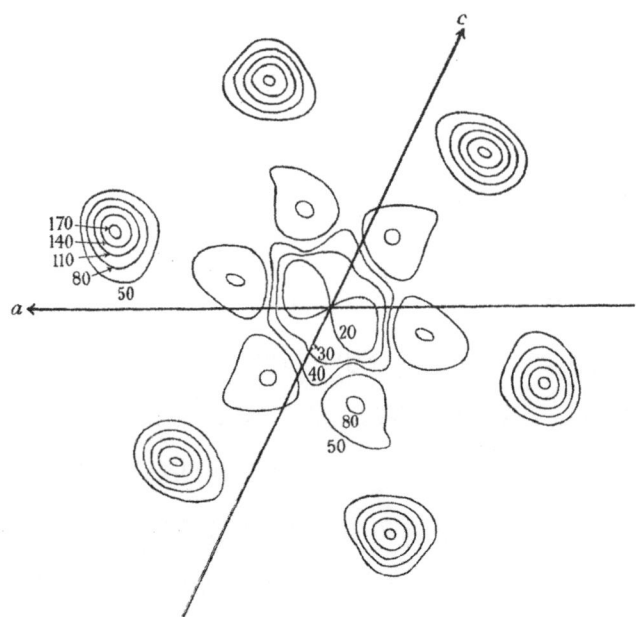

FIG. 7.—Projection of C_6Cl_6 Molecule.

론즈데일이 푸리에 해석을 사용해 발견한 전자 밀도 등고선. 이곳이 전자들이 있는 곳이다.

법을 사용했다. 이것은 푸리에 해석을 사용해 화합물의 구조를 결정한 최초의 사례였다.

애석하게도, 헥사클로로벤젠은 큰 영예를 받기에 다소 부적합한 화합물이었다. 1940년대에 헥사클로로벤젠은 살충제로 사용되기 시작했다. 2000년대 초에 헥사클로로벤젠은 잔류성 유기 오염물에 관한 스톡홀름 협약을 통해 사용이 금지되었지만, 이 유독한 발암 물질이 이미 불필요한 고통을 많이 초래하고 난 뒤였다. 이제 이 화학 물질에 관한 인터넷 정보 중 대부분은 이 내용이 차지하고 있으며, 그 오용은 기하학적 구조를 알아낸 것과 무관한데도 불구하고, 푸리에 해석을 사용해 최초로 탐구한 분자라는 찬사를 무색하게 만들었다.

론즈데일은 오랫동안 인상적인 과학 경력을 쌓았다. 그녀는 또한 평화주의자였으며, 교도소 개혁을 촉진한 인물이기도 했고, (창피할 정도로 최근인) 1945년에 왕립학회 최초의 여성 회원으로 선출되었다(또 한 사람의 여성인 마저리 스티븐슨 Marjory Stephenson 과 함께). 그녀가 경력 초기에 떠올린 통찰, 즉 푸리에 해석으로 X선 파동의 상호 작용을 역으로 추적하여 주변 물질의 본질을 탐구할 수 있다는 생각은 인류에게 놀라운 진전을 가져다주었다.

세월이 좀 지난 뒤, 로절린드 프랭클린 Rosalind Franklin 이 DNA의 이중 나선 구조를 밝히는 데 결정적 기여를 한 DNA의 X선 회절 사진을 찍었을 때에도, 론즈데일이 개척한 것과 동일한 푸리에 해석 기술을 사용해 그 사진들을 역분석했다. 많은 관심이 프랭클린에게 집중되는 것은 정당하지만, 나는 수십 년 전에 론즈데일이 이룬 진전도 높게 평가해야 한다고 생각한다. 이 두 과학자의 놀라운 통찰 덕분에 이제 우리는 모든 생명을 가능하게 한 DNA의 본질을 이해할 수 있게 되었다.

그리고 DNA를 이해하는 데 필요한 사인파가 옆에서 보면 나선이 만드는 형태와 정확히 똑같다는 사실은 추가로 기쁜 소식이다.

맺음말

결론적으로 말하면, 모든 것은 삼각형이다. 일루미나티Illuminati의 상징이 삼각형으로 둘러싸인 전시안全視眼인 이유도 이해할 수 있다. 어떤 물체든 삼각형 메시(또는 격자)로 표현하고 시뮬레이션할 수 있으며, 어떤 신호든 사인파로 만들 수 있다. 삼각형이 하지 못하는 것은 아무것도 없다.

나는 삼각형과 관련된 수학 중에서 자신이 가장 좋아하는 부분이 이 책에 포함되지 않아 유감스럽게 생각하는 사람이 있다면, 정중하게 사과드린다. 유감스러운 것은 나도 마찬가지다! 그런 사람은 분명히 그 부분이 나올 때까지 참고 기다리며 읽었을 텐데, 이제 결론에 이르렀는데도 그 부분이 나오지 않았다. 정말 죄송하다. 그것 말고도 들어가야 마땅한 수학 내용이 너무나도 많았다. 나는 모든 선택지 중에서 하나를 선택해야 했고, 안타깝게도 이 책은 지면이 제한돼 있다. 공간을 채우는 곡선과 프랙털은 내가 무척 다루고 싶었던 주제였지만, 공간이 부족했다.

책이 끝나갈 무렵, 나를 위해 사실을 검증하는 작업을 한 사람(내가 쓰는 모든 책에서 사실을 철저하게 확인하고 검증하는 애덤 앳킨슨Adam Atkinson)이 삼각법을 다루는 부분에 프로스트아페이레시스 prosthaphaeresis를 포함시킬 건지 물었다. 나는 분명히 큰 유혹을 느꼈다! 프로스트아페이레시스는 1590년부터 1614년까지 사용된 방법이다. 다루기가 거추장스러울 정도로 큰 두 수를 곱하고 싶다면, 그 코사인 값이 각각의 수(0과 1 사이의 값으로 바꾼)와 일치하는 각도를 찾은 다음, 삼각함수 항등식을 사용해 곱셈을 덧셈으로 바꿀 수 있다.

하지만 그 방법을 이 책에 추가하려면, 그 원리를 설명하기 위해 추가적인 내용을 많이 다뤄야 했을 것이다. 결국 그것은 '내가 좋아하지만, 책에 실을 수 없는 주제' 더미에 포함되었다. 그 더미의 안식각이 얼마인지는 나도 모른다.

또한, 여러 차례 이야기를 일찍 끝내버린 것에 대해서도 사과드린다. 수학은 서로 긴밀하게 연결된 것이 많아서 일부를 떼어내지 않고서는 단일한 논리적 경로를 추출하기가 불가능하다. 2장에서 나는 오리 뒤쪽에 생기는 물결의 각도가 39°라고 말했는데, 사실 이것은 충분히 깊은 물에서 움직이는 물체라면 어떤 것에도 해당한다. 거기서 나는 "이것은 물에서 파동이 움직이는 방식에 대해 뭔가를 알려준다."라고 쓰고는 그냥 다음으로 넘어갔고, 다시는 그 개념을 추가로 설명하러 돌아오지 않았다.

이제 우리는 파동과 그것들이 어떻게 상호 작용하고 결합하고 상쇄되는지를 충분히 살펴보았으므로, 기술적으로는 수중 오리 역학 hydro-ducknamics을 다룰 수 있지만, 이번에도 공간이 부족하다. 파동이 어떻게 간섭하면서 건설적으로 합해져 하나의 V자 형태 최댓값을 만들어내는지를 다루는 수학은, 물방울에서 나온 빛이 어떻게 합해져 하나의 최대 밝기 각도를 만드는지 설명하는 수학과 정확히 동일하다는 내 말을 그냥 믿어주길 바란다. 오리 뒤에 생기는 물결과 무지개는 둘 다 동일한 수학이 만들어내는 결과이다. 인간은 선사 시대부터 무지개와 오리를 봐왔지만, 이 둘이 동일한 현상임을 이해할 만큼의 수학적 지식을 가진 것은 불과 몇 세기 전이다.

나는 삼각형→기하학→삼각법→사인파의 경로를 따랐는데, 파동과 푸리에 해석에 도달하길 진정으로 원했기 때문이다. 먼저 삼각형을 이해하지 않으면 파동을 수학적으로 이해할 수 없다는 사실을 이제 여러분도 충분히 납득했으리라고 본다. 그리고 이를 통해 이 책에 나오는 모든 것의 위치가 정당화된다.

파동의 이해가 디지털로 연결된 현대 세계를 가능하게 했다는 사실을 이해시키는 데에는 그다지 많은 설득이 필요하지 않을 것이다. 신호는 휴대 전화와 송신탑 사이에서, 그리고 대륙 간 광섬유 해저 케이블을 통해 빛의 속도로 전달된다. 결합된 여러 개의 사인파를 분리하는 푸리에의 지식이 없었더라면, 이 모든 것은 불가능했을 것이다.

파동의 이해는 일상생활에도 도움을 줄 수 있다. 역사상 손꼽을 정도로 많은 음반 판매량을 기록한 음악 밴드 퀸Queen의 독특한 사운드는 부분적으로 브라이언 메이Brian May가 직접 만든 기타가 큰 역할을 했다. 퀸이 결성되기 6년 전인 십 대 시절에 브라이언은 아버지의 도움을 받아 오래된 벽난로에서 뜯어낸 나무와 오토바이 밸브 스프링 같은 부품들을 사용해 그 기타를 만들었다. 이미 과학에 흥미가 많았던 그는 전기 픽업 3개를 독특한 방식으로 직접 배선했고, 각 픽업의 배선을 바꿀 수 있는 추가 스위치도 달았다. 이 방법은 해당 픽업에서 나오는 음파 신호의 '위상'을 바꿔, 사실상 음파를 거꾸로 뒤집는 효과를 나타낸다. 그 결과, 높은음은 낮아지고, 낮은음은 높아지는 변화가 일어난다.

이 '뒤집기'는 픽업에서 나오는 신호가 상호 작용하는 방식을 바꾸는데, 어떤 부분은 보강 간섭으로 강해지고, 또 어떤 부분은 상쇄 간섭으로 소리가 사라진다. 스위치 설정에 따라 생겨나는 소리에 다른 느낌을 주게 되는데, 브라이언은 곡에 따라 이 설정을 바꾸었다. 예를 들면, '미들middle' 픽업과 '넥neck' 픽업 중 하나를 뒤집어 둘의 위상이 어긋나게 하면(보통 기타에서는 불가능한 방식), 〈보헤미안 랩소디Bohemian Rhapsody〉에서 기타 솔로의 상징적인 사운드가 만들어진다. 젊은 시절의 브라이언 메이가 파동이 수학적으로 어떻게 상호 작용하는지 이해하지 못했더라면, 이 곡은 탄생하지 못했을 것이다.

나는 브라이언 메이의 기타 '레드 스페셜Red Special'이 사인파에 어떻게 변화를 일으키는지에 큰 흥미를 느껴, (나의 음악적 재능 부족에도 불구하고) 그것을 시뮬레이션할 수 있는지 알아보고 싶었다. 그래서 수학과 음악에 모두 전문가인 벤 스파크스Ben Sparks와 함께 상호 작용하는 파형 디스플레이를 만들었다. 거기에는 디지털 스위치가 3개 붙어 있었는데, 브라이언의 배선이 오디오 신호에 어떻게 작용하는지 정확히 보여주기 위해서였다. 그것은 모두 아이패드에서 실행되었다. 브라이언 메이는 천문학 마니아로도 유명하며(지금은 관련 분야에서 박사 학위까지 땄다), 내 아내가 조직을 돕는 천문학 축제에도 참석한다. 중력파에 관한 소문이 무성하던 그해, 나는 브라이언과 대화를 나누다가 그때 만들어둔 시뮬레이션을 직접 보여줄 기회를 얻었다. 그는 크게 감동하여 '완전히 훌륭하다'라고 표현했는데, 내 생각엔 그것은 아마도 그가 받은 팬 아트 중 가장 수학적인 작품이었을 것이다.

수학이 누군가의 경력에 도움이 되는 게 중요한지, 아니면 단순히 재미를 위해 기하학을 하는 것이 중요한지 잘 모르겠다. 어쨌든 그것은 분명히 브라이언 메이의 경력에 도움이 되었고, 그는 지난 세기에 가장 널리 알려진 곡들을 만들어냈지만, 취미로 이상한 것들을 한다. 내가 상호 작용하는 파동들을 시뮬레이션한 것은 순전히 재미 때문이었지만, 지금은 그것에 관한 책을 쓰고 있는데, 나는 엄밀하게는 이것을 일이라고 생각한다.(적어도 내 회계사의 의견에 따르면 그렇다.) 모든 것이 겹치고 건설적으로 상호 작용한다.

파동의 마지막 키커는 양자역학에서 나온다. 우리는 현대 물리학에서 양자역학의 형제인 일반 상대성 이론을 살펴보았는데, 이 이론은 매우 크거나 매우 빠르게 움직이는 물체의 행동을 설명한다. 양자역학은 전체 스펙트럼에서 정반대편, 즉 어마어마하게 작은 세계를 다룬다. 충분히 크게 확대해보면, 우리 주변의 직관적인 현실은 사라지고 순수한 수학으로 대체된다. 우리는 수학으로 이루어진 우주에서 살고 있다. 우리가 고체 물질이라고 생각하는 것은 실제로는 파동함수이다.

우리는 문자 그대로 사인파로 이루어져 있다. 우리는 삼각형으로 만들어졌다. 실체는 삼각형이다.

삼각형은 모든 것이고, 모든 것은 삼각형이다.

그리고 이제 그 문제가 해결되었다. 더 이상 신경 쓰지 않아도 된다. 내가 이 책을 쓰는 동안 그들은 비스킷 포장지를 올바르게 바꾸었다.

감사의 말: 감사의 삼각형

에이전트와 편집자, 제작자

코트니 영Courtney Young, 로라 스티크니Laura Stickney, 니콜 저코버스Nicole Jacobus, PJ 마크PJ Mark, 리처드 앳킨슨Richard Atkinson, 세라 쿠퍼Sarah Cooper, 윌 프랜시스Will Francis, 그리고 펭귄랜덤하우스와 잰클로&네스빗의 모든 사람과 스탠드업 수학의 모든 장비.

이 책의 제작에 동참한 사람들

이미지와 사진 | 알렉스 젠-배시Alex Genn-Bash, 제니 발리스Jennie Vallis, 샘 하트번Sam Hartburn, 사이먼 캘러스Simon Kallas, 트루먼 행크스Truman Hanks.

사실 확인 작업 | 애덤 앳킨슨Adam Atkinson, 찰리 터너Charlie Turner, 콜린 베버리지Colin Beveridge. 그리고 추가적인 실수를 발견한 잭 크레이그Jack Craig와 장-필리프 벨몽Jean-Philippe Belmont.

그리고 합리적인 수준을 넘어 큰 도움을 준 사람들 | 유제니 본 툰젤만Eugénie von Tunzelmann, 로라 탈먼Laura Taalman, 폴 셰퍼드Paul Shepard.

시간과 전문 지식과 아이디어를 나누어준 사람들

애덤 새비지Adam Savage, 알렉스 제임스Alex James, 앨리슨 위틀리Allison Wheatley, 앤드루 폰트젠Andrew Pontzen, 벤 스파크스Ben Sparks, 베스 크레인Beth Crane, 빌 고스퍼Bill Gosper, 빌 해먹Bill Hammack, 빌 헤지스Bill Hedges, 하임 굿먼-스트로스Chaim Goodman-Strauss, 크리스Chris, 크리스 퓨스터Chris Fewster, 클라라 그리마Clara Grima, 대런 모건Darren Morgan, 데이비드 그레이스David Grace, 데이비드 매케이비David McCabe, 데이비드 스미스David Smith, 엠 벨Em Bell, 플릭 럭스모어Flic Luxmoore, 개릿 라이언Garrett Ryan, 제프 린지Geoff Lindsey, 그랜트 샌더슨Grant Sanderson, 해나 프라이Hannah Fry, 하뉴 앨리스 장Hanyu Alice Zhang, 헬렌 아니Helen Arney, 헨리 세저먼Henry Segerman, 제임스 불James Bull, 제임스 그라임James Grime, 제니퍼 바레타Jennifer Barretta, 존 하비Jon Harvey, 존-폴 위틀리Jon-Paul Wheatley, 케이티 스테클스Katie Steckles, 케빈 암스트롱Kevin Armstrong, 루시 그린Lucie Green, 매디 모트Maddie Moate, 매지 그레이스Maggi Grace, 마크 볼러Mark Bowler, 맷 프리처드Matt Pritchard, 닉 해리스Nick Harris, 올리버 커크패트릭Oliver Kirkpatrick, 필 그린Phil Green, 랜디 린든Randy Linden, 롭 이스터웨이Rob Eastaway, 로버트 오스틴Robert Austin, 로빈 휴스턴Robin Houston, 롤리 윌리엄스Rollie Williams, 사비나 라두칸Sabina Raducan, 세라 모라웨츠Sara Morawetz, 세브 리-델리슬Seb Lee-Delisle, 스티브 몰드Steve Mould, 팀 차티어Tim Chartier, 팀 와스켓Tim Waskett, 타이먼 구틀레브Timon Gutleb, 트렌트 버턴Trent Burton, 빈센트 갈로Vincent Gallo, 그리고 도움을 주었으나 나의 실수로 빠뜨린 그 밖의 모든 사람들.

그림과 사진 출처

개인적으로 소장한 사진 외에 이 책에서 전문가의 솜씨로 보이는 맞춤형 사진들은 사이먼 캘러스, 알렉스 젠배시, 트루먼 행크스가 촬영한 것이다.

일러스트레이션은 제니 발리스와 샘 하트번이 그렸고, 나머지 형편없는 그래프들은 내가 만들었다.

그들의 사진을 사용하도록 허락해준 모든 분께 감사드린다. 콜린 레너트Colin Leonhardt의 쌍무지개, 엔릭 플로릿Enric Florit의 바르셀로나 UFO 바, 로라 탈먼의 수학적 팔찌와 스쿠토이드, 빈센트 오스틴 갤로의 일을 하는(하지만 수학은 하지 않는) 벌, 타이먼 구틀레브의 결혼 케이크, 맷 프리처드의 착시, 애덤 새비지 옆에 서 있는 나를 찍은 크리스턴 로머스니Kristen Lomasney, 에펠 탑에 새겨진 푸리에의 이름을 멋있게 촬영한 필 매카이버Phil McIver.

스톡 이미지는 Shutterstock, Wikimedia Commons, Alamy, Pixabay에서 가져온 것이다. 서투른 포토샵 작업은 내가 했다.

지구 앞에 있는 달 사진, 켄타우루스자리 프록시마와 울프 359의 시차 사진, 육각형 모자를 쓴 토성 사진, 제임스 웹 우주 망원경 사진과 딥 필드 이미지는 모두 NASA의 매우 관대한 퍼블릭 도메인 정책 덕분에 실을 수 있었다.

대영박물관의 감시와 허락하에 내가 찍은 파피루스 사진.

내가 모토GP 오토바이를 탄 사진의 저작권은 보니 레인Bonnie Lane에게 있다. 이미지 사용은 Two Wheels for Life의 허락과 The Cosmic Shambles Network와 Dorna Sports, S.L.의 친절한 협조 덕분에 가능했다.

3D UFO 모형은 TurboSquid에서 제공했으며, 유제니 본 툰젤만이 그것과 나의 삼각형 얼굴 렌더링에 도움을 주었다. 폴 셰퍼드는 공학과 관련된 3D 그래픽을 제공했다. 원숭이 울음소리 스펙트로그램은 열대 우림에서 무한한 시간을 보낸 마크 볼러가 제공했다.

소행성 충돌 이미지의 출처는 'After DART: Using the First Full-scale Test of a Kinetic Impactor to Inform a Future Planetary Defense Mission' by Thomas Statler, Sabina Raducan et al.(The Planetary Science Journal, 2022)과 'Physical properties of asteroid Dimorphos as derived from the DART impact' by Sabina Raducan et al.(Nature, 2024)이다.

도널드 그레이스의 형태 모형 출처는 'Search for the Largest Polyhedra' by Donald Grace(Mathematics of Computation, the American Mathematical Society, 1962)이다.

그림에 그어진 원근법 선들의 출처는 'Perspective as a geometric tool that launched the Renaissance' by Christopher Tyler(Proceedings of SPIE-The International Society for Optical Engineering, 2000)이다.

중력파 스펙트로그램의 출처는 'Observation of Gravitational Waves from a Binary Black Hole Merger' by B. P. Abbott et al.(LIGO Scientific Collaboration and Virgo Collaboration) published in Physical Review Letters 2016이다.

원자 내 전자 밀도 그림의 출처는 'An X-ray analysis of the structure of hexachlorobenzene, using the Fourier method' by Kathleen Lonsdale(Proceedings of the Royal Society A, 1931)이다.

찾아보기

ㄱ

가드너, 마틴 184
각기둥 191~192, 216~218, 221, 229~230, 232, 234, 359
감마선 버스트 40~43, 53
  스위프트감마선버스터탐사선 42
거리 공간 112
거북 205~206
경위도 교차점 326~327
공학자 90, 113~115, 131~132, 136~137, 149~152, 174, 188~189, 292, 294
구고 정리 102
그레이스, 도널드 250~252, 271, 294~295
그리니치 천문대 327~328
금성 49~50
기타 현 389~390, 393
기하학 11~17, 23, 33, 35~37, 63~64, 72, 99, 166, 173~174, 177, 190, 199~200, 214~215, 219, 226~241, 253~254, 260, 270~271, 274, 278, 285~286, 290, 327, 339~340, 348, 352, 260~361, 363~364, 366~367, 372~373, 382, 389, 408, 412, 417, 419
깎은 정이십면체 229, 367
깎은 팔면체 193, 195~196, 198~199, 228, 271

ㄴ

낮 시간 381~382, 387~388
농구 104~105, 112, 273, 314
뉴허라이즌스 탐사선 47

ㄷ

다듬은 정육면체 228~229
당구 63~69
도데카헤드럼 239~240
도북 329~330
도쿄 스카이트리 28~30
동적 이완 138
들랑브르, 장-바티스트 51~52, 55, 310~313, 319
등변 오각십이면체 237
디스디아키스
  트리아콘타헤드론 132~134, 145, 231

디지털카메라 163, 340

| ㄹ

라두칸, 사비나 86~90, 92
라오, 미카엘 184~185, 201
라이스, 마저리 184
레오나르도 다빈치 47
　〈모나리자〉 47
렌더링 147~148, 150, 182~183,
　372~374
로마 12~14, 103, 174, 260, 310

| ㅁ

마름모십이면체 193~196, 198~199,
　229~231, 235~236
마름모육팔면체 229, 234
마름모정육면체 234
마이컬슨-푸리에 분석기 399
마이클 조던 104~106
메생, 피에르 51~52, 55, 310~313, 319
모자 203~209, 241
　모자 가족 206~209
　모자 타일 204, 206, 208, 241
무작위성 154~157, 162
무지개 60, 70~73, 75~79, 280, 417
　두 번째 무지개 77
　쌍무지개 70, 77~79
물방울 72~78, 416
미러 미러볼 245

| ㅂ

버로스 250~256
보간법 165, 167, 169
　n-심플렉스 보간법 165, 169

복원력 389~3914, 393~394
블랙홀 40, 112, 373~375, 406
비주기적 단일 타일 201~203, 205,
　207~208
　소콜라-테일러 타일 204
　카이랄 비주기적 단일 타일 208~209
비틀어 붙인 두 사각지붕 234
빌린스키 십이면체 235~236

| ㅅ

사각형 메시 147~150, 152, 158, 162,
　372
　직사각형 메시 130
사인 법칙 259~260, 289
사인파 381-389, 391~397, 399~401,
　413
삼각법 11~12, 14, 17, 23~24, 260~262,
　267, 269~272, 277, 281, 283, 286~287,
　289, 308, 336, 339, 360, 382, 389,
　416~417
삼각부등식 109, 111~113
삼각점 318~321, 323~324
삼각함수 260, 269~270, 272~273,
　281, 287~288, 290~294, 296~297,
　316~317, 382, 386, 397, 409, 416
　삼각함수표 290, 296~298, 309
삼각형 메시 130~131, 140, 147,
　149~150, 152, 160, 162~163, 169, 372
상피세포 215~217, 220, 222
샌드위치 나누기 17, 96~100
소실점 346, 351, 354~356, 373
소행성 79~89, 91~92, 95, 271
　소행성 충돌 79~80, 82~83, 85, 88, 95
스너브-정사각형 185, 200, 244~245

스미스, 데이비드 203
스케이트보드 62-63
스쿠토이드 215, 222~224
스펙터 208~209
슬리버 삼각형 140
시들레르 입체 247
시차 46~47, 49~50, 102
실버스톤 경주 트랙 116, 120
심우주 기후 관측 위성 24
심플렉스 잡음 160, 162

ㅇ
아르키메데스 입체 228~230, 232, 234~237, 243~244, 367
아메스 파피루스 33~35, 37, 97
아인슈타인 201~202, 205~208
안식각 90, 271
알 비루니, 알 라이한 무함마드 이븐 아흐마드 307
야구장 다이아몬드/다이아몬드 285~288, 290
엇각기둥 217, 220, 230, 232, 234
엔도십이면체 193, 237~238
열기구 21~23, 26, 53~55, 129, 320, 342~343
오각형 타일 덮기 패턴 184
오토바이-지면 각도 122
우주 그물 39~40, 43, 55, 102
운송 컨테이너 188~189, 196
원환면 131
위도와 경도 312, 314~317, 324~325, 328, 336
유한 요소 해석 151~153, 260
일반 상대성 이론 112, 335~336, 373~374, 419

ㅈ
자북극 329~330
자이언트 링 4 3~44, 54, 343
적색 이동 45~46, 53, 375
절두체 216~219, 373
정다각형 186, 224~225, 228~230, 232, 234, 237
정사면체 192, 225~226, 229, 232
정삼각형 134, 174, 177, 181, 185~187, 192, 203~204, 224~225, 228, 230, 232, 234~235, 244
정십이면체 193~194, 226, 229, 237~239, 241, 243~245
정육각형 173~174, 181~182, 187, 195, 199, 230, 248, 410
정이십면체 15, 134~135, 225~226, 228, 363~364, 367
제2차 세계 대전 320
제임스 웹 우주 망원경 174~175
존슨 다면체 232~234, 236, 367
주사위 134, 155, 231, 236
　다이스 랩 134
주요 삼각 측량 319~320
지구 반지름 302, 309
지구의 크기 28, 51, 53, 55, 304, 307~308, 312
직각삼각형 101~104, 122, 176, 267, 272, 288, 384~385
직선거리 14, 112
진북 329~331

| ㅊ

『체임버스의 간략한 여섯 자리 수학 표
일람』 262
최대 부피 249

| ㅋ

카탈랑 다면체 230~231, 234, 243~244
코사인 법칙 288~289, 309
코사인파 384, 386, 392
크리스마스트리 274~275, 277, 297

| ㅌ

타일 덮기 패턴 181, 184~186, 192, 200,
204
탈먼, 로라 141, 218, 222
톰슨 문제 249
툰젤만, 유제니 본 146~147, 149~151,
154, 168, 372~374
트럼프 대통령 280~284, 342
특수 효과 155, 373

| ㅍ

파동 60, 381, 385, 389, 391~394,
396~401, 404, 411~412, 416~419
펄린, 켄 153, 155, 157, 160, 192
펄린 잡음 156~158, 160
평균 숯 거리 107
평행이동 표면 131, 149
푸리에, 조제프 397~399, 409, 417
  푸리에 방법 411
  푸리에 변환 397, 399~401
  푸리에 해석 397~399, 401~402, 406,
  408, 411~412, 417
퓨스터, 크리스 22~23, 26~27

프라이, 해나 28
프리즈마토이드 215~216, 220, 222
플라톤 입체 225~228, 230, 232, 234,
249, 367
피타고라스의 정리 10, 101, 103,
108~110, 112, 124, 173, 266, 269, 273,
285~288, 302, 315, 333~334, 385

| ㅎ

허블 상수 53
허블 우주 망원경 176, 284~285
헤로도토스 36
헤론의 공식 123~125, 147, 168~170

| A~Z, 숫자

DART 우주선 84~87, 92
GPS 22, 312, 315, 321, 323~326,
328~329, 331~333, 335, 339, 373, 404
  GPS 장비 326, 331
J. J. 톰슨 249
SNES 296~198
STL 파일 141, 145, 223
UFO 만들기 132~137, 148, 271
100% 경사 265~266, 278

옮긴이 이충호

서울대학교 사범대학 화학과를 졸업했다. 현재 과학 전문 번역가로 활동하고 있다. 2001년 『신은 왜 우리 곁을 떠나지 않는가』로 제20회 한국과학기술도서 번역상(대한출판문화협회)을 받았다. 옮긴 책으로는 『사라진 스푼』, 『바이올리니스트의 엄지』, 『뇌과학자들』, 『카이사르의 마지막 숨』, 『원자 스파이』, 『과학 잔혹사』, 『미적분의 힘』, 『불안 세대』, 『다시 쓰는 수학의 역사』, 『바다의 천재들』, 『비표준 노트』, 『마침내 특이점이 시작된다』 등이 있다.

수학이 사랑하는 삼각형

초판 발행 2025년 9월 10일

지은이 맷 파커
옮긴이 이충호

책임편집 조은화 | **편집** 김동석
디자인 나침반 이강효
마케팅 이보민 손아영

펴낸곳 (주)북하우스 퍼블리셔스 | **펴낸이** 김정순
출판등록 1997년 9월 23일 제406-2003-055호
주소 04043 서울시 마포구 양화로 12길 16-9(서교동 북앤빌딩)
전화 02-3144-3123 | **팩스** 02-3144-3121
전자우편 henamu@hotmail.com | **홈페이지** www.bookhouse.co.kr
인스타그램 @henamu_official

ISBN 979-11-6405-337-7 03410

해나무는 (주)북하우스 퍼블리셔스의 과학·인문 브랜드입니다.